力学丛书·典藏版 3

光弹性原理及测试技术

天津大学材料力学教研室光弹组 主编

科学出版社

1982

内 容 简 介

　　本书是在天津大学材料力学教研室编写的光弹性讲义的基础上修改而成的. 全书共十二章, 较详细地阐述了光弹性的原理、设备、材料、方法和实例.

　　本书阐述力求深入浅出, 内容联系实际, 可作为高等院校有关专业的教学参考书, 也可供有关科技人员阅读.

图书在版编目 (CIP) 数据

　　光弹性原理及测试技术／天津大学材料力学教研室光弹组主编.
—北京：科学出版社，2016.1
　　（力学丛书）
　　ISBN 978-7-03-046894-9

　　I. ①光…II. ①天… III. ①光弹性—理论 ②光弹性—测试技术
IV. ① 0348.1

　　中国版本图书馆 CIP 数据核字 (2016) 第 004452 号

力 学 丛 书

光弹性原理及测试技术

天津大学材料力学教研室光弹组 主编

*

科学出版社出版

北京东黄城根北街 16 号

北京京华虎彩印刷有限公司印刷

新华书店北京发行所发行　　各地新华书店经售

*

1980 年第一版
2016 年印刷

开本：850×1168　1/32
印张：14 1/2　插页：4
字数：384,000

定价：128.00元

前　言

为把我国建设成为一个具有四个现代化的社会主义强国，在生产斗争和科学实验中要大量采用新技术、新材料、新工艺和新设计，特别是要求生产重量轻、质量高的产品．安全与经济的矛盾更为突出，在实际生产中由于强度不够、设计不当所造成的事故是很多的．例如，万吨水压机由于局部应力过大使整机性能降低，轧钢机主轴的断裂，汽轮机叶片根部由于应力集中而断裂，柴油机曲轴和连杆的断裂等．另一方面，更为普遍的是，由于应力过小，不能物尽其用，使产品笨重，造成材料的浪费．如有的汽车自重过大，增加了耗油量，经济性差．为了解决上述矛盾，必须使用现代实验手段和最新理论对产品进行全面的应力分析和强度研究，从中选择最优设计方案，确定最佳几何尺寸．应力集中往往是导致整机破坏的根源．而光弹性法是确定应力集中系数的有效手段．

从 1974 年起我们曾几次为第一机械工业部举办了光弹性实验技术训练班．本书就是在训练班讲义的基础上修改而成的．本书较为详细地叙述了光弹性基本原理和方法以及生产上常用的冻结切片法，并介绍了全息干涉法、贴片法和散光法．在讲述中力求理论联系实际、由浅入深、便于自学，并介绍了具体方法和实验中的技术经验．

本书前三章讲述力学基础知识、光学基础和光弹性基本原理．第四、五章讲述模型制造和实验设备．第六、七、八、九章讲述二向和三向问题常用的实验方法，并给出实例．第十章介绍了全息干涉法．第十一章、十二章分别介绍光弹摄影技术及模型律．

在编写本书过程中，曾邀请郑州机械研究所、北京水电科学研究院、清华大学、浙江大学、七院十一所、六〇六所、沈阳重型机器厂、第一重型机器厂等单位参加讨论，并得到了许多工厂、研究所和高等院校的大力支持，他们提供了宝贵的资料和经验，特此表示感谢.

参加本书编写的有天津大学贾有权（第一、三章）、宋锦良（第二、五章）、佟景伟（第四、六、七章）、秦玉文（第十、十一章）、苏翼林（第十二章）、清华大学戴福隆、刘先龙（第八章）、郑州机械研究所赖曾美（第九章）. 全书由贾有权、佟景伟、宋锦良审阅.

由于著者水平有限，不可避免地存在缺点和错误，希读者批评指出.

天津大学材料力学教研室光弹组
1978.4.

目　　录

绪　　论

　　光弹性是实验力学中的一个分支. 这个方法就是用光学灵敏材料制成与实物相似的模型, 或在实际构件上粘贴光学灵敏材料, 在相应载荷作用下, 用偏振光照射并通过计算便能得到表面及内部的应力变化规律. 用这种实验方法求得的应力分量对工程设计来说具有足够的精度, 它直观性强, 可靠性高, 适应性广, 能求出在各种复杂条件下的全部应力状态. 特别是对理论计算较为困难的形状复杂、载荷复杂并有应力集中的构件(生产中经常遇到), 光弹性法更能显示出它的优越性.

　　光弹性法与其他学科一样, 它的发生和发展一开始就与生产密切相关. 物理学家早在十九世纪就已发现了人工双折射现象, 直到二十世纪由于工业的发展光学仪器和透明塑料的产生才使这一方法得以应用和发展, 逐渐形成一门独立的学科——光弹性法. 在二十世纪二十年代光弹性解决了一系列弹性力学中的难题, 在三十年代发现了应力冻结现象, 解决了三维问题. 四十年代以后, 由于仪器设备的改进, 新的模型材料的采用和计算方法的提高, 光弹性已成为较为完善的实验技术了, 在生产中起了重要作用. 近年来由于激光全息技术、电子技术和计算技术的发展, 大大地促进了光弹性的发展. 一方面向自动化、计算机化发展, 另一方面向更广阔的领域中渗透. 除了在重型机械、动力机械、土建水利、发电设备、交通运输、宇宙飞行等方面得到广泛的应用外, 在力学其他领域中如塑性力学、岩石力学、断裂力学、生物力学、复合材料以及动、热应力等方面也使用光弹性法进行应力分析. 现代工业生产的发展给光弹性的发展创造了条件, 反过来光弹性又促进了生产的发展. 恩格斯在科学历史摘要中说[1]: "如果说, 在中世纪的黑夜

---

1) 马克思恩格斯选集, 第三卷, 523 页.

之后，科学以意想不到的力量一下子重新兴起，并且以神奇的速度发展起来，那末，我们要再次把这个奇迹归功于生产."目前我们正处于科学突变和生产高潮时期，光弹性也必随着生产高潮向新的阶段发展.

光弹性是力学、光学和新技术相结合的学科.近年来由于计算技术的发展，特别是有限元法的应用给应力分析开辟了新的途径.有限元可以分担某些实验任务，但不能代替实验，如果把有限元和光弹性结合起来就可以多快好省地解决问题.数学模型和物理模型是研究力学问题中最基本的模型，如果能把两种模型结合（或混合）起来，再加上计算技术和电视传感技术，可以使光弹性向高度自动化阶段发展.因此光弹性是一门实用性强而且有很大发展前途的学科之一.

第一章　应力应变分析

§1.1.　应力、应变概念

一、应力

在工程上各种机械和结构都是由构件组成的. 当构件承受载荷时, 构件内部便产生内力. 一般说来, 内力在截面上的分布是不均匀的. 通常用应力描写一点内力的强弱. 其大小用单位面积上受力大小来表示, 常用单位是公斤/厘米^{2}或公斤/毫米^2(公制)或帕斯卡 (Pa)(国际单位制). 图 1.1(a) 表示构件的一部分, 在截面 F 上取一小面积 ΔF, 设作用在 ΔF 上的内力为 ΔP. 根据上述概念作用在 ΔF 上的平均应力为 $\Delta P/\Delta F$,

$$p = \frac{\Delta P}{\Delta F}, \tag{a}$$

ΔF 如无限缩小, 则 p 即为作用在截面上一点的应力. p 的方向是倾斜的, 但可以用力的分解原理将 p 分解为二个分量. 如图 1.1 (b). 一个与截面垂直, 一个与截面平行. 前者用 σ 表示, 称为正应力(或称垂直应力). 后者用 τ 表示, 称为剪应力 (或称切应力). σ 和 τ 是应力的两个基本量. σ 有正负之分, 正的表示拉应力, 负的为压应力. 拉、压表示截面间离开或压紧的趋向. 剪应力则表示截面间相互滑错的趋向. τ 也有正负之分, 其规定见下节.

应力如同水压或风压, 它在截面上是连续变化的. 在一般情况下, 同一截面不同点的应力不同. 同一点而不同方向截面上的应力也不同. 为了更好地理解, 以简单拉伸为例说明应力与截面的关系. 图 1.2 (a) 表示直杆受轴向力 P, 设杆的横截面面积为 F, 由材料力学可知横截面的正应力 σ 系均匀分布, 其大小为

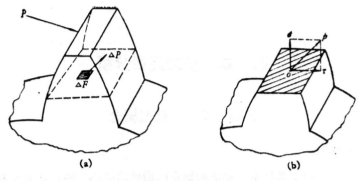

(a)   (b)

图 1.1 构件内力与应力

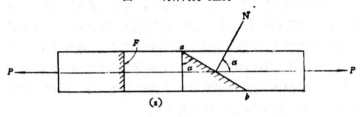

(a)

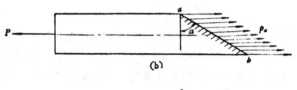

(b)

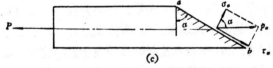

(c)

图 1.2 拉伸时斜截面应力

$$\sigma = \frac{P}{F}. \tag{b}$$

如 ab 为一斜截面,设截面法线与轴线夹角为 α,斜截面上的应力为 p_α(见图 1.2(b)).用截面法,根据平衡条件可得

$$p_\alpha = \frac{P}{F}\cos\alpha, \tag{c}$$

根据上述概念把 p_α 分解为 σ_α 及 τ_α，见图 1.2 (c)，则

$$\left.\begin{array}{l} \sigma_\alpha = p_\alpha \cos\alpha, \\ \tau_\alpha = p_\alpha \sin\alpha, \end{array}\right\} \tag{d}$$

将 (b)，(c) 式代入 (d) 式得

$$\left.\begin{array}{l} \sigma_\alpha = \sigma \cos^2\alpha, \\ \tau_\alpha = \sigma \cos\alpha \sin\alpha, \end{array}\right\} \tag{e}$$

根据三角公式 $\cos^2\alpha = \dfrac{1}{2}(1 + \cos 2\alpha)$，$\sin\alpha\cos\alpha = \dfrac{1}{2}\sin 2\alpha$，代入 (e) 式得

$$\left.\begin{array}{l} \sigma_\alpha = \dfrac{1}{2}\sigma(1 + \cos 2\alpha), \\ \tau_\alpha = \dfrac{1}{2}\sigma \sin 2\alpha. \end{array}\right\} \tag{1.1}$$

由(1.1)式可看出应力随截面方向改变而变化. 当 $\alpha = 0$ 时即为横截面,此截面上

$$\left.\begin{array}{l} \sigma_{\alpha=0} = \sigma = \dfrac{P}{F}, \\ \tau_{\alpha=0} = 0. \end{array}\right\} \tag{1.2}$$

此即材料力学中轴向拉伸时横截面上的应力公式.

在材料力学中,已给出各种基本受力状态下的应力计算. 比如梁受弯曲时,横截面上正应力为三角形分布. 如非纯弯曲,横截面上尚有剪应力. 圆轴受扭转时,横截面上的剪应力也是三角形分布.

表 1.1 给出四种基本受力形式下的应力状态.

二、应变

一般构件或模型都是弹性体,受力后产生变形和位移. 位移是构件在受力前后某点位置的移动. 变形是构件受力后形状和尺寸的改变. 用于描述变形大小的量称为应变. 应变分为两种,一为线应变(即线段的变化率),用 ε 表示之;一为角应变(即两微小直线段间直角的变化量),用 γ 表示之. 比如一个受轴向拉伸的杆,图 1.3(a)为变形前的状态,在表面上刻有长度为 s 的 $\overline{AB}$ 线,

表 1.1 基本受力状

	受 力 状 态	变 形 状 态	横 截 面 应 力
拉			
压			
扭			
弯			

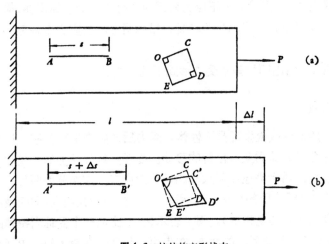

图 1.3 拉伸的变形状态

一点的应力状态	应力计算	变形计算	一点的变形状态	应变计算	备　　注
	$\sigma = \dfrac{P}{F}$	$\Delta l = \dfrac{Pl}{EF}$		$\varepsilon = \dfrac{\Delta S}{S}$	
	$\sigma = -\dfrac{P}{F}$	$\Delta l = \dfrac{Pl}{EF}$		$\varepsilon = -\dfrac{\Delta S}{S}$	
	$\tau = \dfrac{M_k \rho}{J_p}$	$\theta = \dfrac{M_k r}{G J_p}$		$\gamma = \dfrac{\Delta S}{S}$	J_p 为极惯性矩 ρ 为点到圆心距离
	$\sigma = \dfrac{My}{J_z}$	$\dfrac{1}{\rho} = \dfrac{M}{E J_z}$			J_z 为对 z 轴的 惯性矩

及 $\angle COE = 90°$. 变形后如图 1.3(b)，直线变为 $\overline{A'B'}$，长度为 $s + \Delta s$，$\angle COE$ 变为 $\angle C'O'E'$. 则 AB 段的平均线应变为

$$\varepsilon_{AB} = \frac{\Delta s}{s}, \tag{f}$$

$\angle COE$ 的角应变为

$$\gamma_0 = \angle COE - \angle C'O'E'. \tag{g}$$

如 AB 段无限缩小，则 ε_{AB} 代表点的线应变，CO，EO 无限缩小，则 γ 代表 O 点的角应变. ε，γ 皆为无量纲量.

三、应力、应变关系

应力与应变两者有密切联系，在弹性范围内应力与应变成正比. 如为轴向拉伸或压缩及纯剪切，应力、应变关系为

$$\sigma = E\varepsilon, \tag{1.3}$$

$$\tau = G\gamma. \tag{1.4}$$

式中 E 为弹性模量, G 为剪切弹性模量. E, G 代表材料抗变形的能力, 与材料有关. 例如, 钢材的 $E \approx 2.0 \times 10^6$ 公斤/厘米², 而光弹模型用的环氧树脂材料在常温下的 $E \approx 3.0 \times 10^4$ 公斤/厘米², 在 110—120℃ 下 $E \approx 300$ 公斤/厘米².

杆件受轴向拉伸后, 除产生纵向变形外还产生横向变形. 如图 1.4, 纵向应变为

$$\varepsilon = \frac{\Delta l}{l}, \tag{h}$$

横向应变为

$$\varepsilon' = \frac{b' - b}{b}. \tag{i}$$

在弹性范围内, 实验证明 ε 与 ε' 有一定的比例关系. 即

$$\varepsilon' = -\mu\varepsilon, \tag{1.5}$$

μ 为材料的横向变形系数(又称泊松比). 它代表材料横向变形性能. 负号表示两者变形状态相反. 不同材料的 μ 也不同, 譬如, 金属的 μ 值为 0.25—0.35. 而光弹性实验用的塑料在常温下 $\mu = 0.34$—0.36, 在 110—120℃ 下 $\mu = 0.48$—0.49.

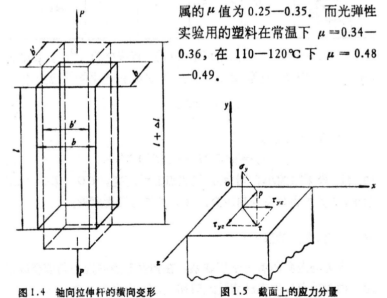

图1.4 轴向拉伸杆的横向变形   图1.5 截面上的应力分量

以上说明同一种材料在不同条件下 E，G，μ 是变化的．他们是代表材料变形性能的三个基本常数，其数值用实验确定．

§1.2. 一点的应力状态

受力构件内通过某一点的各个截面上的应力情况，称为这一点的应力状态．光弹性实验的目的是要全面了解构件的应力状态．全面是由各点组成的，因此先研究一点的应力状态．研究的方法是通过截面法了解单元体（所谓单元体就是一个极小的正六面体）各斜截面的应力变化规律．为建立力学的基本方程提供理论根据．

一、用单元体各面的应力表示一点的应力状态

从受力构件中的任意点取出一个单元体，弃去围绕单元体的相邻部分，用应力来代替弃去部分对单元体六个面的作用．六个面上的应力可以是任意的．如图 1.5，表示一个截面上任意点的应力 p，不论 p 的方向如何，总可以将它分解为三个分量，一个沿 y 轴的正应力 σ_y，和二个分别与 x，z 轴平行的剪应力 τ_{yx} 和 τ_{yz}．用同法把单元体其他各面的应力也分解为三个分量．单元体的应力状态如图 1.6 所示．为了便于分析需要作如下说明：

1. 在直角坐标系中，设单元体的边长为 dx，dy，dz．而 dx，dy，dz 为无限小量，故单元体也为无限小量，各面上的应力可视为平均分布，应力的合力通过单元体各面的中心．

2. 正应力的脚码表示应力的方向与哪一个坐标轴平行，如 σ_x 与 x 轴平行．

3. 剪应力有两个脚码．第一个脚码表示应力作用面的法线与哪个坐标轴平行，第二个脚码表示应力方向与哪个坐标轴平行．如 τ_{xy} 表示截面法线为 x 轴的平面上，平行于 y 轴的剪应力．τ_{yz} 表示截面法线为 y 轴的平面上，平行于 z 轴的剪应力．

4. 单元体各平行面上的应力大小相等、方向相反．例如，$adfg$ 面上的 σ_x，τ_{xy}，τ_{xz} 与 $Obec$ 面上的 σ_x，τ_{xy}，τ_{xz} 大小相等、

方向相反.

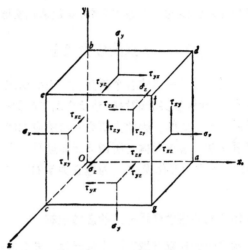

图 1.6 单元体应力状态

5. 应力正负号的规定. 凡是作用在正向截面上（即截面外法线与坐标轴正向一致的面，如 $adfg$ 等面）的应力与坐标正向一致时，或作用在反向截面（如 $Obec$）上的应力与坐标反向一致时，这样的应力（包括 σ 及 τ）都为"+"号. 如图 1.6 上的应力皆为"+"号，与上述方向相反的则为"－"号. 也可认为，σ 为拉应力者为"+"，压应力者为"－".

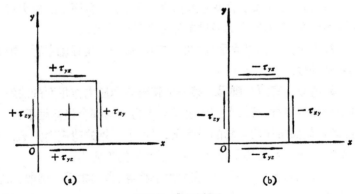

图 1.7 剪应力符号

剪应力可投影到一个坐标平面上，如图 1.7，只要有一个剪应力符合上述规定即可确定剪应力的全部符号。图 1.7(a) τ_{xy} 符合正向条件，故 τ_{xy}，τ_{yx} 皆为"+"。图 1.7(b) 符合反向条件，故 τ_{xy}，τ_{yx} 均为"—"。

二、剪应力互等定律

取单元体如图 1.6。因单元体为无限小量，在平衡方程式中体积力与应力的影响相比为二次无限小量，故可忽略不计，根据力矩平衡方程

$$\Sigma m_x = 0, \quad \tau_{zy}dxdydz = \tau_{yz}dxdydz,$$
$$\left. \begin{array}{l} \qquad\qquad 得 \qquad\qquad \tau_{zy} = \tau_{yz}, \\ \Sigma m_y = 0, \ 得 \qquad \tau_{zx} = \tau_{xz}, \\ \Sigma m_z = 0, \ 得 \qquad \tau_{xy} = \tau_{yx}, \end{array} \right\} \qquad (1.6)$$

由此得出结论，作用在两互相垂直截面上且垂直于截面交线的剪应力大小相等、转向相反。这是一个基本规律，称之为剪应力互等定律。

根据 (1.6) 式可知，作用在单元体上的九个应力分量实际上只有六个是独立的。用这六个应力分量 σ_x，σ_y，σ_z，τ_{xy}，τ_{yz}，τ_{zx} 完全可以确定一点的应力状态。光测应力分析的目的就是寻找构件任意点的这六个应力分量。

三、单元体应力状态的分类

在弹性力学中可以证明，通过受力构件的每一点都存在一个特殊方位的单元体，在该单元体的各面上都没有剪应力，只存在正应力，通常称该单元体为主单元体，各面为主平面，作用在主平面上的应力称为主应力，三对主平面上的三对主应力用 σ_1，σ_2 和 σ_3 表示，其中 σ_1 代数值最大，σ_3 代数值最小。

实际上，由于构件几何形状和载荷的特殊性，单元体上的三个主应力并不一定都存在，于是把点的应力状态分为三类：

1. 单向应力状态

三个主应力中只有一个主应力不等于零,如图 1.8 (b),(c) 所示,其中

$$(\sigma_x)_A = -\frac{M}{W}, \quad (\tau_{xy})_A = 0,$$

$$(\sigma_x)_B = +\frac{M}{W}, \quad (\tau_{xy})_B = 0.$$

则称为单向应力状态.

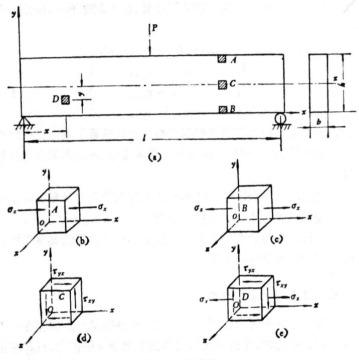

图 1.8 简支梁

2. 二向应力状态

三个主应力中有二个主应力不等于零,如图 1.8 (d), (e) 及图 1.9 所示,其中

$$\sigma_1 = \frac{qD}{2t},$$

· 12 ·

$$\sigma_2 = \frac{qD}{4t},$$

则称为二向应力状态.

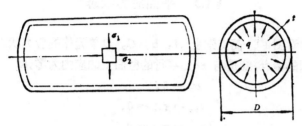

图 1.9 薄壁筒受内压

3. 三向应力状态

三个主应力都不等于零,称为三向应力状态. 如图 1.10(a)所示,有一实心圆球,当外部迅速加热时,球心则产生三向受拉(见图 1.10(b)). 如加热均匀后,外部迅速冷却,则球心产生三向受压(见图 1.10(c)).

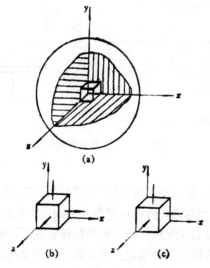

图 1.10 球体中心应力状态

在深水压力下的物体或地下的岩石均为三向受压．滚珠轴承中滚珠与轴套之间的接触应力也为三向受压．

§1.3.　平面应力状态

参看图 1.8，简支梁上 A，B，C，D 单元体的应力状态有一个共同的特点，就是与 xoy 平行的截面上的应力为零，即

$$\sigma_z = 0,$$
$$\tau_{zx} = \tau_{xz} = 0,$$
$$\tau_{zy} = \tau_{yz} = 0.$$

单元体的这一类应力状态称为平面应力状态．

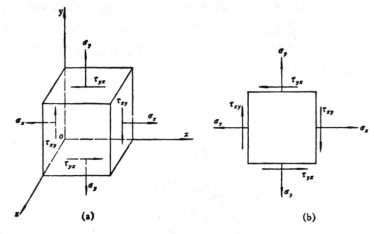

图 1.11　单元体应力状态

图 1.11 (a) 表示平面应力状态下的单元体．由于与 z 轴垂直的截面上的应力为零，所以可把单元体的应力状态表示在一个平面上，如图 1.11 (b) 所示．为了用图解法研究平面应力状态，关于剪应力符号，单独作一种规定．当人面对单元体时，平行面上的剪应力以顺时针转者为正，以反时针转者为负．例如，图 1.11 (b) 中

τ_{xy} 为正,τ_{yx} 为负. 按这一规定,互相垂直截面上的剪应力符号相反. 剪应力符号的这种规定仅在图解法研究平面应力状态时才使用. 以前的规定在数值积分法中使用.

一、斜截面应力计算

从单元体 $abcd$ 内任意方向切出一个截面 ef,如图 1.12. 截

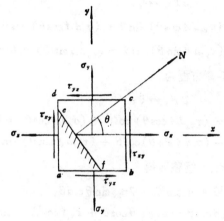

图 1.12　平面应力状态

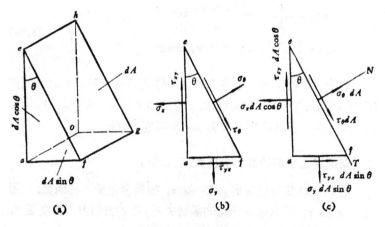

图 1.13　斜截面应力

面方位以截面外法线 N 与 x 轴夹角 θ 表示之. 规定 θ 逆时针为正, 顺时针为负. 截开后, 保留的部分如图 1.13 (a), 作用在保留部分的应力如图 1.13(b), 设 σ_θ, τ_θ 为作用在 $efgh$ 面上的应力. 设截面 $efgh$ 的面积为 dA, 则 $eaoh$ 面和 $afgo$ 面的面积为 $dA\cos\theta$ 和 $dA\sin\theta$. 单元体的受力是平衡的, 截开后每部分仍应平衡, 见图 1.13 (c), 写出沿法向 N 的平衡方程式

$$\Sigma F_N = 0,$$

$$\sigma_\theta dA + (\tau_{xy} dA\cos\theta)\sin\theta - (\sigma_x dA\cos\theta)\cos\theta$$
$$+ (\tau_{yx} dA\sin\theta)\cos\theta - (\sigma_y dA\sin\theta)\sin\theta = 0,$$

沿切向 T 的平衡方程为

$$\Sigma F_T = 0,$$

$$\tau_\theta dA - (\tau_{xy} dA\cos\theta)\cos\theta - (\sigma_x dA\cos\theta)\sin\theta$$
$$+ (\sigma_y dA\sin\theta)\cos\theta + (\tau_{yx} dA\sin\theta)\sin\theta = 0,$$

因为 $\tau_{xy} = \tau_{yx}$, 经整理得

$$\left.\begin{array}{l} \sigma_\theta = \sigma_x\cos^2\theta + \sigma_y\sin^2\theta - 2\tau_{xy}\sin\theta\cos\theta, \\ \tau_\theta = \sigma_x\sin\theta\cos\theta - \sigma_y\sin\theta\cos\theta + \tau_{xy}(\cos^2\theta - \sin^2\theta), \end{array}\right\} (1.7a)$$

或

$$\left.\begin{array}{l} \sigma_\theta = \dfrac{\sigma_x + \sigma_y}{2} + \dfrac{\sigma_x - \sigma_y}{2}\cos 2\theta - \tau_{xy}\sin 2\theta, \\ \\ \tau_\theta = \dfrac{\sigma_x - \sigma_y}{2}\sin 2\theta + \tau_{xy}\cos 2\theta. \end{array}\right\} (1.7b)$$

对于一个给定的原始单元体, (1.7)式描写了斜截面应力随角度 θ (即截面方位) 变化的规律. 若已知 σ_x, σ_y 和 τ_{xy}, 根据它们可求得任一斜截面的正应力 σ_θ 和剪应力 τ_θ.

二、用图解法求斜截面上的应力 (应力圆)

由 (1.7b)式可以看出, σ_θ 和 τ_θ 都是参变量 θ 的函数. 可见, σ_θ 和 τ_θ 间也必有一定的函数关系, 现在我们消去参变量 θ, 找出这个关系. 把 (1.7b)式第一式移项得

$$\sigma_\theta - \frac{\sigma_x + \sigma_y}{2} = \frac{\sigma_x - \sigma_y}{2} \cos 2\theta - \tau_{xy} \sin 2\theta, \qquad (a)$$

再将 (a) 式两边平方,得

$$\left(\sigma_\theta - \frac{\sigma_x + \sigma_y}{2}\right)^2 = \left(\frac{\sigma_x - \sigma_y}{2} \cos 2\theta\right)^2$$

$$- (\sigma_x - \sigma_y)\tau_{xy} \cos 2\theta \sin 2\theta + (\tau_{xy} \sin 2\theta)^2, \qquad (b)$$

把式 (1.7b) 中第二式两边也平方,得

$$\tau_\theta^2 = \left(\frac{\sigma_x - \sigma_y}{2} \sin 2\theta\right)^2 + (\sigma_x - \sigma_y)\tau_{xy} \sin 2\theta \cos 2\theta$$

$$+ (\tau_{xy} \cos 2\theta)^2, \qquad (c)$$

把 (b),(c) 二式相加,即可消去 θ 得到 σ_θ 与 τ_θ 的关系式

$$\left(\sigma_\theta - \frac{\sigma_x + \sigma_y}{2}\right)^2 + \tau_\theta^2 = \left(\frac{\sigma_x - \sigma_y}{2}\right)^2 + \tau_{xy}^2, \qquad (d)$$

(d)式给出了平面应力状态下,当斜截面方位改变时,σ_θ 和 τ_θ 间所必须遵守的关系. 把 (d) 式同 xy 直角坐标系里圆的方程

$$(x - x_0)^2 + y^2 = R^2$$

相比较,σ_θ 相当于变量 x,τ_θ 相当于变量 y. 由 (d) 式描写的 σ_θ 和 τ_θ 的函数关系也是圆方程,圆心为 $\left(\dfrac{\sigma_x + \sigma_y}{2}, 0\right)$,半径为 $\sqrt{\left(\dfrac{\sigma_x - \sigma_y}{2}\right)^2 + \tau_{xy}^2}$. 如已知 σ_x,σ_y,τ_{xy},即可绘出一个圆,此圆称为应力圆. 绘应力圆的步骤为:

1. 见图 1.14,取直角坐标系,以横坐标表示 σ_θ,纵坐标表示 τ_θ,按选定的比例尺,从原点 O 在 σ_θ 轴上量取 $OC = \dfrac{\sigma_x + \sigma_y}{2}$,即为圆心.

2. 按同样比例尺在 σ_θ 轴上量取 $OB_1 = \sigma_x$,在垂直于 σ_θ 轴的方向上量取 $B_1 D_1 = \tau_{xy}$,得到圆上的 D_1 点.

3. 以 C 点为圆心,以 CD_1 为半径画圆.

圆上的一个点的坐标值即对应单元体一个截面的应力值. 如果在单元体上任意给定一个斜截面 ef,如图 1.14 (a) 所示,在应

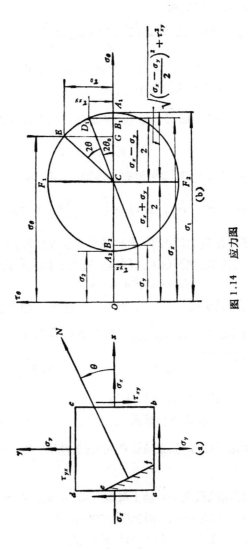

图 1.14 应力图

力圆上如何确定与它相应的点呢？确定的方法是：从应力圆上对应于 x 面（以 x 轴为法线的面）的点 D_1 开始，逆时针转过 2θ 角到圆周上的 E 点，则 E 点的纵、横坐标值即表示从 x 轴逆时针转 θ 角所对应截面上的应力.

由图 1.14（b）可知，E 点的横坐标为

$$\overline{OG} = \overline{OC} + \overline{CG} = \overline{OC} + \overline{CE}\cos{(2\theta_0 + 2\theta)}$$
$$= \overline{OC} + (\overline{CE}\cos{2\theta_0})\cos{2\theta} - (\overline{CE}\sin{2\theta_0})\sin{2\theta}$$
$$= \frac{\sigma_x + \sigma_y}{2} + \frac{\sigma_x - \sigma_y}{2}\cos{2\theta} - \tau_{xy}\sin{2\theta},$$

与（1.7b）式相比

$$\overline{OG} = \sigma_\theta. \tag{e}$$

E 点的纵坐标为

$$\overline{EG} = \overline{CE}\sin{(2\theta + 2\theta_0)}$$
$$= \frac{\sigma_x - \sigma_y}{2}\sin{2\theta} + \tau_{xy}\cos{2\theta},$$

与（1.7b）式相比

$$\overline{EG} = \tau_\theta, \tag{f}$$

应注意到，在单元体上由 x 轴逆时针转过 θ 角，则在应力圆上由相应点 D_1 逆时针旋转 2θ 角到 E 点.

三、主应力

从应力圆上可看出，在若干个截面中，有一个截面上的正应力是最大的（相当于应力圆上的 A_1 点），有一面上的正应力最小（相当于应力圆上的 A_2 点），而且在这两个截面上的剪应力等于零，这两个特殊的平面称为主平面，作用在主平面的正应力称为主应力. 习惯上，在二个主应力中，代数值大的用 σ_1 表示，小的用 σ_2 表示. 由图 1.14（b）可知，最大、最小正应力为

$$\left.\begin{array}{c}\sigma_1 \\ \sigma_2\end{array}\right\} = \overline{OC} \pm \overline{CA_1} = \frac{\sigma_x + \sigma_y}{2} \pm \sqrt{\left(\frac{\sigma_x - \sigma_y}{2}\right)^2 + \tau_{xy}^2}. \tag{1.8}$$

从应力圆上还可以看出,应力圆的半径为 $\dfrac{\sigma_1 - \sigma_2}{2}$,圆心坐标为 $\dfrac{\sigma_1 + \sigma_2}{2}$,故应力分量可以用主应力表示如下:

$$\left.\begin{array}{l} \sigma_x = \dfrac{\sigma_1 + \sigma_2}{2} + \dfrac{\sigma_1 - \sigma_2}{2}\cos 2\theta_0, \\[2mm] \sigma_y = \dfrac{\sigma_1 + \sigma_2}{2} - \dfrac{\sigma_1 - \sigma_2}{2}\cos 2\theta_0, \\[2mm] \tau_{xy} = \dfrac{\sigma_1 - \sigma_2}{2}\sin 2\theta_0, \end{array}\right\} \tag{1.9}$$

或

$$\left.\begin{array}{l} \sigma_x = \sigma_y + (\sigma_1 - \sigma_2)\cos 2\theta_0, \\[2mm] \sigma_y = \sigma_x - (\sigma_1 - \sigma_2)\cos 2\theta_0, \\[2mm] \tau_{xy} = \dfrac{1}{2}(\sigma_1 - \sigma_2)\sin 2\theta_0, \end{array}\right\} \tag{1.10}$$

其中 θ_0 为 σ_1 与 x 轴的夹角.

由(1.8)式可得

$$\sigma_x + \sigma_y = \sigma_1 + \sigma_2. \tag{1.11}$$

四、主平面

主应力的方向称为主方向. 在应力圆上主应力所对应的两点相隔 $180°$. 因此在单元体上两个主平面夹角应该是 $90°$. 在应力圆上,由 D_1 点到 A_1 点转过的圆心角为 $2\theta_0$,则相应于 σ_1 的主方向与 x 轴夹角为 θ_0. 为了看清主方向,我们在原始单元体的基础上,用相互垂直的主平面从中取出一个单元体,如图 1.15(a). 这个单元体即为主单元体.

由图 1.14(b) 可得

$$\tan 2\theta_0 = -\frac{\overline{D_1 B_1}}{CB_1} = -\frac{2\tau_{xy}}{\sigma_x - \sigma_y}, \tag{1.12}$$

上式可确定主应力方向,一为 θ_0,另一个为 $\theta_0 + 90°$.

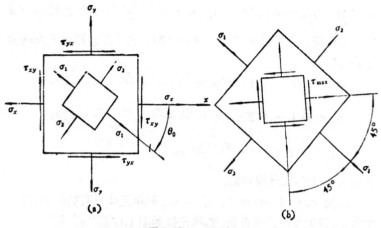

图 1.15　主单元体

五、最大剪应力

从图 1.14 (b) 的应力圆上可看出，最大剪应力在 F_1 点处，其值等于圆的半径，即

$$\tau_{max} = \sqrt{\left(\frac{\sigma_x - \sigma_y}{2}\right)^2 + \tau_{xy}^2}, \tag{1.13}$$

或

$$\tau_{max} = \frac{\sigma_1 - \sigma_2}{2}. \tag{1.14}$$

同时，F_2 点的剪应力等于 F_1 点的剪应力，不过符号相反，此两剪应力最大值的所在面互相垂直，它们分别与主平面成 45° 角，见图 1.15 (b) 所示.

总之，若已知原始单元体上的应力状态，可用图解法求出主应力、主方向和最大剪应力. 也可从解析法中得到同样的结果.

六、几个特例

1. 图 1.16 (a) 表示一个受内压的薄壁容器，沿纵向和横向截取的单元体是主单元体.

现在使用应力圆求单元体任意斜截面上的应力. 见 图 1.16

(b)，取 $OA = \sigma_1$，$OB = \sigma_2$，$OO' = \dfrac{\sigma_1 + \sigma_2}{2}$，以 O' 为圆心 $O'A$ 为半径作图，则法线为 N 的斜截面上的应力为应力圆上 E 点的坐标，可得

$$\sigma_x = OO' + O'E \cos 2\theta = \frac{\sigma_1 + \sigma_2}{2} + \frac{\sigma_1 - \sigma_2}{2} \cos 2\theta,$$

$$\sigma_y = OO' - O'E \cos 2\theta = \frac{\sigma_1 + \sigma_2}{2} - \frac{\sigma_1 - \sigma_2}{2} \cos 2\theta,$$

$$\tau_{xy} = O'E \sin 2\theta = \frac{\sigma_1 - \sigma_2}{2} \sin 2\theta.$$

其结果与(1.9)式是相同的。

2. 如 $\sigma_x = 0$，$\sigma_y = 0$，$\tau_{xy} \neq 0$，则单元体只有剪应力，称为纯剪切，圆轴受扭即为此例，绘单元体如图 1.17 (a) 所示。

由于 $\sigma_x = \sigma_y = 0$，所以圆心就在坐标原点上，见图 1.17(b)，取 $OA = \tau_{xy}$，$OB = \tau_{yx}$，以 OA 为半径作圆。从应力圆上看出，OC，OD 为主应力。所以 $\sigma_1 = OC = |\tau_{xy}|$，$\sigma_2 = OD = -|\tau_{xy}|$。主应力的方向与 ab 面成 $45°$，σ_1 为拉应力，σ_2 为压应力，如图 1.17 (c) 所示。

(a)，(c) 单元体都是同一点的应力状态，因此如图 1.17 (d) 所示，(a)，(c) 两种作用是等效的。试验时可利用这个原理，用拉、压代替纯剪切，改变加载方式，但效果相同。

3. 如 $\sigma_x = \sigma_y = \sigma_0$，$\tau_{xy} = 0$，则单元体如图 1.18 (a)，球形容器受内压时，其表面点即为这种应力状态。因为 $\sigma_x = \sigma_y = \sigma_0$，$\tau_{xy} = 0$，取 $OO' = \sigma_0$，故圆心在 O' 点而半径为零，应力圆变为一个点。此时各斜截面正应力均等于 σ_0，而剪应力为零。这种特殊情况的点称为各向等应力点或称各向同性点。

如两面受等压，则应力圆如图 1.18(c) 所示。这种情况的点也可称为等值点。

七、简短结论

从以上分析可以得出以下结论：

1.不论平面应力状态原始单元体上的应力如何，必定存在有

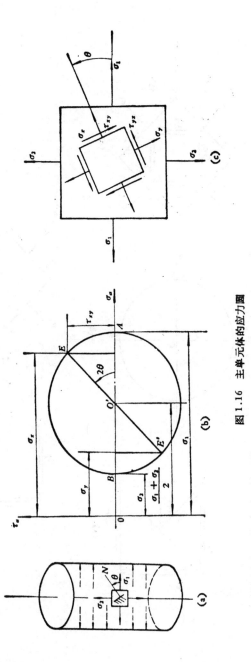

图 1.16　主单元体的应力圆

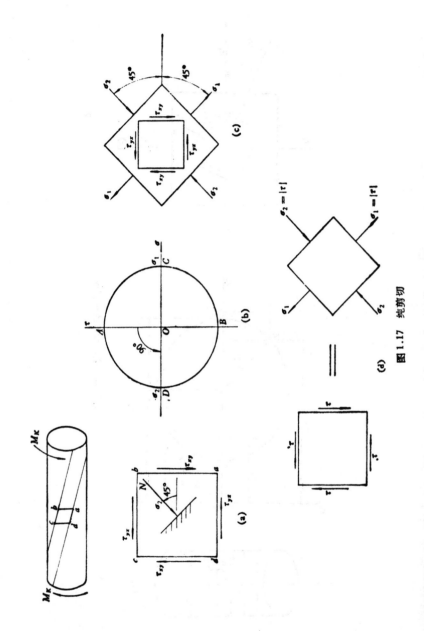

图 1.17 纯剪切

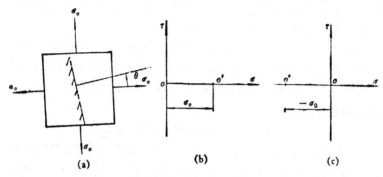

图 1.18　二向等拉及等压

两个主应力．当其中一个为零时，则它就是单向应力状态．两个主应力都不为零时，就是二向应力状态．

2. 主应力即绕该点各个斜截面中最大和最小的正应力．用 σ_1，σ_2 表示之．

3. 主应力所在的平面称为主平面，主平面上的剪应力必为零，主平面构成的单元体称为主单元体．

4. 最大剪应力所在的截面与主平面夹角为 $45°$．

5. 最大剪应力等于主应力差的一半．

6. 两互相垂直截面上的剪应力大小相等，转向相反．

7. 根据剪应力互等定理，单元体一个面上的剪应力为零，其余面上剪应力也必定为零．

8. 构件几何形状和载荷都对称时对称件截面上的剪应力必为零．

9. 构件上各主应力差相等点的轨迹构成主应力差相等的线．此线称为等差线或者也可以说最大剪应力相等的线．

10. 主应力方向一致的点的轨迹构成主应力方向一致的线．此线称为等倾线．光测实验可以测取等差线及等倾线．

§1.4.　三向应力分析

以上分析了平面应力状态下的应力计算，现在研究三向应力状态下斜截面上应力的计算．也就是要建立空间斜截面上的应力分量与原单元体六个应力分量的关系．

见图 1.19(a)，用一斜截面从单元体中截出一个四面体 $Oabc$．斜截面的方位用截面外向法线 ON 表示之，见图 1.19(b)，O' 点是法线 N 与斜截面的交点，法线与 x，y，z 轴的夹角为 α，β，γ，其方向余弦为

$$l = \cos\alpha, \quad m = \cos\beta, \quad n = \cos\gamma.$$

在这个四面体上，垂直于坐标轴的三个面为原单元体面，其应力分量如图 1.19(c)．设 P，Q，R 为斜截面 abc 上沿 x，y，z 轴的三个应力分量，见图 1.19 (b) 所示．需注意，这些应力分量都作用在同一个四面体上，为了看得清楚才分画在 (b)，(c) 两个图上．

设 $\triangle abc$ 的面积为 A，则四面体其余三个面的面积分别为

$$\left.\begin{array}{l} \triangle Obc = lA, \\ \triangle Oac = mA, \\ \triangle Oab = nA. \end{array}\right\} \tag{a}$$

根据四面体的平衡条件 $\Sigma F_x = 0$，$\Sigma F_y = 0$，$\Sigma F_z = 0$，得

$$\left.\begin{array}{l} P = \sigma_x l + \tau_{yx} m + \tau_{zx} n, \\ Q = \tau_{xy} l + \sigma_y m + \tau_{zy} n, \\ R = \tau_{xz} l + \tau_{yz} m + \sigma_z n. \end{array}\right\} \tag{b}$$

现在再进一步研究单元体转动时应力分量的变化．见图 1.20 (a) 所示，设斜截面法线 ON 为新单元体新坐标的 x' 轴，与 x' 互相垂直的另外两个轴为 y'，z'．x' 轴方向余弦为 (l_1, m_1, n_1)，y' 的方向余弦为 (l_2, m_2, n_2)，z' 的方向余弦为 (l_3, m_3, n_3)．x'，y'，z' 为新坐标，x，y，z 为原坐标，两者关系通过方向余弦联系起来，见表 1.2.

例如，新坐标轴 x' 在原坐标轴 x，y，z 内的方向余弦为 l_1，m_1，n_1．对应新的坐标系，有新的单元体，如图 1.20 (b)，新单元体上的应力分量 $(\sigma_{x'}, \sigma_{y'}, \sigma_{z'}, \tau_{x'y'}, \tau_{y'z'}, \tau_{z'x'})$ 可用原应力分量来表示．用 x' 轴代替四面体斜截面法线 ON，则与 x' 轴相垂直

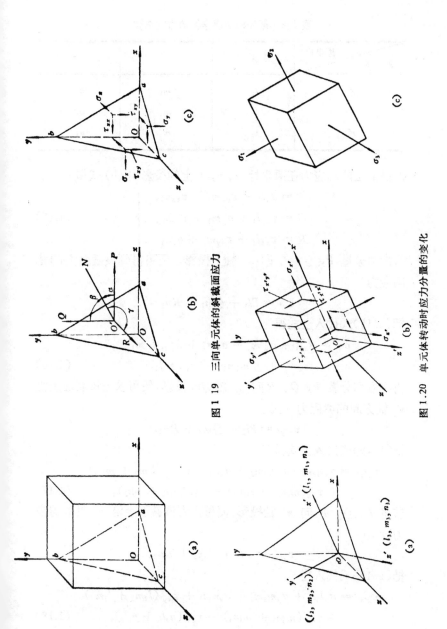

图 1 19 三向单元体的斜截面应力

图 1.20 单元体转动时应力分量的变化

表 1.2 新坐标对原坐标的方向余弦

原坐标 新坐标	x	y	z
x'	l_1	m_1	n_1
y'	l_2	m_2	n_2
z'	l_3	m_3	n_3

的截面上的总应力在原坐标 x, y, z 上的投影由 (b) 式得

$$\left. \begin{aligned} P &= \sigma_x l_1 + \tau_{yx} m_1 + \tau_{zx} n_1, \\ Q &= \tau_{xy} l_1 + \sigma_y m_1 + \tau_{yz} n_1, \\ R &= \tau_{zx} l_1 + \tau_{zy} m_1 + \sigma_z n_1. \end{aligned} \right\} \tag{1.15}$$

将应力分量 P, Q, R 向 x' 轴上投影，便可得到该截面上的法向应力

$$\sigma_{x'} = P l_1 + Q m_1 + R n_1,$$

把 (1.15) 式代入上式得

$$\begin{aligned} \sigma_{x'} = {} & \sigma_x l_1^2 + \sigma_y m_1^2 + \sigma_z n_1^2 + 2\tau_{xy} l_1 m_1 \\ & + 2\tau_{yz} m_1 n_1 + 2\tau_{zx} n_1 l_1, \end{aligned} \tag{1.16}$$

再将应力分量 P, Q, R 向 y' 轴方向投影，便可求出该截面上沿 y' 轴方向的剪应力 $\tau_{x'y'}$.

$$\tau_{x'y'} = P l_2 + Q m_2 + R n_2,$$

把 (1.15) 式代入上式得

$$\begin{aligned} \tau_{x'y'} = {} & \sigma_x l_1 l_2 + \sigma_y m_1 m_2 + \sigma_z n_1 n_2 + \tau_{xy}(l_1 m_2 + m_1 l_2) \\ & + \tau_{yz}(m_1 n_2 + n_1 m_2) + \tau_{zx}(n_1 l_2 + l_1 n_2), \end{aligned} \tag{1.17}$$

若将 P, Q, R 向 z' 轴投影，便可得到该截面上沿 z' 轴的剪应力 $\tau_{x'z'}$

$$\tau_{x'z'} = P l_3 + Q m_3 + R n_3,$$

把 (1.15) 式代入得

$$\begin{aligned} \tau_{x'z'} = {} & \sigma_x l_3 l_1 + \sigma_y m_3 m_1 + \sigma_z n_3 n_1 + \tau_{xy}(l_3 m_1 + l_1 m_3) \\ & + \tau_{yz}(m_3 n_1 + m_1 n_3) + \tau_{zx}(n_3 l_1 + n_1 l_3). \end{aligned} \tag{1.18}$$

$\sigma_{x'}$, $\tau_{x'y'}$, $\tau_{x'z'}$ 是斜截面 abc 上三个应力分量. 用同样方

法可以求得垂直于 y' 轴的截面上的总应力沿 x，y，z 轴的三个应力分量 P'，Q'，R'。然后再沿 x'，y'，z' 投影，便可得 $\sigma_{y'}$，$\tau_{y'x'}$，$\tau_{y'z'}$。同法可得 $\sigma_{z'}$，$\tau_{z'x'}$，$\tau_{z'y'}$。对应新坐标的单元体，其剪应力也必须遵守剪应力互等定理，故 $\tau_{x'y'} = \tau_{y'x'}$，$\tau_{y'z'} = \tau_{z'y'}$，$\tau_{z'x'} = \tau_{x'z'}$。因此得到对应新坐标单元体的应力分量为

$$
\left.
\begin{aligned}
\sigma_{x'} &= \sigma_x l_1^2 + \sigma_y m_1^2 + \sigma_z n_1^2 + 2\tau_{xy} l_1 m_1 + 2\tau_{yz} m_1 n_1 \\
&\quad + 2\tau_{zx} n_1 l_1, \\
\sigma_{y'} &= \sigma_x l_2^2 + \sigma_y m_2^2 + \sigma_z n_2^2 + 2\tau_{xy} l_2 m_2 + 2\tau_{yz} m_2 n_2 \\
&\quad + 2\tau_{zx} n_2 l_2, \\
\sigma_{z'} &= \sigma_x l_3^2 + \sigma_y m_3^2 + \sigma_z n_3^2 + 2\tau_{xy} l_3 m_3 + 2\tau_{yz} m_3 n_3 \\
&\quad + 2\tau_{zx} n_3 l_3, \\
\tau_{x'y'} &= \tau_{y'x'} = \sigma_x l_1 l_2 + \sigma_y m_1 m_2 + \sigma_z n_1 n_2 + \tau_{xy}(l_1 m_2 \\
&\quad + m_1 l_2) + \tau_{yz}(m_1 n_2 + n_1 m_2) + \tau_{zx}(n_1 l_2 + l_1 n_2), \\
\tau_{y'z'} &= \tau_{z'y'} = \sigma_x l_2 l_3 + \sigma_y m_2 m_3 + \sigma_z n_2 n_3 + \tau_{xy}(l_2 m_3 \\
&\quad + m_2 l_3) + \tau_{yz}(m_2 n_3 + n_2 m_3) + \tau_{zx}(n_2 l_3 + l_2 n_3), \\
\tau_{z'x'} &= \tau_{x'z'} = \sigma_x l_3 l_1 + \sigma_y m_3 m_1 + \sigma_z n_3 n_1 + \tau_{xy}(l_3 m_1 \\
&\quad + l_1 m_3) + \tau_{yz}(m_3 n_1 + m_1 n_3) + \tau_{zx}(n_3 l_1 + n_1 l_3).
\end{aligned}
\right\} \quad (1.19)
$$

一般称该式为坐标轴转动时应力分量的变换式。

当单元体转动时，(1.19) 式给出转动后单元体上应力分量与原单元体的应力分量之间的关系。由 §1.2 可知，在构件的任意点，都可找出一个特殊位置的单元体，这个单元体的剪应力分量为零，这个单元体称为主单元体。单元体的各平面称为主平面，它上面的正应力称为主应力。通常用 σ_1，σ_2，σ_3 表示三个主应力，其中 σ_1 代数值最大，σ_3 代数值最小。六个主平面构成主单元体，如图 1.20(c) 所示。

见图 1.21(a)，如原始单元体为主单元体，那么原始坐标与主应力方向一致。见图 1.21(b)，如果坐标轴在主单元体内旋转，则对应新坐标轴 x'，y'，z' 的一倾斜单元体的应力分量为

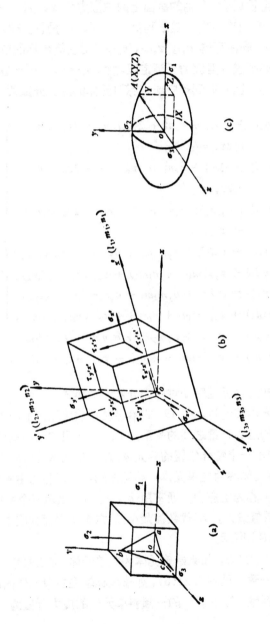

图 1.21

$$\sigma'_x = \sigma_1 l_1^2 + \sigma_2 m_1^2 + \sigma_3 n_1^2,$$
$$\sigma'_y = \sigma_1 l_2^2 + \sigma_2 m_2^2 + \sigma_3 n_2^2,$$
$$\sigma'_z = \sigma_1 l_3^2 + \sigma_2 m_3^2 + \sigma_3 n_3^2,$$
$$\left.\begin{array}{l} \tau_{x'y'} = \sigma_1 l_1 l_2 + \sigma_2 m_1 m_2 + \sigma_3 n_1 n_2, \\ \tau_{y'z'} = \sigma_1 l_2 l_3 + \sigma_2 m_2 m_3 + \sigma_3 n_2 n_3, \\ \tau_{z'x'} = \sigma_1 l_3 l_1 + \sigma_2 m_3 m_1 + \sigma_3 n_3 n_1. \end{array}\right\} \quad (1.20\text{a})$$

其中新坐标 x'，y'，z' 与原坐标 x，y，z 的关系用方向余弦表示在表 1.3。

表 1.3 新坐标对原坐标的方向余弦

新坐标＼原坐标	x	y	z
x'	l_1	m_1	n_1
y'	l_2	m_2	n_2
z'	l_3	m_3	n_3

见图 1.21 (a)，在主单元体中取斜截面 abc，设该斜截面法线的方向余弦为 l，m，n。坐标轴 x，y，z 沿主应力方向，则该斜截面上总应力沿坐标轴的应力分量为 X, Y, Z。利用 (b) 式得

$$X = \sigma_1 l, \quad Y = \sigma_2 m, \quad Z = \sigma_3 n,$$

将这三个方程中的 l，m，n 值代入关系式 $l^2 + m^2 + n^2 = 1$，得到

$$\frac{X^2}{\sigma_1^2} + \frac{Y^2}{\sigma_2^2} + \frac{Z^2}{\sigma_3^2} = 1. \quad (1.20\text{b})$$

该式表示一个椭球面的轨迹，称为应力椭球[1]，见图 1.21 (c)。矢量 **OA** 的末端是应力分量 X，Y，Z，它表示一个斜截面上的应力分量。椭球的三个半轴是三个主应力的大小。

例 1. 见图 1.22(a)，设原始单元体上 $\sigma_z = 0, \tau_{zx} = \tau_{zy} = 0$，该单元体绕 z 轴转一个角度 θ，求新单元体上的应力分量。

新旧坐标的关系见表 1.4。

把方向余弦的关系代入(1.19)式，得

表 1.4　新坐标对原坐标的方向余弦

新坐标＼原坐标	x	y	z
x'	$l_1 = \cos\theta$	$m_1 = \cos(90° - \theta) = \sin\theta$	$n_1 = 0$
y'	$l_2 = \cos(90° + \theta) = -\sin\theta$	$m_2 = \cos\theta$	$n_2 = 0$
z'	$l_3 = 0$	$m_3 = 0$	$n_3 = 1$

$$\left.\begin{array}{l} \sigma_{x'} = \sigma_x\cos^2\theta + \sigma_y\sin^2\theta + 2\tau_{xy}\sin\theta\cos\theta, \\ \sigma_{y'} = \sigma_x\sin^2\theta + \sigma_y\cos^2\theta - 2\tau_{xy}\sin\theta\cos\theta, \\ \tau_{x'y'} = -\sigma_x\sin\theta\cos\theta + \sigma_y\sin\theta\cos\theta + \tau_{xy}(\cos^2\theta - \sin^2\theta). \end{array}\right\} (c)$$

(c) 式与 (1.7a) 式的形式完全一样. 即二向受力状态下斜截面的应力. 不过, 其正负号有所不同, 这是由于剪应力符号的规定法不同所造成的. 如果按 §1.3 规定, τ_{xy}, $\tau_{x'y'}$ 均为负号, 将此负号代入 (c) 式, 即与式 (1.7a) 完全相同.

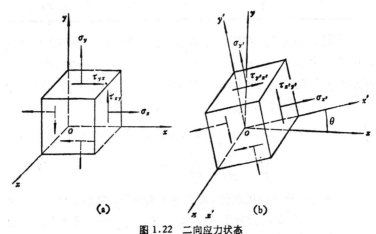

图 1.22　二向应力状态

§1.5.　平　衡　方　程

一、直角坐标系的平衡方程

以上研究的一点应力状态, 认为单元体平行截面上的应力是相等的．但是，因为应力是连续变化的，它是坐标的连续函数，所以相互平行截面上的应力并不相等，见图 1.23，应力沿某坐标轴的变化率可用对该轴的偏导数表示之．例如，$\dfrac{\partial \sigma_x}{\partial x}$ 表示 σ_x 沿 x 轴的变化率，$\dfrac{\partial \tau_{yx}}{\partial y}$ 为 τ_{xy} 沿 y 轴的变化率．设单元体左侧面上的正应力为 σ_x，则沿 x 轴经过 dx 段后其变化量应为 $\dfrac{\partial \sigma_x}{\partial x}\, dx$，作用在单元体右侧面上的正应力应为 $\sigma_x + \dfrac{\partial \sigma_x}{\partial x}\, dx$．又如左侧面上的剪应力为 τ_{xy}，经过 dx 段后右侧面上的剪应力应为 $\tau_{xy} + \dfrac{\partial \tau_{xy}}{\partial x} dx$，根据这一原则，坐标原点处三个坐标面上的应力与经过 dx, dy, dz 微小距离变化的三个截面上的应力相比，有一个微分增量的差别，所以图中

$$
\left.
\begin{aligned}
\sigma_x' &= \sigma_x + \frac{\partial \sigma_x}{\partial x}\, dx, \\[4pt]
\tau_{xy}' &= \tau_{xy} + \frac{\partial \tau_{xy}}{\partial x}\, dx, \\[4pt]
\tau_{xz}' &= \tau_{xz} + \frac{\partial \tau_{xz}}{\partial x}\, dx,
\end{aligned}
\right\}
\tag{a}
$$

$$
\left.
\begin{aligned}
\sigma_y' &= \sigma_y + \frac{\partial \sigma_y}{\partial y}\, dy, \\[4pt]
\tau_{yx}' &= \tau_{yx} + \frac{\partial \tau_{yx}}{\partial y}\, dy, \\[4pt]
\tau_{yz}' &= \tau_{yz} + \frac{\partial \tau_{yz}}{\partial y}\, dy,
\end{aligned}
\right\}
\tag{b}
$$

$$
\left.
\begin{aligned}
\sigma_z' &= \sigma_z + \frac{\partial \sigma_z}{\partial z}\, dz, \\[4pt]
\tau_{zx}' &= \tau_{zx} + \frac{\partial \tau_{zx}}{\partial z}\, dz, \\[4pt]
\tau_{zy}' &= \tau_{zy} + \frac{\partial \tau_{zy}}{\partial z}\, dz.
\end{aligned}
\right\}
\tag{c}
$$

此外还要考虑构件的体积力（如自重或离心力等），设单位体积力沿坐标轴的分量为 f_x, f_y, f_z.

根据单元体受力的平衡条件 $\Sigma F_x = 0$, 可得沿 x 轴方向的平衡微分方程式为

$$\left(\sigma_x + \frac{\partial \sigma_x}{\partial x} dx\right) dy dz - \sigma_x dy dz + \left(\tau_{yx} + \frac{\partial \tau_{yx}}{\partial y} dy\right) dx dz$$

$$- \tau_{yx} dx dz + \left(\tau_{zx} + \frac{\partial \tau_{zx}}{\partial z} dz\right) dx dy$$

$$- \tau_{zx} dx dy + f_x dx dy dz = 0,$$

化简得

$$\frac{\partial \sigma_x}{\partial x} + \frac{\partial \tau_{yx}}{\partial y} + \frac{\partial \tau_{zx}}{\partial z} + f_x = 0,$$

同样, 分别由 $\Sigma F_y = 0$, $\Sigma F_z = 0$ 则可得沿 y, z 轴的平衡微分方程. 故全部平衡方程为

$$\left. \begin{array}{l} \dfrac{\partial \sigma_x}{\partial x} + \dfrac{\partial \tau_{yx}}{\partial y} + \dfrac{\partial \tau_{zx}}{\partial z} + f_x = 0, \\[2mm] \dfrac{\partial \sigma_y}{\partial y} + \dfrac{\partial \tau_{xy}}{\partial x} + \dfrac{\partial \tau_{zy}}{\partial z} + f_y = 0, \\[2mm] \dfrac{\partial \sigma_z}{\partial z} + \dfrac{\partial \tau_{xz}}{\partial x} + \dfrac{\partial \tau_{yz}}{\partial y} + f_z = 0. \end{array} \right\} \qquad (1.21\text{a})$$

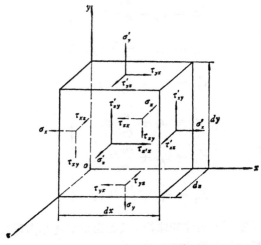

图 1.23 三向平衡单元体

如体积力为零,即 $f_x = f_y = f_z = 0$,则 (1.21a) 式可写为

$$
\left.
\begin{aligned}
\frac{\partial \sigma_x}{\partial x} + \frac{\partial \tau_{yx}}{\partial y} + \frac{\partial \tau_{zx}}{\partial z} &= 0, \\
\frac{\partial \sigma_y}{\partial y} + \frac{\partial \tau_{xy}}{\partial x} + \frac{\partial \tau_{zy}}{\partial z} &= 0, \\
\frac{\partial \sigma_z}{\partial z} + \frac{\partial \tau_{xz}}{\partial x} + \frac{\partial \tau_{yz}}{\partial y} &= 0.
\end{aligned}
\right\}
\tag{1.21b}
$$

二、二向应力状态的平衡方程

见图 1.24,在二向应力状态下,$\sigma_z = \tau_{zx} = \tau_{zy} = 0$,$f_z = 0$,由 (1.21a) 式可得

$$
\left.
\begin{aligned}
\frac{\partial \sigma_x}{\partial x} + \frac{\partial \tau_{yx}}{\partial y} + f_x &= 0, \\
\frac{\partial \sigma_y}{\partial y} + \frac{\partial \tau_{xy}}{\partial x} + f_y &= 0.
\end{aligned}
\right\}
\tag{1.22a}
$$

如体积力为零,即 $f_x = f_y = 0$,则 (1.22a) 式可写为

$$
\left.
\begin{aligned}
\frac{\partial \sigma_x}{\partial x} + \frac{\partial \tau_{yx}}{\partial y} &= 0, \\
\frac{\partial \sigma_y}{\partial y} + \frac{\partial \tau_{xy}}{\partial x} &= 0.
\end{aligned}
\right\}
\tag{1.22b}
$$

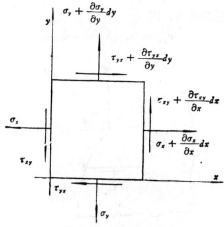

图 1.24 二向平衡单元体

(1.21b)，(1.22b) 两式是光弹计算中经常使用的方程.

三、边界平衡条件

在构件上任意点都要满足平衡条件(1.22)，当然也包括边界. 为了导出边界上的平衡条件，让我们在构件边界上取出一个微小单元体 ABC，见图 1.25，设边界表面 AC 的面积为一单位面积，AC 的法线 N 与 x 轴夹角为 ϕ，则 AB 的面积为 $\cos\phi$，BC 的面积为 $\sin\phi$. $\bar{x}$，$\bar{y}$ 为表面力在 x，y 轴上的分力，根据平衡条件 $\Sigma F_x = 0$，$\Sigma F_y = 0$，得

$$\left.\begin{array}{l} \sigma_x \cos\phi + \tau_{xy} \sin\phi = \bar{x}, \\ \sigma_y \sin\phi + \tau_{xy} \cos\phi = \bar{y}. \end{array}\right\} \tag{d}$$

设 l，m 为法线 N 的方向余弦，则上式写为

$$\left.\begin{array}{l} l\sigma_x + m\tau_{xy} = \bar{x}, \\ m\sigma_y + l\tau_{xy} = \bar{y}. \end{array}\right\} \tag{1.23a}$$

如果边界为直线，设其法线垂直于 x 轴，即 $\phi = 90°$，则 (1.23a) 式变为

$$\left.\begin{array}{l} \tau_{xy} = \bar{x}, \\ \sigma_y = \bar{y}. \end{array}\right\} \tag{1.23b}$$

当此边界受气压载荷 q，则

$$\tau_{xy} = 0, \quad \sigma_y = -q. \tag{1.23c}$$

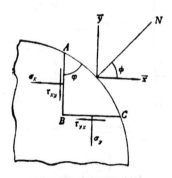

图 1.25 边界平衡条件

四、极坐标下的平衡方程

生产上经常遇到圆筒、圆盘、圆环、曲杆等类几何形状的构件，用极坐标求解更为方便．因此需求出在极坐标下的平衡方程．如图 1.26，用互成 $d\theta$ 的两个径向截面和相距 dr 的两个圆柱面从模型中截取一个单元体 $abcd$，厚度为 1，边长分别为 dr 及 $rd\theta$．设内边界面的正应力为 σ_r，剪应力为 $\tau_{r\theta}$，外边界面正应力为 $\sigma_r + \dfrac{\partial \sigma_r}{\partial r} dr$，剪应力为 $\tau_{r\theta} + \dfrac{\partial \tau_{r\theta}}{\partial r} dr$．设 cd 面的正应力为 σ_θ，剪应力为 $\tau_{\theta r}$．则 ab 面的正应力为 $\sigma_\theta + \dfrac{\partial \sigma_\theta}{\partial \theta} d\theta$．剪应力为 $\tau_{\theta r} + \dfrac{\partial \tau_{\theta r}}{\partial \theta} d\theta$．根据剪应力互等定理，$\tau_{\theta r} = \tau_{r\theta}$，根据径向和切向的两个平衡条件，我们可写出两个方程式，忽略二次微量，经简化得

$$\left.\begin{array}{l} \dfrac{\partial \sigma_r}{\partial r} + \dfrac{1}{r}\dfrac{\partial \tau_{r\theta}}{\partial \theta} + \dfrac{\sigma_r - \sigma_\theta}{r} = 0, \\[3mm] \dfrac{1}{r}\dfrac{\partial \sigma_\theta}{\partial \theta} + \dfrac{\partial \tau_{r\theta}}{\partial r} + \dfrac{2\tau_{r\theta}}{r} = 0. \end{array}\right\} \tag{1.24}$$

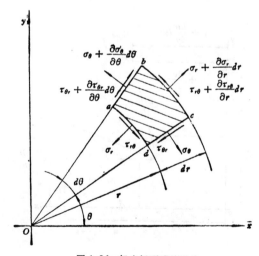

图 1.26　极坐标下的单元体

§1.6. 应 变 分 析

一、平面应力状态下的应变与位移关系

构件受力后同时产生应变与位移. 见图 1.27，设构件变形前 dx 和 dy 两个微分线段之间的夹角为直角. 变形后各点产生位移，O 移至 O'，A 和 B 移至 A' 和 B'. 设 u，v 为 O 点沿 x 及 y 轴方向的位移. 构件位移是连续变化的，所以 u，v 是 x，y 的连续函数. 因此沿 x 轴 u 的变化率是 $\dfrac{\partial u}{\partial x}$，经过 dx 段后，它的增量应为 $\dfrac{\partial u}{\partial x}dx$，则 A' 点沿 x 轴的位移应为 $u + \dfrac{\partial u}{\partial x}dx$. 同理 A' 点沿 y 轴的位移应为 $v + \dfrac{\partial v}{\partial x}dx$. B' 点沿 y 轴和 x 轴的位移应为 $v + \dfrac{\partial v}{\partial y}dy$，$u + \dfrac{\partial u}{\partial y}dy$. 在微小变形的前提下，$OA$ 线段的线应变为

$$\varepsilon_x = \frac{\left(u + \dfrac{\partial u}{\partial x}dx - u \right)}{dx},\qquad\text{(a)}$$

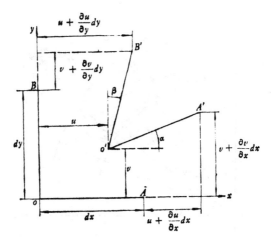

图 1.27 应变状态

故

$$\varepsilon_x = \frac{\partial u}{\partial x}. \qquad (1.25a)$$

同理得 OB 线段的线应变

$$\varepsilon_v = \frac{\partial v}{\partial y}, \qquad (1.25b)$$

角应变就是 $\angle AOB$ 直角的变化

$$\gamma_{xy} = \angle AOB - \angle A'O'B' = \alpha + \beta, \qquad (b)$$

由于研究的是微小变形，所以 α，β 极小，则

$$\alpha = \frac{v + \frac{\partial v}{\partial x}dx - v}{dx} = \frac{\partial v}{\partial x}, \qquad (c)$$

同理得

$$\beta = \frac{\partial u}{\partial y}, \qquad (d)$$

故

$$\gamma_{xy} = \frac{\partial v}{\partial x} + \frac{\partial u}{\partial y}. \qquad (1.25c)$$

二、平面应力状态下的应变分析

我们曾讨论过一点的应力状态．现在再研究过一点各不同方向应变的变化．

如图 1.28，设单元体 $OABC$ 为变形前的状态，$OA'B'C'$ 为变形后的状态．单元体的边长为 dx，dy．u，v 为 B 点沿 x，y 轴的位移．设单元体沿坐标方向的应变 ε_x，ε_y，γ_{xy} 为已知．试计算经过 O 点沿任意方向的线应变 ε_ϕ 及角应变 γ_ϕ，并计算经过 O 点的最大、最小应变值．

从图 1.28 中可看出，OB 与 x 轴夹角 ϕ 可以看成是个变量．现在的目的就是计算 OB 线段的线应变 ε_ϕ 及 OB 和 OD 间直角的变化，即角应变 γ_ϕ．ε_ϕ 及 γ_ϕ 是 ϕ 的函数．B 点的位移是

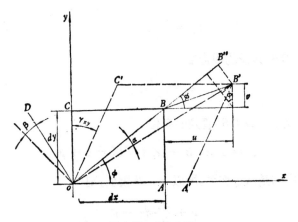

图 1.28 应变分析

BB'，BB' 可以看成是由水平位移 u 及垂直位移 v 所构成，也可看成是由沿 OB 方向的 BB'' 及垂直 OB 方向的 $B'B''$ 二部分位移所组成．如略去高阶微量，则

$$u = \varepsilon_x dx + \gamma_{xy} dy, \tag{e}$$

$$v = \varepsilon_y dy, \tag{f}$$

B 点沿 OB 线的位移 BB'' 为

$$BB'' = u \cos\phi + v \sin\phi$$

$$= (\varepsilon_x dx + \gamma_{xy} dy) \cos\phi + \varepsilon_y dy \sin\phi. \tag{g}$$

沿 OB 方向的线应变近似为

$$\varepsilon_\phi = \frac{BB''}{OB},$$

其中

$$OB = \frac{dx}{\cos\phi} = \frac{dy}{\sin\phi}, \tag{h}$$

所以

$$\varepsilon_\phi = (\varepsilon_x \cos\phi + \gamma_{xy} \sin\phi)\cos\phi + \varepsilon_y \sin^2\phi,$$

即

$$\varepsilon_\phi = \varepsilon_x \cos^2\phi + \varepsilon_y \sin^2\phi + \frac{1}{2}\gamma_{xy}\sin 2\phi, \tag{i}$$

或

$$\varepsilon_\phi = \frac{\varepsilon_x + \varepsilon_y}{2} + \frac{\varepsilon_x - \varepsilon_y}{2} \cos 2\phi + \frac{\gamma_{xy}}{2} \sin 2\phi, \quad (1.26)$$

OB 线的角位移为 α

$$\begin{aligned}
\alpha &\approx \frac{B'B''}{OB} = (u \sin \phi - v \cos \phi)/OB \\
&= [(\varepsilon_x dx + \gamma_{xy} dy) \sin \phi - \varepsilon_y dy \cos \phi]/OB \\
&= \varepsilon_x \sin \phi \cos \phi + \gamma_{xy} \sin^2 \phi - \varepsilon_y \sin \phi \cos \phi \\
&= \frac{\varepsilon_x - \varepsilon_y}{2} \sin 2\phi + \gamma_{xy} \sin^2 \phi, \quad\quad\quad\quad (j)
\end{aligned}$$

α 系顺时针转动,与 OB 垂直的 OD 线在变形后必向反时针转动,设 OD 转动 β 角,可以利用 (j) 式计算 β 角,只要把 ϕ 换为 $(\phi + 90°)$ 并变号即可. 所以

$$\beta = -\frac{\varepsilon_x - \varepsilon_y}{2} \sin 2\phi + \gamma_{xy} \cos^2 \phi, \quad\quad (k)$$

故直角 BOD 的角度改变量,即应变 γ_ϕ 应为 $\pi/2 - (\pi/2 + \alpha + \beta)$

$$\gamma_\phi = -(\alpha + \beta) = -(\varepsilon_x - \varepsilon_y) \sin 2\phi + \gamma_{xy} \cos 2\phi, \quad (1.27a)$$

或

$$\frac{\gamma_\phi}{2} = -\frac{\varepsilon_x - \varepsilon_y}{2} \sin 2\phi + \frac{\gamma_{xy}}{2} \cos 2\phi, \quad\quad (1.27b)$$

根据 (1.26),(1.27b) 两式可求任意方向 ϕ 的线段的线应变和以 BOD 为单元体的角应变. 再把(1.27b),(1.27)式与(1.7b)式比较, 可以看出 ε_ϕ 与 σ_θ 相当,$-\dfrac{\gamma_\phi}{2}$ 与 τ_{xy} 相当,两式形式相似. 所以也可以用应变圆求各种不同方向的应变. 同样应变也有主应变. 主应变即最大、最小应变,为

$$\left.\begin{matrix} \varepsilon_1 \\ \varepsilon_2 \end{matrix}\right\} = \frac{\varepsilon_x + \varepsilon_y}{2} \pm \sqrt{\left(\frac{\varepsilon_x - \varepsilon_y}{2}\right)^2 + \left(\frac{\gamma_{xy}}{2}\right)^2}. \quad (1.28)$$

主应变与主应力的方向是一致的,在主单元体上无剪应力,当然也没有角应变.

§1.7. 应力应变关系

在轴向拉伸或压缩时,(1.3)式给出正应力和线应变的关系

$$\sigma = E\varepsilon,$$

在纯剪切时,(1.4)式给出剪应力和角应变的关系

$$\tau = G\gamma.$$

那么,在一般应力状态下如何建立应力和应变之间的关系呢?如果变形很小,而且是线弹性,则可以利用力作用的独立性原理或称为叠加原理进行计算,就是把许多力引起的变形一个一个的考虑,总变形为单独变形之和. 在力学实验中常用到这一原则. 一般应力状态下的总变形,就可利用这一原则分开考虑,然后再叠加. 图 1.29 中 (a)—(f) 为六个应力分量单独作用时的情况. 其中(a)图为 σ_x 引起的线应变,沿 x, y, z 轴分别为 ε'_x, ε'_y, ε'_z; (b)图为 σ_y 引起的线应变,沿 x, y, z 轴分别为 ε''_x, ε''_y, ε''_z; (c)图为 σ_z 引起的线应变,沿 x, y, z 轴分别为 ε'''_x, ε'''_y, ε'''_z; (d), (e), (f) 为三个剪应力引起的三个角应变.

一、一般应力状态下的应力应变公式

根据叠加原理知道

$$\left.\begin{aligned}
\text{沿 } x \text{ 轴的总线应变} \quad \varepsilon_x &= \varepsilon'_x + \varepsilon''_x + \varepsilon'''_x, \\
\text{沿 } y \text{ 轴的总线应变} \quad \varepsilon_y &= \varepsilon'_y + \varepsilon''_y + \varepsilon'''_y, \\
\text{沿 } z \text{ 轴的总线应变} \quad \varepsilon_z &= \varepsilon'_z + \varepsilon''_z + \varepsilon'''_z,
\end{aligned}\right\} \quad \text{(a)}$$

所以

$$\left.\begin{aligned}
\varepsilon_x &= \frac{\sigma_x}{E} - \mu\frac{\sigma_y}{E} - \mu\frac{\sigma_z}{E}, \\
\varepsilon_y &= \frac{\sigma_y}{E} - \mu\frac{\sigma_x}{E} - \mu\frac{\sigma_z}{E}, \\
\varepsilon_z &= \frac{\sigma_z}{E} - \mu\frac{\sigma_x}{E} - \mu\frac{\sigma_y}{E},
\end{aligned}\right\} \quad \text{(b)}$$

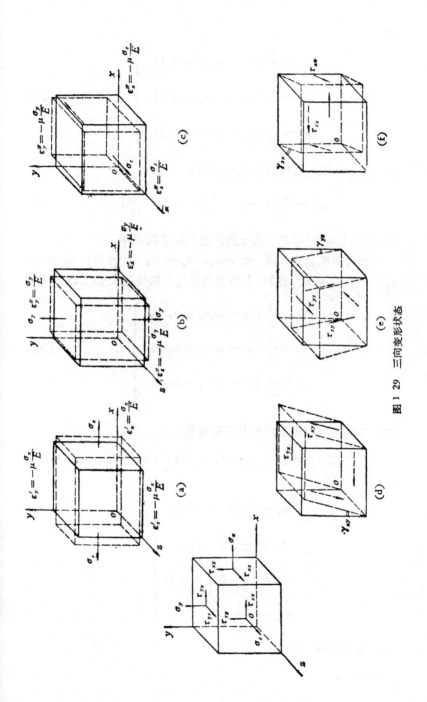

图 1 29　三向变形状态

或

$$\left.\begin{aligned}
\varepsilon_x &= \frac{1}{E}\left[\sigma_x - \mu(\sigma_y + \sigma_z)\right], \\
\varepsilon_y &= \frac{1}{E}\left[\sigma_y - \mu(\sigma_x + \sigma_z)\right], \\
\varepsilon_z &= \frac{1}{E}\left[\sigma_z - \mu(\sigma_x + \sigma_y)\right].
\end{aligned}\right\} \tag{1.29}$$

由图 1.29(d),(e),(f) 可以分别得到

$$\gamma_{xy} = \frac{\tau_{xy}}{G}, \quad \gamma_{yz} = \frac{\tau_{yz}}{G}, \quad \gamma_{zx} = \frac{\tau_{zx}}{G}, \tag{1.30}$$

(1.29),(1.30)式称为三向应力状态下的虎克定律.

如为主单元体，则 $\sigma_x = \sigma_1$, $\sigma_y = \sigma_2$, $\sigma_z = \sigma_3$; $\varepsilon_x = \varepsilon_1$, $\varepsilon_y = \varepsilon_2$, $\varepsilon_z = \varepsilon_3$. 这时,主应力与主应变的关系式由(1.29)可得

$$\left.\begin{aligned}
\varepsilon_1 &= \frac{1}{E}\left[\sigma_1 - \mu(\sigma_2 + \sigma_3)\right], \\
\varepsilon_2 &= \frac{1}{E}\left[\sigma_2 - \mu(\sigma_1 + \sigma_3)\right], \\
\varepsilon_3 &= \frac{1}{E}\left[\sigma_3 - \mu(\sigma_1 + \sigma_2)\right].
\end{aligned}\right\} \tag{1.31}$$

二、二向应力状态下的应力应变关系

在二向应力状态下, $\sigma_z = 0$, $\tau_{zx} = \tau_{zy} = 0$, 将其代入 (1.29),(1.30) 式,得

$$\left.\begin{aligned}
\varepsilon_x &= \frac{1}{E}(\sigma_x - \mu\sigma_y), \\
\varepsilon_y &= \frac{1}{E}(\sigma_y - \mu\sigma_x), \\
\varepsilon_z &= -\frac{\mu}{E}(\sigma_x + \sigma_y), \\
\gamma_{xy} &= \frac{G}{\tau_{xy}}.
\end{aligned}\right\} \tag{1.32}$$

如为主单元体,则

$$\left.\begin{array}{l} \varepsilon_1 = \dfrac{1}{E}(\sigma_1 - \mu\sigma_2), \\[2mm] \varepsilon_2 = \dfrac{1}{E}(\sigma_2 - \mu\sigma_1), \\[2mm] \varepsilon_3 = -\dfrac{\mu}{E}(\sigma_1 + \sigma_2), \end{array}\right\} \tag{1.33}$$

解(1.33)式前两方程得

$$\left.\begin{array}{l} \sigma_1 = \dfrac{E}{1-\mu^2}(\varepsilon_1 + \mu\varepsilon_2), \\[3mm] \sigma_2 = \dfrac{E}{1-\mu^2}(\varepsilon_2 + \mu\varepsilon_1). \end{array}\right\} \tag{1.34}$$

三、平面应变问题

对于在工程技术问题中常遇到的等截面棱柱体由于其长度很大,而与轴线垂直的外力沿长度方向的大小不变,故可视为平面应变问题. 例如图 1.30 中的长滚柱和坝体,在 z 轴方向无变形,其变形主要在 xOy 平面内发生,于是把这类问题称为平面应变问题.

由于沿 z 轴方向 $\varepsilon_z = 0$,则(1.29)第三式可写为

$$\sigma_z - \mu(\sigma_x + \sigma_y) = 0,$$

即

$$\sigma_z = \mu(\sigma_x + \sigma_y), \tag{1.35}$$

如为主单元体,则由(1.31)式得

$$\sigma_3 = \mu(\sigma_1 + \sigma_2). \tag{1.36}$$

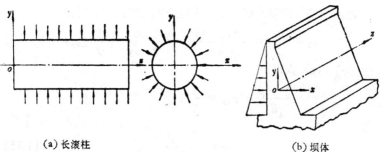

(a)长滚柱　　　　　　　　　　(b)坝体

图 1.30　平面应变问题实例

在平面应变问题中,沿 z 向应变为零,但应力并不为零. 如沿 z 向应力为零,应变不为零(自由变形),则为平面应力问题,其应力、应变的计算公式同二向应力状态.

四、单向应力状态下的应力应变关系

$\sigma_1 \neq 0$,其余主应力均为零,则由(1.33)式得

$$\left.\begin{aligned} \varepsilon_1 &= \frac{\sigma_1}{E}, \\ \varepsilon_2 &= -\mu \frac{\sigma_1}{E}, \\ \varepsilon_3 &= -\mu \frac{\sigma_1}{E}. \end{aligned}\right\} \quad (1.37)$$

五、G,E,μ 的关系

G,E,μ 是代表材料弹性性质的三个基本常数. 为了确定它们的关系,取一个单元体 $OABC$,如图 1.31 所示,厚度为 1,在受纯剪切的情况下,变形后为 $OAB'C'$,原各侧面受剪应力 τ_{xy},从 §1.3 节中的纯剪切应力圆可知,主应力分别为 $\sigma_1 = |\tau_{xy}|$,$\sigma_2 = -|\tau_{xy}|$.主应力及主应变方向均沿 45°. 代入(1.33)第一式可得

$$\varepsilon_1 = \frac{\tau_{xy}}{E} + \mu \frac{\tau_{xy}}{E} = \frac{1+\mu}{E} \tau_{xy}, \quad (a)$$

因为 $\tau_{xy} = G\gamma_{xy}$,所以

$$\varepsilon_1 = \frac{1+\mu}{E} G\gamma_{xy}, \quad (b)$$

ε_1 为沿 OB' 方向的线应变,即主应变,由图 1.31 可知

$$\varepsilon_1 = \frac{\Delta t}{l} = \frac{\Delta s \cos 45°}{\Delta y / \cos 45°} = \frac{1}{2} \frac{\Delta s}{\Delta y} = \frac{1}{2} \gamma_{xy}, \quad (c)$$

由 (b),(c) 式得

$$\frac{1+\mu}{E} G\gamma_{xy} = \frac{1}{2} \gamma_{xy},$$

故

$$G = \frac{E}{2(1+\mu)}. \quad (1.38)$$

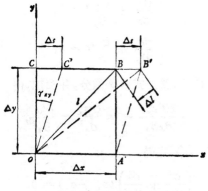

图1.31 G, E, μ 关系

§1.8. 主应力和的微分方程

在两向应力状态下,由(1.24),(1.25)式知

$$\varepsilon_x = \frac{\partial u}{\partial x}, \quad \varepsilon_y = \frac{\partial v}{\partial y}, \quad \gamma_{xy} = \frac{\partial u}{\partial y} + \frac{\partial v}{\partial x}, \qquad (a)$$

将 ε_x 对 y 微分两次, ε_y 对 x 微分两次, γ_{xy} 对 x, y 各微分一次,相加可得

$$\frac{\partial^2 \varepsilon_x}{\partial y^2} + \frac{\partial^2 \varepsilon_y}{\partial x^2} = \frac{\partial^2 \gamma_{xy}}{\partial x \partial y}. \qquad (1.39)$$

由(1.32)式知

$$\left.\begin{aligned}
\varepsilon_x &= \frac{1}{E} (\sigma_x - \mu\sigma_y), \\
\varepsilon_y &= \frac{1}{E} (\sigma_y - \mu\sigma_x), \\
\gamma_{xy} &= \frac{1}{G} \tau_{xy} = \frac{2(1 + \mu)}{E} \tau_{xy},
\end{aligned}\right\} \qquad (b)$$

把 (b) 式代入 (1.39) 式得

$$\frac{\partial^2}{\partial y^2} (\sigma_x - \mu\sigma_y) + \frac{\partial^2}{\partial x^2} (\sigma_y - \mu\sigma_x) = 2(1 + \mu) \frac{\partial^2 \tau_{xy}}{\partial x \partial y}. \qquad (c)$$

由 (1.22b) 知

$$\frac{\partial \sigma_x}{\partial x} + \frac{\partial \tau_{yx}}{\partial y} = 0, \qquad (d)$$

$$\frac{\partial \sigma_y}{\partial y} + \frac{\partial \tau_{xy}}{\partial x} = 0. \qquad (e)$$

将第一式对 x 微分, 第二式对 y 微分, 并相加, 得

$$\frac{2 \partial^2 \tau_{xy}}{\partial x \partial y} = - \frac{\partial^2 \sigma_x}{\partial x^2} - \frac{\partial^2 \sigma_y}{\partial y^2}. \qquad (f)$$

将 (f) 式代入 (c) 式得

$$\left(\frac{\partial^2}{\partial x^2} + \frac{\partial^2}{\partial y^2} \right) (\sigma_x + \sigma_y) = 0. \qquad (1.40)$$

由(1.11)式知

$$\sigma_x + \sigma_y = \sigma_1 + \sigma_2,$$

代入上式得

$$\left(\frac{\partial^2}{\partial x^2} + \frac{\partial^2}{\partial y^2} \right) (\sigma_1 + \sigma_2) = 0. \qquad (1.41a)$$

设

$$\sigma_1 + \sigma_2 = \Sigma$$

则 (1.41a) 可写为

$$\frac{\partial^2 \Sigma}{\partial x^2} + \frac{\partial^2 \Sigma}{\partial y^2} = 0, \qquad (1.41b)$$

或

$$\nabla^2 \Sigma = 0. \qquad (1.41c)$$

以上方程称之为主应力和微分方程或拉普拉斯方程. 根据边界条件解上述方程可得主应力和值. 这是光弹中所需要的基本方程.

将 (1.22b), (1.41a) 与 (1.10) 式结合起来即可以求得主应力方向与主应力和的关系[2]:

$$\frac{\partial^2}{\partial y^2} (\sigma_1 + \sigma_2) = \frac{1}{2} \nabla^2 \left[(\sigma_1 - \sigma_2) \cos 2\theta \right]. \qquad (1.42)$$

在光弹试验中主应力方向不易测准, 而主应力差及主应力和可以测出, 因此可以用(1.42)式求解主应力方向.

§1.9. 光弹试验中常用的几个力学概念

一、叠加原理

有些构件同时受有多种载荷. 例如，水轮机的上冠或缸帽除担负着传递水轮机转子的扭力、轴力外，还受有自身的离心力和水浮力等. 作光弹试验时不可能同时加许多种载荷，在弹性小变形条件下，可利用叠加原理，把载荷分开来考虑，按照这个原理，可以认为弹性体所产生的位移和内力与施加外力的次序无关，也就是说构件（或模型）在同一种支承或约束的情况下，多种载荷所引起的总应力和总应变等于载荷分别作用时引起的应力及应变的总和.

二、加力点影响的局部性

理论与试验均已证明，静力等效的载荷只对加力点附近的应力分布产生局部的影响. 图 1.32 表示以不同的方式对杆件施加载荷的例子. 由图 1.32 (a)和(b)可以看出，在加力点附近的 I 截面上，两种加载方式所对应的应力分布显然是不同的. 但在距离加力点比较远的地方，一般在 $h>b$ 以外，II 截面上的应力就是均匀分布了. 从光弹性等差线也可清楚地看出影响区域是局部的.

上述这个概念一般称之为圣文南原理. 利用这一概念可以把较困难的加力方式转变为较容易实现的加力方式，给实验带来较大方便. 例如，拉伸试验的加力方式是多种多样的，可以用销钉、夹板、台阶式或螺纹式夹头. 又如轴向受压试件，只要载荷的合力通过试件轴线，而试件又有足够的长度，则加力点影响的深度大约等于宽度，其余部分的应力为均匀分布. 又如纯弯曲试验，不同的加载方式只影响加载附近的应力，而对试件中央部位是没有影响的.

三、唯一性原理

若试验模型的边界条件已定，并给出边界上的外力和位移，那么，在静力平衡条件下，模型内各点的应力和应变分量的解是唯一

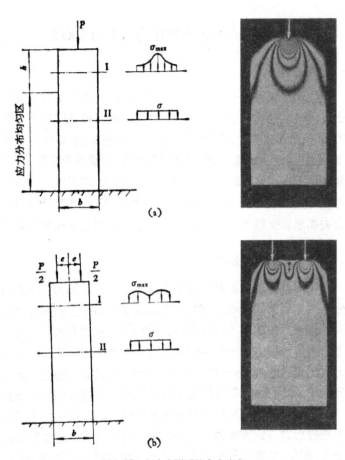

图 1.32 加力点附近的应力分布

的，这一概念称为唯一性原理。试验中同一个模型多次测量的结果可能不一样，那是试验误差引起的，由于试验误差是不可避免的，所以试验只能求得近似值。而理论解应当是唯一的。

四、工程实际问题中点的应力状态

在一般情况下，构件上任意点的未知应力分量是六个。这时要用光弹性法求解这六个未知应力分量工作量是十分大的。实际

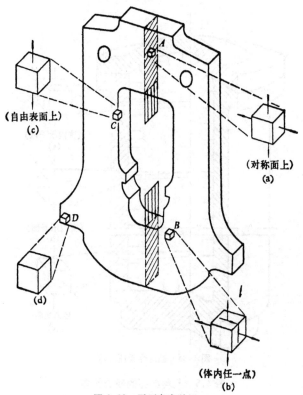

图 1.33 平面应力举例

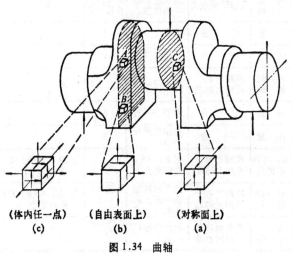

图 1.34 曲轴

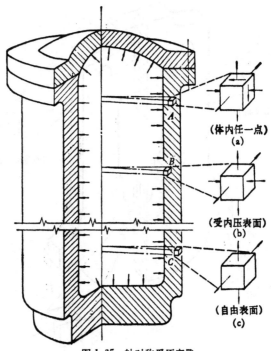

（体内任一点）
(a)

（受内压表面）
(b)

（自由表面）
(c)

图 1.35　轴对称受压容器

表 1.5　几种典型的受力状态

模型 受力状态	模型 形状	模型所受载荷	所求应力点 的位置	未知应力 分量个数	备注
平面应力问题	任意	任意	内部任一点	3	
	任意	任意	自由边界任一点	1	
	有一几何对称轴	载荷对称于几何对称轴	轴上任一点	见图1.33(a) 2	见图 1.33(b) 未知应力分量为 3 个，(c) 为 1 个，(d) 无
三向问题	任意	任意	内部任一点	6	
	任意	任意	自由表面任一点	3	
	有一几何对称面	载荷对称于几何对称面	见图1.34(a)在对称面上	4	见图1.34(b) 未知应力分量为 3 个，(c) 为 6 个
	有一对称轴	载荷对称于几何对称轴	包含对称轴的平面上的内部一点	见图1.35(a) 4	见图 1.35(b) 未知应力分量为 2 个
	有一对称轴	载荷对称于几何对称轴	自由表面任一点	见图1.35(c) 2	

上,在多数工程构件中,并不需要求出全部应力,而只要求得到那些与零件破坏有关的危险截面危险点的应力. 在机械工程中,通常是求出表面应力,尤其是以求解应力集中问题居多(理论及实际均指出,最大应力多数发生在物体表面上),而用光弹性法求表面应力比求内部应力简单得多. 对于具有对称面或对称轴的三维问题,未知应力分量的数目少于六个,对于具有对称轴(几何形状及载荷)的平面问题则未知应力分量少于三个. 这样,我们所要处理的问题便大为简化. 表1.5给出几种典型受力状态下未知应力分量的个数.

第二章　光学基础

在这一章,我们将介绍本书所涉及的一些光学基础知识.

光是什么? 如同一切实物一样,光也是一种物质. 它具有二重性——波动性及粒子性. 光的波动性能用以解释光的干涉、偏振及衍射等现象;光的粒子性能用以解释光电效应以及某些光化学作用. 光弹性中的一切光学现象都可以用光的波动性来解释. 因此,我们将只考虑光的波动性并从光波谈起.

§2.1. 光　　波

按照光的波动性,光从光源发出后,在空间或透明介质中是以波动的形式向前传播的. 一列以速度 v 向 Ox 方向传播的光波可用图2.1 所示的正弦曲线表示之. 曲线的最高点 P_1, P_2 称为波峰,最低点 Q_1, Q_2 称为波谷.

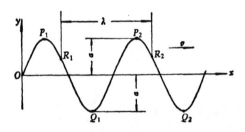

图 2.1　光波曲线

我们常见到水面上的水面波. 将一块石子投入平静的水池中, 投石处的水分子即离开其原来静止时的平衡位置而作上下的起伏振动;同时,由它开始依次带动了周围的水分子也跟着它作上下方向的起伏振动. 于是,振动就向周围水面传播出去,形成了水面波. 这种机械振动的传播过程称为机械波. 机械波传播时，各质点或分子仅在它们各自的平衡位置附近振动，在波动的传播方向并不发生流动.

光波的运动形式与水面波是相似的. 不过，光波是电磁波，而水面波是机械波. 在光波波列中，相当于上述水分子所作的起伏振动乃是其上每一点的电场和磁场的振动，即电场和磁场的强度和方向在作周期性的变化.

根据光的电磁波理论，电磁波可表示为图 2.2 所示的两个正交的正弦曲线. 其中 E 代表电场矢量，H 代表磁场矢量，矢量的方向分别表示该时刻各点的电场与磁场的振动方向，矢量的长短则表示它们的强度. 这两个振动矢量互相垂直，并且都在电磁波传播的垂直方向(即横向)上振动. 在物理学中，将传播方向与振动方向互呈正交的波称为横波. 因此，光波是横波.

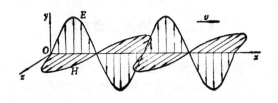

图 2.2 电磁波

实验指出：光波中能产生感光作用及生理作用的只是电场强度. 所以，下面在论及光波时，我们将只考虑电场强度的振动，并把电场强度及其振动分别称为光矢量和光振动.

要确定一列光波，需要知道下面几个特征量(图 2.1)：

振幅 (a)——光矢量振动达到的最大值.

频率 (f)——光矢量在每秒钟内的振动次数.

周期 (T)——光矢量每完成一次全振动所需的时间. 显然，频率的倒数就是周期.

位相 (α)——光矢量的振动状态.

波长 (λ)——在光波波形上位置相似，振动状态相同的点，如

图 2.1 中的 P_1, P_2; Q_1, Q_2; R_1, R_2 诸点,称为同相点. 相邻两个同相点之间的距离称为波长,如 $\overline{P_1P_2}$, $\overline{Q_1Q_2}$, $\overline{R_1R_2}$. 通常,波长的单位以埃 (Å) 表示,1 埃 $= 10^{-8}$ 厘米,也可以毫微米 (mμ) 表示,1 毫微米 $= 10^{-7}$ 厘米.

光速 (v)——光波在每秒内的传播路程.

光速在不同的介质中是不同的. 在真空中光速最大,一般以 c 表示,$c = 2.99793 \times 10^{10}$ 厘米/秒 $\approx 3 \times 10^5$ 公里/秒;空气中的光速比在真空中稍小,但相差很小;水中的光速大约是真空中的 3/4;水晶里的光速大约是真空中的 2/3.

光矢量每振动一次,光波就前进一个波长的距离. 所以频率 f、波长 λ、光速 v 及周期 T 之间有下述关系:

$$v = f\lambda = \frac{\lambda}{T}. \tag{2.1}$$

§2.2. 光矢量振动方程

上面已经讲到,光波波列上任一点的光振动指的是该点电场强度的大小和方向不停地随着时间所做的周期性的变化.

设光振动的振幅为 a,在瞬时 t,光矢量的大小为 E,则按谐振动规律,光矢量的振动方程为

$$E = a\sin(\omega t + \alpha), \tag{2.2}$$

式中 ω 称为圆频率;($\omega t + \alpha$) 称为位相;α 称为初位相.

由 (2.2) 式所表达的这一振动规律及其中所包含的各个物理量的意义,我们可以用一点的圆周运动加以说明.

设有一半径为 a 的参考圆 [图 2.3 (a)],在此圆周上有一动点 M,该点以角速度 ω 沿反时针方向作匀速运动. 可以看出,当 M 点作圆周运动时,M 点在竖直直径上的投影 M' 便在此直径上以圆心 O 为中心作上下来回运动. 如果开始时 ($t = 0$),点 M 位于 M_0,OM_0 与水平直径的夹角为 α,经过时间 t 后,OM_0 转过角度 ωt 至 OM,则 M 点在竖直直径上的投影点 M' 离开中心点 O

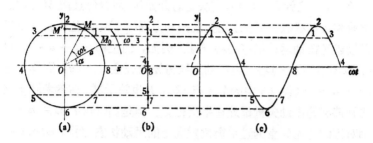

图 2.3 由圆周运动所表达的光矢量振动规律

的距离即位移为

$$y = OM \sin(\omega t + \alpha) = a \sin(\omega t + \alpha). \qquad \text{(a)}$$

将(a)式与(2.2)式相比较,显然这就是谐振动方程. 投影点 M' 的运动,如图 2.3(b) 所示,就是谐振动.

假设我们将参考圆圆周分成若干等分,得 1,2,3······诸点,则将对应投影点 M' 的运动按时间 ωt 展开,即得图 2.3(c) 所示的正弦曲线. 由图 2.3 我们可以说明(2.2)式中各个物理量的意义.

振幅 就是 M' 点振动时离开平衡位置的最大距离,用参考圆的半径 a 表示.

周期 M 点以角速度 ω 绕圆周转一圈(走过 2π)所需的时间,也就是 M' 点绕平衡点 O 往复振动一次所需的时间. 所以

$$T = \frac{2\pi}{\omega}, \qquad \text{(b)}$$

或

$$\omega = \frac{2\pi}{T} = 2\pi f. \qquad \text{(c)}$$

圆频率 由(c)可见,ω 与振动频率 f 之间只差一个常数 2π,ω,f 表示相同的含义,所以称 ω 为振动的圆频率.

位相 $(\omega t + \alpha)$ 是 Ox 与 OM 之间的夹角,它决定着 M 点(或 M' 点)在时刻 t 的位置和运动状态,即位相. 当 $t = 0$ 时,位

相等于 α，这就是初位相，它决定着开始振动时 M 点（或 M' 点）的位置和运动状态. 可见，光矢量振动方程(2.2)中的位相是一个用以描述光振动运动状态的特征量. 例如，当位相 $\omega t + \alpha = 0$ 时（图 2.3 中的第 8 点），由振动方程得知光矢量 $E = 0$；同样，当 $\omega t + \alpha = \pi$（图 2.3 中的第 4 点）时，E 也等于零，在参考圆上这两种情况的振动矢量都处在平衡位置. 但是，和位相 $\omega t + \alpha = 0$ 相对应的是光矢量通过平衡位置向上的运动状态，而和 $\omega t + \alpha = \pi$ 相对应的却是光矢量通过平衡位置向下的运动状态，光矢量的这两种不同的运动状态，由不同的位相反映出来.

光波波形图上的每一个点，都有其确定的位相. 位相在光弹性原理中是一个十分重要的概念，它的重要意义将反映在光干涉现象中.

如果在起始时刻（$t = 0$ 时），初位相 $\alpha = 0$，则光矢量振动方程(2.2)具有最简单的形式

$$E = a \sin \omega t. \tag{2.3}$$

§2.3. 光的波动方程

为了描述光波波形，需推导光的波动方程.

我们先来看一下光波波形的形成. 如图 2.4 所示，光波波列上的各点 $O, 1, 2, 3, \cdots\cdots$ 的光矢量都作谐振动. 设 O 点先振动，接着依次带动 1, 2, 3, $\cdots\cdots$ 诸点振动，各点光矢量的振动周期及振幅都相同，但是与 O 点的距离不同. 因此，光波从 O 点出发，达到诸点的时间不同，在同一瞬间各点光矢量的大小也就不同，将各点光矢量的端点联结起来便是该时刻的光波波形曲线.

设 O 点的光矢量振动方程为

$$E = a \sin (\omega t + \alpha), \tag{a}$$

光波的传播速度为 v，则与 O 点相距为 x 的任意一点 A，将在 O 点开始振动后经过 $\dfrac{x}{v}$ 时间才开始振动，于是 A 点的振动方程为

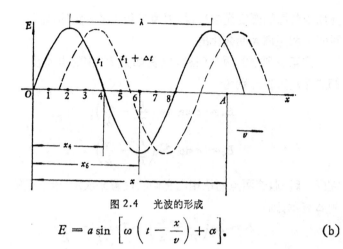

图 2.4 光波的形成

$$E = a \sin \left[\omega \left(t - \frac{x}{v} \right) + \alpha \right]. \tag{b}$$

因

$$T = \frac{2\pi}{\omega} = \frac{\lambda}{v},$$

故 (b) 式可写为

$$E = a \sin \left[2\pi \left(\frac{t}{T} - \frac{x}{\lambda} \right) + \alpha \right]. \tag{2.4}$$

(2.4) 式称为光的波动方程. 它表示与 O 点相距为 x 的任意一点在任一时刻 t 光矢量的大小.

如果 x 保持常数,则 (2.4) 式给出了与 O 点相距为 x 的点的振动规律;如果 t 保持常数,则 (2.4) 式给出了在该瞬间的光波波形. 因此方程 (2.4) 表示了一列波长为 λ 并以速度 v 向前运动的光波.

如果 O 点的初位相 $\alpha = 0$,方程 (2.4) 将有较简单的形式

$$E = a \sin 2\pi \left(\frac{t}{T} - \frac{x}{\lambda} \right). \tag{2.5}$$

§2.4. 位相差与程差

在式 (2.5) 中,$2\pi \left(\dfrac{t}{T} - \dfrac{x}{\lambda} \right)$ 项表示的是位相. 对于在一定

介质中传播的既定光波来说,因为 T 和 λ 是一定的,则位相是随着时间 t 和距离 x 而变化的.

注意波列上的两个任意点(例如图 2.4 中的点 4 及点 6),它们的振动方程分别为

$$E_4 = a \sin 2\pi \left(\frac{t}{T} - \frac{x_4}{\lambda} \right);$$

$$E_6 = a \sin 2\pi \left(\frac{t}{T} - \frac{x_6}{\lambda} \right).$$

在同一时刻,这两点的位相由它们的位置来决定.设它们的位相差用 $\triangle$ 表示,则

$$\triangle = 2\pi \left(\frac{t}{T} - \frac{x_4}{\lambda} \right) - 2\pi \left(\frac{t}{T} - \frac{x_6}{\lambda} \right),$$

即

$$\triangle = \frac{2\pi}{\lambda} (x_6 - x_4),$$

式中 $(x_6 - x_4)$ 为点 6 与点 4 相对于 O 点的几何路程之差,称为该两点的程差. 设程差以 R' 表示,则由上式可以得到位相差与程差之间的关系式为

$$\triangle = \frac{2\pi R'}{\lambda}. \tag{2.6}$$

§2.5. 光 的 干 涉

人眼对于光的明暗感觉,决定于光强 I,I 大则明,I 小则暗. 光强 I 是由光的能量决定的,它与振幅 a 的平方成正比,即

$$I = ka^2, \tag{2.7}$$

式中 k 是一个常数.

现在,我们来考察空间传播的两列光波经过同一点时将会发生什么现象?根据波的迭加原理,这两列光波在相遇点处将迭加,即该点的光振动是各列光波单独在该点产生的振动的矢量合成. 一般地说,振幅、频率、位相都不同的两列光波相遇时的**叠加情况**

是很复杂的.下面我们来考察一种最简单的但也是最重要的情形，即位于同一平面、振动方向和波长都相同而振幅分别为 a_1 和 a_2 的这样两列光波 A，B 经过空间同一点时的叠加情况（图 2.5）. 为了表达清楚起见，将 A，B 两列光波及其合成光波 C 在图中分开来画. 合成后的光波 C 仍在原平面内，其振幅将由 A，B 两光波的相对位相(位相差)所决定.

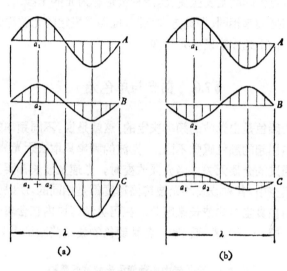

图 2.5 光波的叠加

第一种情形 如图 2.5 (a) 所示，位相相同，即光波 A 的波峰与光波 B 的波峰相对应. 这时，合成光波 C 的振幅将加强，等于 $(a_1 + a_2)$，光强

$$I_c = k(a_1 + a_2)^2,$$

观察时倍觉明亮.

第二种情形 如图 2.5 (b) 所示，位相相反，即光波 A 的波峰与光波 B 的波谷相对应. 这时，合成光波 C 的振幅将相消，等于 $(a_1 - a_2)$，光强

$$I_c = k(a_1 - a_2)^2,$$

观察时变暗.

第三种情形 介于上面两种情形之间,即两光波的位相既不完全相同又不完全相反,而是等于某恒定值,则根据具体情况合成光波的振幅将是 $(a_1 + a_2)$ 与 $(a_1 - a_2)$ 之间的某个定值,光的明暗也随之变化.

可见,两列光波通过空间的同一点可以互相加强或互相减弱,从而使该点光的明暗发生变化,这种情形称为光的干涉.

我们把频率相同、振动方向相同、位相差恒定的光波称为相干光.只有相干光才能发生光干涉.

§2.6. 白光与单色光

光的颜色是由光波的频率决定的.这就是说,不同频率的光波在人眼中引起的颜色感觉不同. 光波的频率只取决于光波波源,与光所通过的介质无关. 当介质改变时,光速及波长都要发生改变. 在真空中,各种波长的光波传播速度都是相同的,所以光的颜色也可由在真空中的波长来区分. 在可见光区域内包含着七种颜色,即红、橙、黄、绿、青、蓝、紫. 各种颜色的波长范围见表2.1.

表2.1 可见光中各种颜色光的波长范围

可 见 光 颜 色	在真空中的波长范围(埃)	波 长 平 均 值（埃）
紫外光(非可见光)	<4000	
紫	4000—4300	4100
蓝	4300—4800	4550
青	4800—5000	4900
绿	5000—5300	5150
黄 绿	5300—5700	5500
黄	5700—5900	5800
橙	5900—6300	6100
红	6300—8000	7150
红外光(非可见光)	>8000	

将一束白光（例如太阳光）通过三棱镜（图 2.6），在三棱镜的另一边便可以看到由各种美丽的色光散布成的一个彩带，这种现象称为光的色散，所形成的这列彩带称为光谱．白光的光谱包含一切色光，而最显著的按顺序为红、橙、黄、绿、青、蓝、紫七色．所以白光是由各种波长的可见光混合的结果．

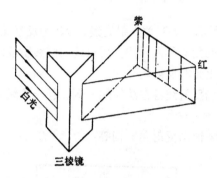

图 2.6 光的色散

仅有一种频率或波长的光称为单色光．

光弹性实验中常用的有三种光源：白炽灯、钠光灯及水银灯．由钠光灯能得到平均波长为 5893 埃的单色黄光． 水银灯发出三种波长的色光——5780 埃的黄光、5461 埃的绿光及 4360 埃的紫光． 让水银灯的灯光通过适当的滤光片，可将黄光及紫光滤掉从而得到 5461 埃的单色绿光，这便是光弹仪中常用的单色光源．人眼对于绿光最敏感，在光弹仪中使用绿光可以增加在观察应力条纹时的清晰度．

近代出现了激光器，这是一种很好的单色光源．由氦氖激光器发出的是 6328 埃的单色红光．

§2.7. 光的反射及折射

光波在各向同性介质中，恒沿直线方向前进，这就是光的直进定律．由于这种性质，通常把光称为光线．只有光线在前进的道路上碰到了其它的物体，才会改变方向。光线从第一种介质射入第二种介质时，在两者的界面处有一部分光线改变方向，回至原介质，这就是光的反射；其另一部分光线也改变方向，但进入第二种介质，这就是光的折射。

一、光的反射

如图 2.7 所示，AO 为入射光线，OB 为反射光线，入射线与法线 ON 所成的角 i 称入射角，反射线与法线所成的角 r 称反射角。由实验得出光的反射定律为

1. 入射线与反射线各在法线的一侧，且与法线同在一个平面内；

2. 入射角 i 恒与反射角 r 相等。

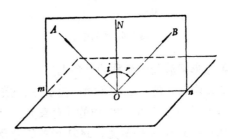

图 2.7 光的反射

若光线沿 BO 的方向射来时，则它必依 OA 的方向反射。这种情形称为光线的可逆性。

反射光的强弱与反射面有关。磨光的银表面大约能反射90%以上的光，黑的油墨几乎不反射光。粗糙面的反射是无规则的反射，称漫反射；磨光面的反射是有规则的反射，称镜反射。

根据光的反射定律，我们可以知道镜子成像的道理。如图 2.8所示，从一个发光点 S 发出的光线（实际上 S 是向四面八方发光，为简单起见只画出两条）碰到平滑的镜后，就依照反射定律所指出的方向 AB，CD 射入眼睛。从图上可以看出反射光线 AB，CD 好象是从镜后的一点 S' 射来的，S' 点就是发光点 S 的虚像。对

于镜面说来,发光点和它的虚像是对称的. 在这里,S' 并不是实在光线的会聚点,而是反射光线 AB,CD 延长线的交点,故称为 S 点的虚像. 人眼有这样一种习性,不管光线经过怎样的曲折射来,它却永远感到射入的光线是从发光体沿着直线传播过来的. 因此尽管物体的光线经过一次反射再传进眼睛,我们却感觉这光线好像是从镜后的物体发出来的,而事实上,镜后 S' 处并不存在发光的物体.

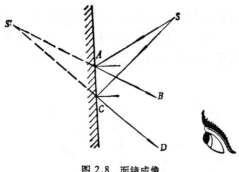

图 2.8　面镜成像

根据反射定律,将光源放在抛物线型凹面镜的焦点 S 处,便可获得平行光束(图 2.9).

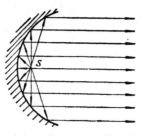

图 2.9　用凹面镜获得平行光

二、光的折射

如图 2.10 所示,mn 为介质 1,2 的界面,AO 为入射线,OC 为折射线,NN' 为通过入射点 O 的法线,i 为入射角,R 为折射

角. 由实验得出光的折射定律为

1. 入射线与折射线各在法线的一侧，且与法线同在一个平面内；

2. 入射角 i 的正弦与折射角 R 的正弦之比为一常数，并等于光在第一种介质与在第二种介质中的速度 v_1，v_2 之比，于是

$$\frac{\sin i}{\sin R} = N_{21} = \frac{v_1}{v_2}, \tag{2.8}$$

式中 N_{21} 叫做介质 2 对于介质 1 的相对折射率. 不同的透明介质使光线所产生的折射强弱程度是不同的，能引起较强折射的介质叫做光密介质，而引起较弱折射的叫做光疏介质.

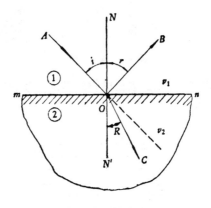

图 2.10 光的折射

从 (2.8) 式我们可以看出: 如果光线从光疏介质射入到光密介质(例如从空气到水)，折射后的光线将靠近通过入射点的法线；反之(例如从水到空气)，则远离法线.

根据光的可逆性，设光从相反的方向传播，即使光线从第二种介质折入第一种介质，则 R 为入射角，i 为折射角，于是

$$\frac{\sin R}{\sin i} = \frac{v_2}{v_1} = N_{12},$$ (2.9)

式中 N_{12} 叫做介质 1 对于介质 2 的相对折射率,显然

$$N_{21} = \frac{1}{N_{12}}.$$

介质的折射率和两种介质的性质,光线穿过介质的次序以及入射光的波长有关.

对于同一种色光,在不同介质中,其频率不变,但波长及速度不同. 由公式(2.1)可知

$$\frac{v_1}{v_2} = \frac{\lambda_1}{\lambda_2},$$

所以在这种情况下,相对折射率又可以写成

$$N_{21} = \frac{\sin i}{\sin R} = \frac{v_1}{v_2} = \frac{\lambda_1}{\lambda_2}.$$ (2.10a)

如果光线从真空中射入介质,则(2.10a)式的比值称为该介质的绝对折射率或简称该介质的折射率,我们用 N 来表示,即

$$N = \frac{c}{v},$$ (2.10b)

式中 c 是光在真空中的速度,v 是光在已知介质中的速度.

由于光在空气里的速度非常接近于在真空里的速度,所以常以介质相对于空气的折射率作为该介质的绝对折射率. 表 2.2 列出了一些介质的绝对折射率参考数据.

表2.2 一些介质的绝对折射率

介 质 名 称	绝 对 折 射 率	介 质 名 称	绝 对 折 射 率
玻　　璃	1.4--2.0	α-溴代萘	1.649—1.661
环氧树脂光弹材料	1.57—1.58	液体石蜡	1.480
赛 璐 珞	1.46—1.50	火　　油	1.448—1.455

在光弹性实验中,经常使用 α-溴代萘和液体石蜡配制浸渍液.

§2.8. 透镜及其成像

人们利用光的折射现象，制造出了照相机、显微镜、望远镜等,这些光学仪器的主要部分就是透镜. 在光弹性仪中,也要用透镜来获得平行光以及把所观察到的光学效应投影成像.

透镜有多种不同形式. 图 2.11(a) 是凸透镜,其作用能使通过它的光线经折射后会聚起来;图 2.11 (b) 是凹透镜,它能使通过它的平行光线经折射后向各方发散.

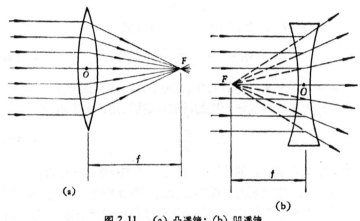

(a)

(b)

图 2.11 (a) 凸透镜; (b) 凹透镜

现在我们要讨论的是薄透镜. 对于这种透镜, 凡通过 O 点的光线都可以认为不改变原来的方向, 这一点 O 叫做透镜的光心. 透镜两面的曲率中心的联线称为透镜的主轴, 主轴附近的光线叫做傍轴光线.

实验证明,所有与主轴平行的傍轴光线在通过凸透镜后,都会聚在主轴的某一点 F 上,这个点叫做透镜的焦点. 反之,如果把点光源放在透镜的焦点上,则通过透镜后就得到平行光束. 从光心到焦点的距离 OF 叫做透镜的焦距,用 f 表示.

如果让一束与主轴平行的傍轴光线射到凹透镜上,这束光线通过凹透镜后就成为发散光束.这个发散光束射到我们的眼睛,在我们看来好像是从一点 F 发出的一样(图2.11(b)),这个 F 点叫做凹透镜的虚焦点.它并不是光线真正会聚的地方,而是折射光线在相反方向延长所会聚的地方.与这种情形相对应,凸透镜的焦点叫做实焦点.任何透镜都有两个焦点,分别位于透镜的两侧.

电影机、幻灯机在银幕上映出的景物,照相机拍出的底片,光弹仪屏幕上显示的条纹图都分别是底片、物体或模型上发射来的实在光线通过透镜后会聚成的实像.

假如将一个模型或物体 AB (图 2.12)放在凸透镜的左侧,怎样来求它的像呢?我们只要作出物体或模型上两个端点 A 和 B 的像 A_1 及 B_1 ,则联结 A_1B_1 就是模型 AB 的像.模型上任一点,如 A 点的像可通过下列两个原则用几何作图来求得:

1. 与主轴相平行的入射线,经折射后必通过透镜的焦点 F_2 ;

2. 通过光心 O 的光线,经过透镜后方向不变.这两条光线的交点便是对应点的像.

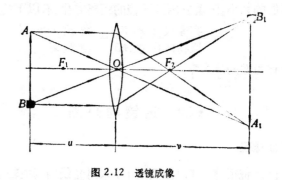

图 2.12 透镜成像

从物体到光心的距离叫做物距,通常以 u 表示;从像到光心的距离叫做像距,通常用 v 表示. u, v 及 f 间有下列关系:

$$\frac{1}{u} + \frac{1}{v} = \frac{1}{f}, \tag{2.11}$$

上式称为薄透镜公式.凸透镜的焦点为实焦点,(2.11)式中的焦距 f 取正号;凹透镜的焦点为虚焦点, f 取负号.

凸透镜成像的位置、像的大小、像的虚实及像的正倒与物体距凸透镜的距离有关。根据(2.11)式,其变化规律见表2.3.

表2.3　凸透镜成像的变化规律

物　体　位　置	像　的　位　置	像的大小	像的虚实	像的正倒
$u = \infty$	$v = f$	缩成极小	实像	倒立
$u > 2f$	$2f > v > f$	缩小	实像	倒立
$u = 2f$	$v = 2f$	等大	实像	倒立
$2f > u > f$	$v > 2f$	放大	实像	倒立
$u = f$	不成像			
$u < f$	像和物体在镜的同一侧	放大	虚像	正立

由表2.3可见,如果将物体放在凸透镜的焦距以外,则在凸透镜的另一侧总有实像出现,物距 u 愈近,像距就愈远,并且总是倒像。如果将物体放在焦距以内,在透镜另一侧永远不会产生实像,而成虚像。

实像的大小,随着它离开透镜的距离变化,有以下关系:

$$m = \frac{\text{实像尺寸 } A_1 B_1}{\text{原物体尺寸 } AB} = \frac{\text{像距 } v}{\text{物距 } u},$$

比值 m 称为像的放大率。

§2.9.　透镜的缺陷

一、球面像差

若凸透镜很薄,其口径又很小,入射光线均与主轴平行,则经折射后便会聚于焦点。但实际上,上述条件不能保证。所以一束光线平行于主轴投射到透镜后,只有靠近主轴的光线可以会聚于焦点,边缘光线将会聚在焦点和光心之间(图2.13)。这种缺点是由于镜面为球面的缘故,叫做球面像差。球面像差的存在使物体所成像的轮廓常不清晰。纠正球面像差的办法是在透镜之前装一个可调光阑或采用组合透镜。光阑俗称光圈,是一个中部开圆孔的挡光零件. 如果把可调光阑遮在透镜上, 一方面可以调节透射过来的光量, 改变像的明暗程度; 另一方面可以使透射过来的光线靠近光轴. 这样, 光束分散度小, 有助于改善像轮廓的清晰度.

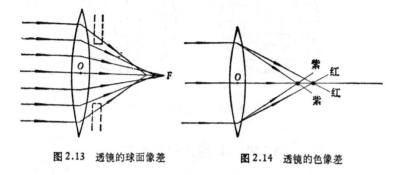

图 2.13　透镜的球面像差　　　　图 2.14　透镜的色像差

二、色像差

各种波长的色光在真空中的速度都相同 (等于 c), 但在任何别的介质中不同波长色光的传播速度 v 各不相同, 并且都小于 c. 这样, 同一种介质 (例如玻璃) 对于不同波长的色光就有不同数值的折射率 $N = \dfrac{c}{v}$, 而透镜的焦距决定于透镜材料的折射率和曲率, 因此透镜对于各种色光的焦距也就不同. 红色光的折射率最小, 透过透镜后的偏离度最小, 焦距最大; 紫色光的折射率最大, 偏离度最大, 焦距最小 (图 2.14). 所以白色光通过透镜后不能成像于一点, 这种缺点叫做透镜的色像差.

三、畸变

因物体上各点的位置不同, 透镜对于物体上各点的横向放大率也不同, 以致使像的形状和物体不相似, 这种现象叫做透镜的畸变. 若放大率随轴距的增加而增大, 则视场的靠外部分将不成比例地被放大, 一个正方网格的像即成为图 2.15 (a) 的形状. 反之, 则成为图 2.15 (b) 的形状.

以上所指出的透镜成像的缺陷, 在某种程度上均可采用组合透镜加以消除.

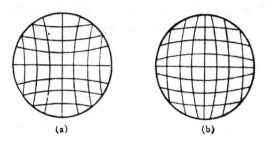

图 2.15 透镜的畸变

§2.10. 自然光和偏振光

如图 2.16 (a) 所示,从一般实在光源发出的光波,不论是白光还是单色光,光矢量的振动总是具有两种性质:其一,它和光波进行的方向始终正交;其二,它同时在垂直于光波传播方向的平面上取任意的方向. 光是从光源中的大量原子所发出的,在普通光源中各原子所发的光波不仅位相彼此无关,而且其振动方向也无规则. 因此宏观看起来,出射光中包含着所有垂直于传播方向的电矢量,在垂直于传播方向的平面上,哪个方向也不占优势. 这种从

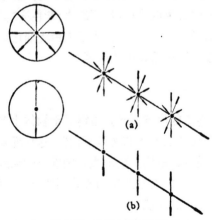

图 2.16 自然光及偏振光

任何实在光源直接发出来的光叫做自然光.

自然光光矢量这种完全杂乱的横振动是很容易加以改变的. 例如,当它穿过由某些特殊的透明介质制成的起偏器后,它的振动便可以被限制在一个确定的方向上,而使其余方向的振动被大大地削弱,甚至完全消除. 这种经过改变后的只能在一个方向上作横向振动的光波,称为偏振光. 见图 2.16(b).

在光弹性实验中要碰到三种不同类型的偏振光.

一、平面偏振光

见图 2.17,自然光经过起偏器后,光波波列上各点的光矢量的横向振动都单一地在一个平面内,这种偏振光称为平面偏振光. 如果我们正对光线传播的方向看去,这种偏振光的光矢量端点的运动轨迹是一条直线. 因此有时又叫它为直线偏振光.

平面偏振光中光矢量振动所在的平面称为平面偏振光的振动平面.

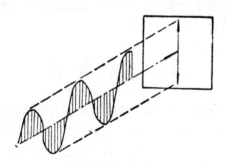

图 2.17　平面偏振光

二、圆偏振光

见图 2.18,沿光线传播方向,光波波列上各点光矢量的横向振动是一个旋转量. 各点光矢量的端点在某时刻描绘出的轨迹在横向的投影是一个圆. 这种偏振光称为圆偏振光.

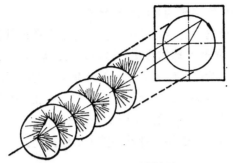

图 2.18　圆偏振光

三、椭圆偏振光

如同圆偏振光一样,沿光线传播方向,光波波列上各点光矢量的横向振动也是一个旋转量,但其大小不停地改变,各点光矢量的端点在某时刻描绘出的轨迹在横向的投影是一个椭圆. 这种偏振光称为椭圆偏振光.

用一个起偏器便可以由自然光产生平面偏振光,但要产生圆偏振光则需要两个光学元件,一个是起偏器,另一个是对应于光源波长的 1/4 波片.

§2.11. 起 偏 器

用作将自然光形成为平面偏振光的元件称为起偏器. 在起偏器中,能使光矢量的横向振动通过的那个方向称为偏振轴. 应该注意:偏振轴指的是某一特定方向,而不是一条线.

常用的起偏器有尼科尔棱镜和人造偏振片. 尼科尔棱镜是由两块一定形状的方解石用加拿大树脂胶合成的. 这种起偏器的透明度高,偏振性能强,但是视场狭小,而且价格昂贵. 人造偏振片又分 J 型及 H 型. J 型偏振片是将一薄层硫酸碘奎宁晶体通过加工使其相互平行并且均匀地镶嵌在硝化纤维的透明膜片上制成的. H 型偏振片是将平行排列的聚乙烯醇晶体塑胶膜浸在碘酒内制成. 目前市场上以 H 型偏振片居多. 为了保护偏振膜不受损伤和不沾染尘埃,通常都用薄的平面玻片(或塑料的醋酸纤维片)作偏振片的保护层.

如果入射到偏振片的自然光的强度为 I_0,而出射的平面偏振光的强度为 I,则 I/I_0 称为偏振片的**透射系数**. 一个理想的起偏器的透射系数应该等于0.5,但由于其表面和内部的反射及吸收,实际透射系数只有 0.25—0.42.

透过偏振片的光大多数是除了具有一个特别显著的振动之外,还同时多少包含着一些其它方向的成分. 所以仍是部分偏振光. 设完全偏振光的强度为 I_p,非偏振光的强度为 I_u,则 $I_p/(I_p + I_u)$ 称为**偏振度**. H 型偏振片的偏振度可达 0.98. 人造偏振片的尺寸可以制造得很大,而且价格便宜,缺点是它的偏振度不如尼科尔棱镜完全,并且或多或少使光染有颜色. 因此,当两个偏振片正交时往往不是全黑,而带有暗红色. 另外,人造偏振片常因温度及湿度的影响,偏振度会显著下降甚至完全失效.

如图 2.19 所示,在与光线相垂直的方向上放置两块偏振片,由于这两块偏振片的偏振轴的取向不同,在第二块偏振片后面的透射光的强度也随之不同. 如果两偏振轴是相互平行的,则由第一块偏振片所产生的平面偏振光就能畅通无阻地通过第二块偏振

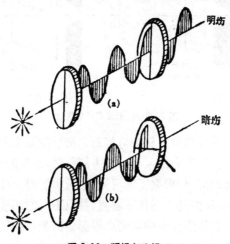

图 2.19 明场与暗场

片,从第二块偏振片后面向着光源看过去,这时候的光场将是全亮的,这种光场称为明场. 如果两偏振轴相互垂直,则由第一块偏振片产生的平面偏振光将被第二块偏振片所阻挡,这时在第二块偏振片后面将无光射出(这现象称为消光),光场是全暗的,这种光场称为暗场.

§2.12. 双 折 射

光在各向同性的非晶体与在各向异性的晶体中的传播情况是各不相同的.

对于各向同性透明介质,例如不受力的玻璃,光的折射严格地遵循折射定律:折射光在其中的传播速度总是一个常数,不因传播方向的改变而改变,所以这种介质的折射率在各个方向也都相同;另外,如图 2.20 (a) 所示,当一束光入射一块不受力的玻璃后,出射时仍将是一束光.

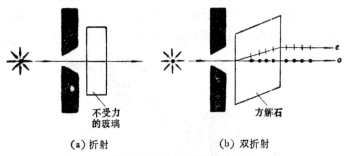

(a) 折射　　　　　　　　(b) 双折射

图 2.20　折射及双折射现象

对于各向异性晶体,例如方解石,情形就要复杂得多. 如图 2.20 (b)所示,当一束光线入射一块方解石时,出射的将是两束光,这种现象称为双折射.根据实验可知,这两束折射光都是平面偏振光;它们的光矢量振动方向相互垂直;并以不同的速度通过晶体.

由双折射晶体所分出的这两束平面偏振光,在晶体内部传播时,其中只有一条遵守折射定律,称为寻常光或 o 光;而另一条不遵守折射定律,称为非常光或 e 光. 对于非常光,即使当入射角为零度时,也会发生偏折,其速度随光的传播方向变更;折射后的 e 光也不一定在入射光与界面法线所组成的入射面内.

显然,o 光与 e 光分别有不同的折射率 N_o 及 N_e. 其中,N_o 与 o 光的传播方向无关,是一个常数;N_e 随 e 光的传播方向变化.

晶体中有个别方向不产生双折射,即当一束光沿此方向入射到晶体后并不产生互呈垂直振动的两个偏振光,在这个方向只有一个速度,一个折射率(等于 N_0),出射光束仍为一束光. 这个方向称为晶体的光轴. 有的晶体如方解石、红宝石、石英等只具有一个光轴,称之为单轴晶体;另一些晶体如云母、蓝宝石等具有彼此相交成一定角度的两个光轴,称之为双轴晶体.

光通过某些双折射晶体,例如石英时,寻常光比非常光跑得快,这类晶体称为正晶体;另外一些晶体,例如方解石,非常光跑得比寻常光快,称为负晶体.

设光在折射率为 N 的介质中以速度 v 走过的路程为 d,则所需时间 $t = d/v = Nd/c$,Nd 称为光程. 如有两束同波长的光通过同一介质,但折射率分别为 N_1, N_2(例如双折射),则两束光产生光程差或称为相对减速,用 R 表示为

$$R = (N_1 - N_2)d \tag{2.12}$$

§2.13. 折射率椭球

晶体中任一点在各个方向所呈现的双折射性质,几何上可用折射率椭球形象地加以说明. 如图 2.21 (a) 所示,设在 Ox 轴上取 OA 等于平行于 Ox 方向振动的一个平面偏振光的传播速度的倒数 $1/v_1$(或其折射率 $N_1 = \dfrac{c}{v_1}$),同样,在 Oy 及 Oz 轴上分别取 OB 及 OC,使它们各等于在对应方向振动的平面偏振光的传播速度的倒数 $1/v_2$ 及 $1/v_3$(或它们的折射率 $N_2 = \dfrac{c}{v_2}$,$N_3 = \dfrac{c}{v_3}$),

则以 OA，OB 及 OC 作主半轴画得的椭球面即为折射率椭球．

折射率椭球方程为

$$\frac{x^2}{N_1^2} + \frac{y^2}{N_2^2} + \frac{z^2}{N_3^2} = 1, \tag{2.13}$$

其中，N_1，N_2，N_3 称为主折射率．

现在，我们利用折射率椭球来说明晶体在不同方向的光学性质．

一、对于单轴晶体

如图 2.21 (b) 所示，设折射率椭球的主轴 OB 与晶体的光轴相重合，则通过 O 点垂直于 OB 的截面为一个圆．这说明当光波沿 OB 方向通过晶体时，该光波不产生双折射．若光波沿除光轴以外任一方向 R 通过晶体时，则过 O 点垂直于 OR 的截面为一椭圆 OCS，其主半轴分别为 OS 及 OC．在这种情况下，将产生双折射．由 R 方向入射的光波将分解成两个互相垂直的平面偏振光，它们的振动方向分别与 OS，OC 相平行；同时，由于 $OS \neq OC$，这两个平面偏振光在晶体内的传播速度不同．当它们通过晶体后，就产生光程差．显然，不论在什么方向，椭圆 OCS 的主半轴之一 OC 将总是圆 OAC 的半径，与此对应的平面偏振光在晶体内的

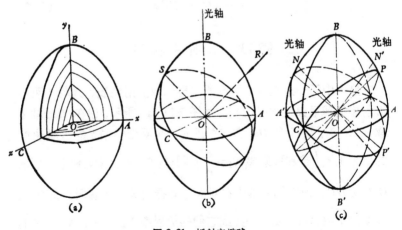

图 2.21 折射率椭球

传播速度总与 R 的方向无关,这就是寻常光;与其相垂直的另一个平面偏振光则为非常光,其速度将随着它通过晶体的方向在 $\dfrac{c}{OA}$ 与 $\dfrac{c}{OB}$ 之间变化.

二、对于双轴晶体

如图 2.21 (c) 所示,折射率椭球的三个主轴均不相等. 设 $OB > OC > OA$,则在椭圆 $BAB'A'$ 上的 A 和 B 之间的某处必存在一点 P,满足 $OP = OC$,包含 OP 及 OC 的椭球截面 OPC 是一个圆,其法线 ON 就是此晶体的光轴之一. 显然,对称于 OA,我们还可以找到晶体的另一个光轴 ON'. 光轴 ON,ON' 位于 OA 与 OB 所在的平面内,并且对于 OA 轴的倾斜度相同. 当光波沿着除光轴以外的其它方向通过晶体时,将产生双折射.

三、对于各向同性透明材料

显然,其折射率椭球的三个主轴 $OA = OB = OC$,椭球成为一个圆球. 这表示光波无论在那个方向通过,在其内部速度都一样,因此不产生双折射.

§2.14. 1/4 波 片

1/4波片是用来产生圆偏振光所必须的光学元件之一.

在一块单轴双折射晶体上从平行于光轴的方向切出一块薄片,并使两晶面保持平行,这种晶片称为波片.

如果使一束单色的自然光或振动面与波片光轴的交角不等于零或直角的平面偏振光垂直入射到波片的晶面,则光线将在晶片内被分解成两列平面偏振光,其中一列振动方向与光轴相平行,这是非常光 e;另一列与光轴相垂直,是寻常光 o,它们在晶体内部的传播速度不同,当从波片的另一侧晶面透出回到空气之后,其间便产生某一光程差,该光程差的大小与波片的厚度成正比. 使寻常光与非常光之间的光程差等于入射光波长四分之一的波片称为 1/4 波片.

1/4 波片晶面内的光轴及与其相垂直的方向分别就是非常光 e 及寻常光 o 的振动方向,用负晶体做的波片中, e 光比 o 光跑得快;用正晶体做的波片中, o 光比 e 光跑得快. 按照透过光的速度快慢不同,习惯上将上述两个方向相应地称为 1/4 波片的快轴或慢轴.

1/4 波片可用透明的云母制成. 云母晶体比较容易一层一层地剥裂成各种厚度的薄片. 大面积的 1/4 波片目前常用经过拉伸的有机玻璃制造.

§2.15. 圆 偏 振 光

将一块偏振片和一块 1/4 波片垂直地放在光路中,并使偏振片的偏振轴与 1/4 波片的快(或慢)轴方向成 45° 交角,就能将自然光改变成圆偏振光.

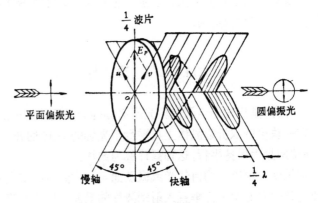

图 2.22 圆偏振光的产生

下面我们来说明在上述装置中圆偏振光是怎样产生的. 如图 2.22 所示,单色自然光经过偏振片后成为平面偏振光,光矢量的振

动方程为

$$E_p = a \sin \omega t.$$

当此平面偏振光到达 1/4 波片后,沿着 1/4 波片的快、慢轴方向被分解为两个平面偏振光

$$E_u = a \sin \omega t \cdot \cos 45° = \frac{a}{\sqrt{2}} \sin \omega t,$$

$$E_v = a \sin \omega t \cdot \cos 45° = \frac{a}{\sqrt{2}} \sin \omega t.$$

通过 1/4 波片后,这两个平面偏振光产生 $R = \frac{1}{4}$ 波长的光程差,对应的位相差为 $\frac{\pi}{2}$.

设 E_u 在位相上超前 E_v $\frac{\pi}{2}$,故从 1/4 波片射出的两个平面偏振光为

$$Eu' = \frac{a}{\sqrt{2}} \sin\left(\omega t + \frac{\pi}{2}\right) = \frac{a}{\sqrt{2}} \cos \omega t, \qquad \text{(a)}$$

$$E_{v'} = \frac{a}{\sqrt{2}} \sin \omega t. \qquad \text{(b)}$$

将 (a),(b) 两式分别平方后再相加,消去 t,即得到合成后的光波运动轨迹方程式

$$E_{u'}^2 + E_{v'}^2 = \left(\frac{a}{\sqrt{2}}\right)^2. \qquad \text{(c)}$$

(c)式是一个半径为 $\left(\frac{a}{\sqrt{2}}\right)$ 的圆方程. 该式说明平面偏振光经过如上放置的 1/4 波片后,光矢量的大小保持不变 $\left(\text{等于} \frac{a}{\sqrt{2}}\right)$,而它的方向则随时间作等角速度旋转,这就是圆偏振光.

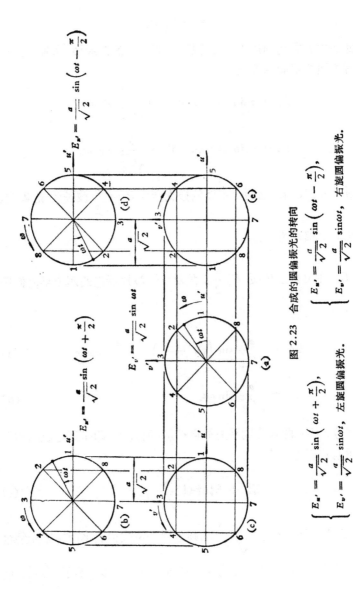

图 2.23 合成的圆偏振光的转向

$$\begin{cases} E_{u'} = \dfrac{a}{\sqrt{2}}\sin\left(\omega t + \dfrac{\pi}{2}\right), \\ E_{v'} = \dfrac{a}{\sqrt{2}}\sin\omega t,\ \text{左旋圆偏振光}. \end{cases}$$

$$\begin{cases} E_{u'} = \dfrac{a}{\sqrt{2}}\sin\left(\omega t - \dfrac{\pi}{2}\right), \\ E_{v'} = \dfrac{a}{\sqrt{2}}\sin\omega t,\ \text{右旋圆偏振光}. \end{cases}$$

圆偏振光实际上就是位相差为 $\dfrac{\pi}{2}$（或光程差为 1/4 波长）而振动方向相互垂直的两个平面偏振光的合成结果．当由屏幕向光源观察时，合成后光矢量的圆周运动的转向有两种可能：其一为顺时针的；另一为逆时针的，这视 (a) 式中位相差 $\dfrac{\pi}{2}$ 的正负号决定．若 $\alpha = +\dfrac{\pi}{2}$，圆周运动为逆时针方向，逆时针方向旋转的圆偏振光称为左旋偏振光；若 $\alpha = -\dfrac{\pi}{2}$，则为顺时针方向，顺时针方向旋转的圆偏振光称为右旋偏振光．如图 2.23，在 u'-v' 坐标系中，用图解描绘出了这种关系．其中，在图 (a) 上，用点的圆周运动在坐标 v' 上的投影表示了 (b) 式 $E_{v'} = \dfrac{a}{\sqrt{2}} \sin \omega t$，圆的半径为 $\dfrac{a}{\sqrt{2}}$，此半径由（$+Ou'$）轴开始以等角速度 ω 按逆时针方向旋转；同样，(a) 式 $E_{u'} = \dfrac{a}{\sqrt{2}} \sin \left(\omega t + \dfrac{\pi}{2} \right)$ 也可以用同一角速度 ω、同一转向、同一半径的圆周运动在坐标 u' 上的投影来表示，见图 (b) 所示，此半径由（$-Ov'$）轴开始旋转．比较图 (a)，(b) 可知，$E_{u'}$ 在位相上比 $E_{v'}$ 先 $\dfrac{\pi}{2}$．当 $t = 0$ 时，$E_{v'}$，$E_{u'}$ 均位于图 (a)，(b) 中的对应点 1，它们合成后的位置即图 (c) 中的点 1．由此，在图 (c) 中可得各瞬时 $E_{v'}$，$E_{u'}$ 合成后的点的位置，如 1，2，3，4，……．由图 (c) 可知，这些点的轨迹是一半径为 $\dfrac{a}{\sqrt{2}}$ 的圆，其运动转向是反时针的，故为一左旋圆偏振光．同理，分别见图 2.23 中的 (a)，(d)，(e)，由平面偏振光 $E_{v'} = \dfrac{a}{\sqrt{2}} \sin \omega t$ 及 $E_{u'} = \dfrac{a}{\sqrt{2}} \sin \left(\omega t - \dfrac{\pi}{2} \right)$ 合成后的圆偏振光为一右旋圆偏振光．

如果1/4波片的快(或慢)轴与起偏镜的偏振轴的夹角不呈45°或波片厚度所形成的光程差不正好等于入射单色光波长的四分之一时,则由对应的两列平面偏振光合成的将是椭圆偏振光.

第三章 光弹性原理与数据测定

§3.1. 光弹性中的应力-光性定律

一、暂时双折射

在第二章我们曾讨论过各向异性透明晶体具有双折射性质.这种双折射性质是晶体本身固有的,称为永久双折射.对于各向同性透明非晶体材料,例如环氧树脂塑料、玻璃、赛璐珞等,在其自然状态(没有应力存在)并不具有双折射性质,但是当这些材料受有应力作用时,它们就如同晶体一样,表现为各向异性,产生双折射现象.这种双折射是暂时的,当应力解除后即消失,所以称之为暂时双折射,又称人工双折射.早在十八世纪,暂时双折射现象就已被人们发现,随着生产的发展,直到十九世纪才把它应用到实验应力分析中来.

二、一般应力-光性定律

在三向应力状态下,任意斜截面的应力可用应力椭球(1.20b)表示,椭球的三个主轴即为该点的应力主轴.应力椭球的方程为

$$\frac{x^2}{\sigma_1^2} + \frac{y^2}{\sigma_2^2} + \frac{z^2}{\sigma_3^2} = 1. \tag{1.20b}$$

在第二章中,我们又知道,各向异性晶体中一点的光学性质在几何上也可以用一个折射率椭球来表示.椭球的三个主轴即为该点的光学主轴.折射率椭球的方程为

$$\frac{x^2}{N_1^2} + \frac{y^2}{N_2^2} + \frac{z^2}{N_3^2} = 1. \tag{2.13}$$

比较这两种情况,我们可以看出,应力椭球和折射率椭球的应力主轴与折射率主轴是重合的,其原因是各向同性的透明固体材

料在应力作用下能够表现出如同晶体一样的双折射效应；同时点的应力状态与光学性质又存在上述对应关系，这是建立光弹性应力分析的物理基础.

实验证明：透明固体材料由应力引起的双折射效应，其主折射率与对应的主应力在方向上是重合的，在数值上存在如下关系：

$$\left.\begin{array}{l} N_1 - N_0 = A\sigma_1 + B(\sigma_2 + \sigma_3), \\ N_2 - N_0 = A\sigma_2 + B(\sigma_3 + \sigma_1), \\ N_3 - N_0 = A\sigma_3 + B(\sigma_1 + \sigma_2). \end{array}\right\} \tag{3.1}$$

式中，N_0 为当应力为零时材料的折射率，A, B 为材料的应力-光性常数. 将前两式相减，得

$$N_1 - N_2 = A(\sigma_1 - \sigma_2) - B(\sigma_1 - \sigma_2) = (A - B)(\sigma_1 - \sigma_2),$$

故

$$\left.\begin{array}{l} N_1 - N_2 = C(\sigma_1 - \sigma_2), \\ N_1 - N_3 = C(\sigma_1 - \sigma_3), \\ N_2 - N_3 = C(\sigma_2 - \sigma_3). \end{array}\right\} \tag{3.2}$$

式中 $C = A - B$ 称为材料的相对应力-光性系数. 公式(3.1)及(3.2)称为一般受力状态下的应力-光性定律.

可见，用透明材料制造的光弹性模型，在载荷作用下，模型中任一点当用偏振光照射时，该点就相当晶体中的某一点，该点的应力状态和光学性质将遵循应力-光性定律.

三、两向应力-光性定律

在两向应力状态下，$\sigma_3 = 0$，(3.2)式成为

$$N_1 - N_2 = C(\sigma_1 - \sigma_2), \tag{3.3a}$$

$$N_1 - N_3 = C\sigma_1, \tag{3.3b}$$

$$N_2 - N_3 = C\sigma_2. \tag{3.3c}$$

假设有一厚度为 d 的光弹性模型 M，承受两向应力，见图3.1. 当一列平面偏振光 E_P 垂直入射模型 M 时，由于双折射效应，E_P 在模型上的任一点（例如 O 点）必将分解成两列平面偏振

光 E_1 及 E_2，这两列平面偏振光的振动方向，一个沿该点主应力 σ_1 的方向，另一个沿主应力 σ_2 的方向，因 $\sigma_1 \neq \sigma_2$，由 (3.3a) 式可知，$N_1 \neq N_2$，所以这两列平面偏振光在模型内部的传播速度就不相同，通过模型后，它们之间产生了程差.

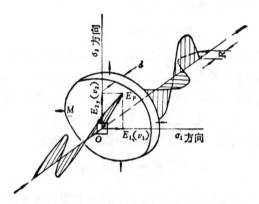

图 3.1 受力模型的光效应

设 v_0 为光在真空中的传播速度；v_1，v_2 分别为平行于 σ_1，σ_2 方向振动的平面偏振光在模型内的传播速度，则

$$N_1 = \frac{v_0}{v_1}, \quad N_2 = \frac{v_0}{v_2}. \tag{a}$$

将 (a) 式代入 (3.3a) 式得

$$\frac{v_0}{v_1} - \frac{v_0}{v_2} = C\,(\sigma_1 - \sigma_2). \tag{b}$$

如果 t_1，t_2 分别为 E_1，E_2 各自通过模型所需的时间，则

$$t_1 = \frac{d}{v_1}, \quad t_2 = \frac{d}{v_2}. \tag{c}$$

设 $v_1 < v_2$，则 E_2 先通过模型，E_1 后通过模型. 当 E_1 刚通过模型时，E_2 已在空气中以 v_0 的速度走过了 $(t_1 - t_2)$ 时间，于是所产生的程差为

$$R = v_0(t_1 - t_2), \tag{d}$$

将 (c) 式代入 (d) 式得

$$R = v_0 \left(\frac{d}{v_1} - \frac{d}{v_2} \right) = d \left(\frac{v_0}{v_1} - \frac{v_0}{v_2} \right),$$

故

$$R = d(N_1 - N_2), \tag{2.12}$$

将 (3.3a) 式代人 (2.12) 式得

$$R = Cd (\sigma_1 - \sigma_2). \tag{3.4}$$

式 (3.4) 称为两向应力-光性定律. 它表明,当一列平面偏振光垂直入射平面应力模型时, 必定沿该点的主应力方向分解为两列平面偏振光,它们在模型内的传播速度不同,通过模型后所产生的程差与模型的厚度 d 及主应力差 $(\sigma_1 - \sigma_2)$ 成比例.

根据 (2.6) 式, (3.4) 式也可用位相差来表示

$$\alpha = \frac{2\pi}{\lambda} R = \frac{2\pi Cd}{\lambda} (\sigma_1 - \sigma_2). \tag{3.5}$$

由(3.4)式及(3.5)式可知,只要找出程差或位相差,就可求出该点的主应力差值. 这样, 就把一个求主应力差的问题转化为一个求程差或位相差的问题了. 对于程差或位相差,我们可在平面偏振光装置上,用光的干涉原理来测量.

§3.2. 平面偏振光通过受力模型后的光效应

一、平面偏振光装置简介

平面偏振光装置是光弹性实验中最基本的装置. 如图 3.2 所示, 它主要由光源和两块偏振片所组成. 靠近光源的一块偏振片称为起偏镜,用 P 代表. 另一块偏振片称为检偏镜或分析镜,用 A 代表.

要使两束光相干涉必须满足三个条件: 同频率、同振动方向及程差或位相差恒定. 由图 3.1 可知, 沿 σ_1 和 σ_2 方向振动的两列平面偏振光 E_1, E_2 都是由同一列平面偏振光 E_P 分解来的, 振动频率相同. 经过模型后具有恒定的程差或位相差. 不过, 它们的振动方向互相垂直. 为此让它们通过一块检偏镜,使 E_1 和 E_2

在检偏镜偏振轴方向上的振动分量处于同一平面，从而产生光干涉。

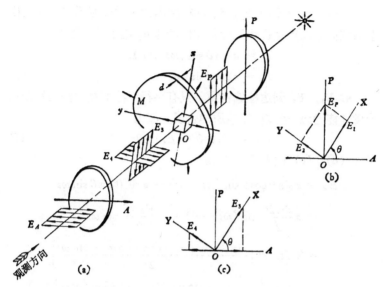

图 3.2　平面偏振光通过受力模型后的光效应

通常，我们总是调整平面偏振光装置中的一块偏振片的偏振轴在垂直方向，另一块偏振片的偏振轴在水平方向，形成暗场；当两个偏振片的偏振轴互相平行时，则呈明场。

二、平面偏振光通过受力模型后的光效应

现在，我们来分析平面偏振光通过两向受力模型中任意一点 O 时所产生的光效应(见图 3.2)。设 O 点的应力主轴(即主应力方向)为 x,y，其中 x 与检偏镜 A 的偏振轴之间的夹角为 θ。首先讨论光源为单色光时的情况。

1. 从光源发出的单色光，通过起偏镜 P 后成为平面偏振光

$$E_P = a\sin\omega t. \qquad (a)$$

2. E_P 入射到模型表面后由于暂时双折射分别沿主应力方向分解为两个分振动

$$E_1 = a \sin \omega t \sin \theta, \tag{b}$$

$$E_2 = a \sin \omega t \cos \theta. \tag{c}$$

3. 这两个分振动 E_1, E_2 在模型内的传播速度不同，通过模型后它们之间产生位相差设此相位差为 α，则上式可写为

$$E_3 = a \sin \theta \sin (\omega t + \alpha), \tag{d}$$

$$E_4 = a \cos \theta \sin \omega t. \tag{e}$$

4. E_3, E_4 到达检偏镜后，只有平行于检偏镜偏振轴的振动分量才能通过，经过检偏镜后的合成光波为

$$E_A = E_3 \cos \theta - E_4 \sin \theta, \tag{f}$$

将式 (d), (e) 代入式 (f) 得

$$E_A = a \sin \theta \cos \theta \sin (\omega t + \alpha) - a \sin \theta \cos \theta \sin \omega t$$

$$= a \frac{\sin 2\theta}{2} \sin (\omega t + \alpha) - a \frac{\sin 2\theta}{2} \sin \omega t$$

$$= a \sin 2\theta \left[\frac{\sin \omega t \cos \alpha + \cos \omega t \sin \alpha - \sin \omega t}{2} \right]$$

$$= a \sin 2\theta \left[\cos \omega t \left(\frac{\sin \alpha}{2} \right) - \sin \omega t \left(\frac{1 - \cos \alpha}{2} \right) \right]$$

$$= a \sin 2\theta \left[\cos \omega t \sin \frac{\alpha}{2} \cos \frac{\alpha}{2} - \sin \omega t \sin^2 \frac{\alpha}{2} \right]$$

$$= a \sin 2\theta \sin \frac{\alpha}{2} \left[\cos \omega t \cos \frac{\alpha}{2} - \sin \omega t \sin \frac{\alpha}{2} \right],$$

则

$$E_A = a \sin 2\theta \sin \frac{\alpha}{2} \cos \left(\omega t + \frac{\alpha}{2} \right). \tag{3.6}$$

E_A 仍是一个平面偏振光，$a \sin 2\theta \sin \dfrac{\alpha}{2}$ 为其振幅. 光强与振幅的平方成正比，故光强为

$$I = k a^2 \sin^2 2\theta \sin^2 \frac{\alpha}{2}. \tag{3.7}$$

光强 $I = 0$ 时，我们从检偏镜后所看到的模型上的 O 点将是

暗点. 从（3.7）式可以看出，光强为零时可能有以下三种情况：
$a = 0$，$\sin 2\theta = 0$ 及 $\sin \dfrac{\alpha}{2} = 0$. 第一种情况无实际意义，因为这代表无光源时的情况，而后两种情况是有实际意义的.

（1）等倾线

满足 $\sin 2\theta = 0$，只能是 $\theta = 0°$ 或 $\theta = 90°$. θ 是主应力方向与偏振轴之间的夹角. 这说明只要模型上某点的主应力方向与偏振轴相重合，该点就是暗点，若模型上有一系列这样的点，它们的主方向都与这时的偏振轴相重合，则这一系列的点就构成黑线. 在这条黑线上每个点的主应力倾角都相同，故称之为等倾线. 等倾线的倾角称为等倾线参数，其数值可由光弹仪上起偏镜和检偏镜的角度刻度读出.

用等倾线可以求出模型上各点主应力的方向. 一般说来，模型平面内各点主应力的方向是逐点不同的，但是连续变化的. 我们如果从某一个位置开始，同时转动起偏镜和检偏镜并使它们始终保持正交，那么等倾线将连续地移动到模型的另外一些点上，这些点的主应力方向将与新的偏振轴方向相平行. 对于起偏镜和检偏镜的每一个不同转角，我们都可以得到一组相应的等倾线. 例如，当正交的偏振轴位于 0° 时，将出现参数为 0° 的等倾线. 若两偏振轴保持正交，并同步旋转一个 10°，那么 0° 等倾线将消失，而出现参数为 10° 的等倾线. 从 0° 到 90° 依次地同步旋转正交的偏振轴，就可以得到由 0° 到 90° 逐渐改变的一系列等倾线. 图 3.3 为简支梁在不同参数下的等倾线照片. 图 3.4 表示径向受压圆环在不同参数下的等倾线照片. 等倾线是光弹性实验的**基本测量数据**之一.

（2）等差线

满足 $\sin \dfrac{\alpha}{2} = 0$，只能是

$$\frac{\alpha}{2} = n\pi,$$

或

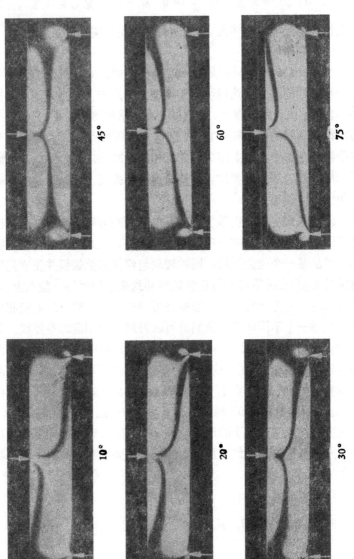

图 3.3　不同参数的简支梁等倾线

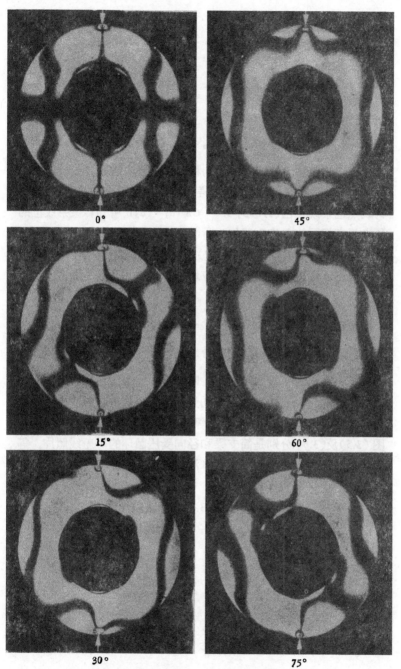

图 3.4　不同参数的径向受压圆环等倾线

$$\alpha = 2n\pi \ (n = 0, 1, 2, 3, \cdots).\tag{3.8}$$

用程差表示

$$\frac{2\pi}{\lambda} R = 2n\pi,$$

即

$$R = n\lambda \ (n = 0, 1, 2, 3, \cdots).\tag{3.9}$$

这说明当受力模型上一点的程差 R 等于入射光波波长的整数倍时, 将呈现黑点, 同时满足程差等于同一整数倍波长的诸点, 将构成黑色条纹. 由(3.4)式 $R = Cd(\sigma_1 - \sigma_2)$ 可知, 该条纹上的各点将有相同的主应力差值, 所以称之为等差线. 由于 $n = 0$, $1, 2, 3, \cdots$ 将同时满足公式(3.9)式所表示的消光条件, 故在幕上将呈现出一系列黑色条纹, 对应地称为 0 级、1 级、2 级、3 级 $\cdots$ 等差线.

显然, 在 $n = \frac{1}{2}$, $\frac{3}{2}$, $\frac{5}{2}$, $\cdots$ 的各点上, $\sin\frac{\alpha}{2} = 1$, 光强最大, 形成了明亮的条纹, 它们分别是 $\frac{1}{2}$, $\frac{3}{2}$, $\frac{5}{2}$, $\cdots$ 级等差线, 即都是奇数倍的半级次等差线. 暗条纹与明条纹在应力图案上是依次相隔的. 而在明暗条纹之间光将部分地相消, 形成小数级次条纹. 由于应力的连续性, 相邻等差线条纹的级次也是连续的. 图(3.5)及(3.6)分别是简支梁和径向受压圆环的等差线照片. 等差线是光弹性实验中的一组基本测量数据.

(3) 主应力差计算公式

将形成等差线的消光条件(3.9)式代入(3.4)式得

$$R = Cd(\sigma_1 - \sigma_2) = n\lambda,$$

即

$$\sigma_1 - \sigma_2 = \frac{\lambda}{C}\frac{n}{d},$$

令 $f = \frac{\lambda}{C}$, 则得

$$\sigma_1 - \sigma_2 = \frac{f}{d}n,\tag{3.10}$$

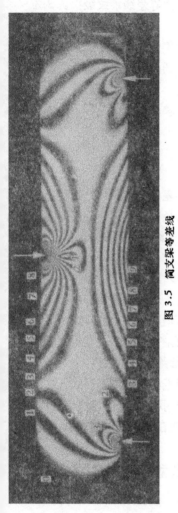

图 3.5 简支梁等差线

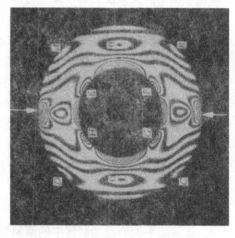

图 3.7 径向受压圆环的等差线和 0° 等倾线

图 3.6 径向受压圆环的等差线

式中 f 称为模型材料的条纹值. 它是由模型材料及光源波长决定的一个常数,单位为公斤/厘米,其物理意义为使单位厚度模型产生一级等差线所对应的主应力差值. n 为等差线条纹级次,d 为模型厚度.

(3.10) 式是光弹实验中计算主应力差值的基本公式.

总的来说,受力模型在平面偏振光场中呈现出两组性质不同的条纹,一组为等倾线,另一组为等差线. 利用等倾线能够测取模型上各点的主应力方向,利用等差线能够测取模型上各点的主应力差值.

三、等差线与等倾线的分辨

在平面偏振光场中,受力模型的等差线与等倾线是同时出现的. 它们彼此重迭,互相干扰. 图3.7 为径向受压圆环的等差线与 0° 等倾线照片. 一般说来,在图案中等差线条纹较多,本身较窄,等倾线条纹较少,本身较宽.

为了识别等差线与等倾线,可以同步转动起偏镜及检偏镜,随着镜片转动而变更位置的黑线是等倾线,不动的则为等差线. 或者改变模型所加载荷的大小,随着载荷增减而变化的条纹是等差线,不变的是等倾线. 另外,最明显的是在用白光作光源时,等差线呈现为鲜艳的彩色条纹,而等倾线则始终是黑色条纹.

在等差线与等倾线重迭的区域中等差线是模糊不清的,这就给实验带来困难. 为了准确观测等差线,我们希望把等倾线去掉,而单独获得等差线,为此可把受力模型放在圆偏振光装置中观测.

§3.3. 圆偏振光通过受力模型后的光效应

一、圆偏振光装置

在前述平面偏振光装置中的两偏振片之间加入两块 1/4 波片 Q_1 及 Q_2 就构成了圆偏振光装置,见图 3.8 (a). 四个镜片的相对位置通常有两种,以获得暗场和明场. 其一如图 3.8 (a)所示,称为

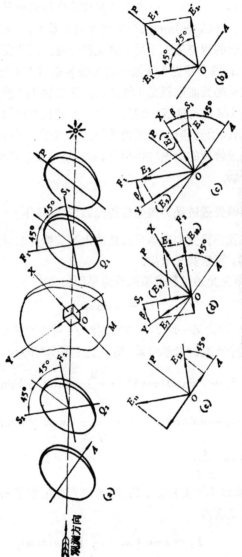

图 3.8 圆偏振光通过受力模型后的光效应

双交叉式或标准式. 这时,起偏镜与检偏镜的偏振轴以及两个1/4波片的快慢轴分别互相垂直,而 1/4 波片的快、慢轴又与偏振片的偏振轴成45°. 这样,第一块 1/4 波片的作用是将平面偏振光变为圆偏振光.在圆偏振场的两个正交光波分量中,一列光波分量以等于 1/4 波长的程差领先于另一列光波分量. 圆偏振光通过第二块 1/4 波片后,原先领先 1/4 波长的光波要落后 1/4 波长,而原来落后 1/4 波长的光波则领先 1/4 波长. 第二块 1/4 波片的作用是抵消第一块 1/4 波片造成的程差. 由于起偏镜与检偏镜的偏振轴是垂直的,所以无光通过,呈现为暗场. 如将图3.8(a)中的检偏镜转90°,即与起偏镜的偏振轴相平行,其它镜片位置不动,则此圆偏振光成为亮场.

二、圆偏振光通过受力模型后的光效应(暗场下)

现在我们将受力模型垂直地放入圆偏振光暗场的光路中，如图 3.8 (a)，观察其光效应.

1. 单色光通过起偏镜后成为平面偏振光

$$E_P = a \sin \omega t.$$

2. E_P 到达第一块 1/4 波片,沿 1/4 波片的快 (F_1)、慢 (S_1)轴分解成两个正交的振动分量 E_1, E_2 [图 3.8(b)],

$$E_1 = a \sin \omega t \cos 45° = \frac{a}{\sqrt{2}} \sin \omega t = b \sin \omega t,$$

$$E_2 = a \sin \omega t \sin 45° = \frac{a}{\sqrt{2}} \sin \omega t = b \sin \omega t,$$

式中设 $b = \dfrac{a}{\sqrt{2}}$.

3. 通过 1/4 波片后, E_1, E_2 相对产生位相差 $\pi/2$[图3.8(c)], E_1, E_2 则变成为

$$E_3 = b \sin \left(\omega t + \frac{\pi}{2} \right) = b \cos \omega t,$$

$$E_4 = b \sin \omega t.$$

4. E_3，E_4 入射到模型时沿主应力 X，Y 方向分解. 如图 3.8 (c) 所示，设 O 点的主应力方向与 1/4 波片的快、慢轴之间的夹角为 β，则有

$$E_5 = E_3 \cos \beta - E_4 \sin \beta = b \cos \beta \cos \omega t - b \sin \beta \sin \omega t,$$
$$E_6 = E_3 \sin \beta + E_4 \cos \beta = b \sin \beta \cos \omega t + b \cos \beta \sin \omega t,$$

即

$$E_5 = b \cos (\omega t + \beta),$$
$$E_6 = b \sin (\omega t + \beta).$$

5. 通过模型后 E_5，E_6 产生一位相差 α [图 3.8 (d)]，于是成为

$$E_7 = b \cos (\omega t + \beta - \alpha),$$
$$E_8 = b \sin (\omega t + \beta).$$

6. E_7，E_8 射到第二块 1/4 波片时，沿其快、慢轴分解 [图 3.8 (d)]，成为

$$E_9 = E_7 \cos \beta + E_8 \sin \beta$$
$$= b \cos \beta \cos (\omega t + \beta - \alpha) + b \sin \beta \sin (\omega t + \beta),$$
$$E_{10} = -E_7 \sin \beta + E_8 \cos \beta$$
$$= -b \sin \beta \cos (\omega t + \beta - \alpha) + b \cos \beta \sin (\omega t + \beta).$$

7. E_9，E_{10} 从第二块 1/4 波片射出后产生了位相差 $\pi/2$ [图 3.8 (e)]，变为

$$E_{11} = b \cos \beta \cos (\omega t + \beta - \alpha) + b \sin \beta \sin (\omega t + \beta),$$
$$E_{12} = -b \sin \beta \cos \left(\omega t + \beta - \alpha + \frac{\pi}{2} \right)$$
$$+ b \cos \beta \sin \left(\omega t + \beta + \frac{\pi}{2} \right) = b \sin \beta \sin (\omega t + \beta - \alpha) + b \cos \beta \cos (\omega t + \beta).$$

8. E_{11}，E_{12} 射至检偏镜后，沿检偏镜的偏振轴分解 [图 3.8 (e)]，射出的合成光波 E_A 则为

$$E_A = (E_{12} - E_{11}) \cos 45°$$
$$= \frac{1}{\sqrt{2}} [b \sin \beta \sin (\omega t + \beta - \alpha) + b \cos \beta \cos (\omega t + \beta)$$

$$- b\cos\beta\cos(\omega t + \beta - \alpha) - b\sin\beta\sin(\omega t + \beta)]$$

$$= \frac{b}{\sqrt{2}} [\cos(\omega t + 2\beta) - \cos(\omega t + 2\beta - \alpha)]$$

$$= \cdot \frac{b}{\sqrt{2}} \left[-2\sin\left(\omega t + 2\beta - \frac{\alpha}{2}\right) \sin\frac{\alpha}{2} \right],$$

则

$$E_A = -a\sin\frac{\alpha}{2} \sin(\omega t + 2\beta - \alpha). \tag{3.11}$$

E_A 为一平面偏振光, 其振幅为 $a\sin\dfrac{\alpha}{2}$, 光强为

$$I = ka^2\sin^2\frac{\alpha}{2}, \tag{3.12}$$

比较 (3.7) 和 (3.12) 式, 在 (3.12) 式中不再包含 $\sin 2\theta$ 项, 其余项完全相同. 即光强只与位相差 α 有关, 而与主应力方向 θ 无关. 所以在圆偏振光装置中只存在等差线, 而无等倾线. (3.12) 式的消光条件与式 (3.8) 相同, 即为 $\alpha = 2n\pi$ ($n = 0, 1, 2, 3, \cdots$).

三、圆偏振光通过受力模型后的光效应 (明场下)

在明场下, 检偏镜的偏振轴与起偏镜的偏振轴相平行. 这时, 从检偏镜射出的合成光波为

$$E_A = (E_{11} + E_{12})\cos 45°$$

$$= \frac{b}{\sqrt{2}} [\cos\beta\cos(\omega t + \beta - \alpha) + \sin\beta\sin(\omega t + \beta)$$

$$+ \sin\beta\sin(\omega t + \beta - \alpha) + \cos\beta\cos(\omega t + \beta)]$$

$$= \frac{b}{\sqrt{2}} [\cos(\alpha - \omega t) + \cos\omega t]$$

$$= \sqrt{2}\, b\cos\frac{\alpha}{2} \cos\left(\frac{\alpha - 2\omega t}{2}\right),$$

即

$$E_A = a\cos\frac{\alpha}{2} \cos\left(\omega t - \frac{\alpha}{2}\right), \tag{3.13}$$

这一平面偏振光的振幅为 $a\cos\dfrac{\alpha}{2}$，其光强为

$$I = Ka^2\cos^2\frac{\alpha}{2}. \qquad (3.14)$$

显然,在这种情况下也只有等差线而无等倾线. 但是从式(3.14)可知,其消光条件是 $\alpha=(2n+1)\pi$. 这与暗场下条纹的消光条件相差 $\dfrac{1}{2}\pi$. 即在暗场下黑色等差线是整级次,而明等差线是半级次的;在明场下黑色等差线是半级次,而暗等差线是整级次的. 这与 §3.2 节所述是一致的. 图 3.9 示一径向受压圆盘的等差线照片,上半部是暗场下的等差线,下半部是明场下的等差线.

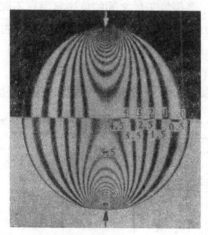

图 3.9　径向受压圆盘的整级次和半级次条纹等差线

四、白光下的等差线——等色线

无论在平面偏振光场或圆偏振光场中,使用单色光作光源时,由于只有一种波长,等差线呈现为明暗相间的条纹;如果采用白光光源,则等差线变成一系列彩色条纹,如图 3.10 所示.

白光是红、橙、黄、绿、青、蓝、紫七色光混合的结果,每种色光对应一定的波长. 模型上某点由应力造成的程差如果恰等于某一种色光波长的整数倍时,那么这种波长的颜色就被消光,其余的

颜色就依照该程差与本身波长的整数倍的接近程度而以较强或较弱的光强度透射．由此形成的干涉色将呈现某种特定的颜色．凡程差数值相同的点，形成了同一种颜色的条纹．所以等差线又称为等色线．

一定数值的程差对应着一定的干涉色，见表 3.1．受力模型上程差 $R = 0$ 的点，对不同波长的所有光波都被消光，干涉色为黑色．当程差随着主应力差连续增加时，色光便按光谱曲线的次序由紫到红地消失，对应的干涉色的色序变化大致为黄、红、绿．当程差继续增加，到一定数值将出现消光重叠现象．即凡程差等于两种或某几种色光波长的整数倍时，则该两种或该几种色光同时被消光．因此，各级等差线之间的色序将稍有不同．但基本上是按黄、红、绿的色序分布．大于 3 级以后，条纹将由粉红和淡绿两种颜色组成，条纹的级次越高，颜色越淡，5 级以后，颜色很浅，难以辨认．

干涉色按黄、红、绿的色序变化，指出了条纹级次的递增方向，

表 3.1 干涉色与程差，条纹级次的对应关系

被消光的颜色	图案中呈现的干涉色	近似光程差（埃）	对应条纹级次 n	
			对汞灯中 5461 埃的绿光	对钠灯中 5893 埃的黄光
所有颜色	黑	0	0.00	0.00
无	白	2600	0.48	0.44
极 紫[1]	淡 黄	3500	0.64	0.60
蓝[1]	橙	4600	0.84	0.78
绿[1]	深 红	5200	0.95	0.89
黄[1]	紫	5900	1.08	1.02
橙[1]	深 蓝	6200	1.14	1.06
红[1]	蓝 绿	7000	1.28	1.19
红[1] 和紫[1]	黄 绿	8000	1.47	1.36
蓝[2]	橙	9400	1.72	1.60
绿[2]	玫瑰红	10500	1.92	1.79
黄[2]	紫	11500	2.10	1.96
红[2] 和紫[3]	绿	13000	2.38	2.21

1) 一次消光； 2) 二次消光； 3) 三次消光。

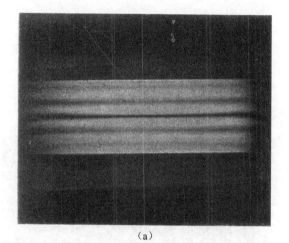

(a)

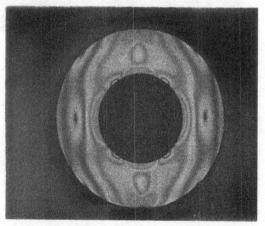

(b)

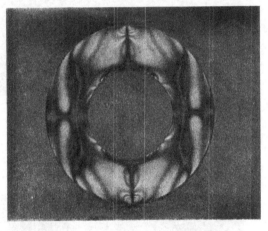

(c)

图 3.10　(a) 纯弯曲梁的等差线；　(b) 径向受压圆环的等差线；
(c) 径向受压圆环的等差线和零度等倾线

由此可帮助确定各等差线的条纹级次. 在白光下描绘等差线, 通常以红、绿交界的紫色作为整级次等差线的分界. 它相当于黄光被消光后的干涉色.

§3.4. 整数级等差线的观测

在光弹性实验中, 等差线及等倾线是最基本的两种实验数据, 必须准确地测取. 测取的方法是可以把它们拍摄在照相底片上, 再用投影仪放大描绘, 或者把它们投影在光弹仪的屏幕上直接描绘和观测.

观测等差线图首先要确定等差线的条纹级次. 根据应力连续性原则, 条纹级次也是连续变化的. 首先, 需找零级次. 在白光下对于大多数模型来说, 等差线图中皆存在某些特殊的黑点, 其条纹级次为零, 即 $n = 0$, 从零级次点或零级条纹开始, 就能按顺序数出任意点的条纹的级次.

属于 $n = 0$ 的等差线, 可能有下列三种情形.

1. 各向同性点

这是模型内部 $\sigma_1 = \sigma_2$ 的点. 其特点是围绕着各向同性点的周围的条纹, 形成封闭曲线. 图 3.6 径向受压圆环水平直径上的两个黑点就是各向同性点, 又称等应力点.

2. 零应力点

即 $\sigma_1 = \sigma_2 = 0$ 的点. 比如在模型的自由方角处 (如图 3.11 中的四个方角), 它们的两个主应力都等于零, 就是这种情形.

在有些情况下, 零级次等差线不是点而是线. 例如纯弯曲梁中性轴上的各点两主应力均为零, 形成一条零级线, 见图 3.11 的中间横线.

3. 奇点

它是出现在自由边界上的 $\sigma_1 = \sigma_2 = 0$ 的零应力. 其特点是: 周围条纹围绕着奇点, 但不形成封闭曲线; 奇点两侧的应力必定异号. 图 3.6 中的 A, B, C, D 和 E, F, G, H 各点皆为奇点.

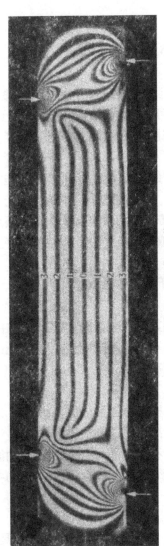

图 3.11 纯弯曲的等差线

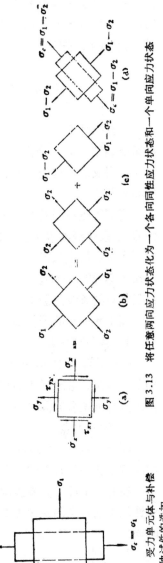

图 3.12 受力单元体与补偿
拉伸试件的迭加

图 3.13 将任意意两向应力状态化为一个各向同性应力状态和一个单向应力状态

用白光作光源时，以上三类特性点在等差线图中都呈现为明显的黑点（或黑线）．这些黑点或黑线，当外力作用方式不变，而只改变外力大小时，它们始终是黑的，并且位置也不会改变，所以是永久性黑点．在有些条纹图中，会出现一种暂时性的黑点，即条纹的发源点和隐没点．这种点随着外载荷的增加，时而变黑，时而变亮，这种点的程差 $R \ne 0$，其条纹级次不等于零．应该小心地把它们与永久性黑点区别开来．

有的模型在受载后找不到零级条纹．这时，条纹级次可利用连续加载法确定．即先观察模型内的一个标定点，载荷从零加起，一直到额定值，观察在这个过程中该点出现第几次被消光，从而判断该点的级次，再利用色序由此推出其他条纹的级次．

另外还有一种情况，就是在受力模型中既找不出零级条纹又无法使用连续加载．这时，可根据干涉色来确定程差及其条纹级次．干涉色与程差之间详细的关系图表可在有关的晶体光学书籍中找到[4]．

观测等差线时，通常我们总是先用白光作光源定出零级条纹，然后再改用单色光源拍照或描迹．在单色光下描迹，以黑色线条中光强最暗，即最黑处作为整级次条纹的依据．如果模型中的条纹级次不高，例如在 4 级以下，有时也在白光下描迹，如前所述，这时则以红、绿交界处的紫色为准．重要的等差线条纹图，最好在同一个载荷条件下，分别用暗场和明场各拍一张底片，以便得到整级次和半级次的条纹图．

§3.5. 小数级次等差线的测定

根据明、暗视场等差线图可分别测出半级次及整级次等差线．但模型上被测点的位置一般说来并不正好位于整级次或半级次条纹之上，即它们的条纹是小数级次的．为了提高测试精度，我们必须能够精确地测定小数级次．方法之一是，可在包括被测点在内的截面或边界上，根据已经得到的明、暗视场等差线图，首先绘出条纹分布曲线，再在该曲线上采用内插法或外延法来求被测点的小数级次。但是，这种方法精度较差，一般需用仪器即补偿法来测定。

补偿法大致可分为三类：第一类是人为地制造一个已知位相差，与被测点的未知位相差相抵消，从而测得该点的小数级次。这一类包括拉力试件补偿法、石英楔体补偿法、变截面拉伸及纯弯曲试件等补偿法；第二类是利用光弹性仪本身的光学设备，这一类包括检偏镜补偿法、1/4 波片补偿法等；第三类是用光度计测取光强，根据光强来计算小数级次。以下分别加以介绍。

一、拉伸试件补偿法（库克尔补偿法）

这种方法的原理如下：如果模型上某点受单向应力 σ_1 的作用，在白光作光源的偏振光下，该点将呈现一定颜色。我们在光路中的模型一侧，垂直于 σ_1 方向叠加一个用光弹材料制作的拉力试件如图 3.12。由零开始，逐渐增加试件的拉应力 σ_c 直至等于 σ_1，这时，σ_c 与 σ_1 叠加后的受力状态是一个各向同性点，该点就变成一个黑点。拉力试件上的 σ_c 是可以测出的，于是模型上对应点的应力 σ_1 便可求得。如果模型上某点为两向受力状态，如图3.13 (a)，根据第一章应力分析原理可知，图 (a)，(b)，(c) 三种受力状态是等效的。图 3.13 (c) 是一个各向同性点和一个单向应力 $\sigma_1 - \sigma_2$ 状态的叠加。显然，当在图 3.13 (c) 上垂直于 $\sigma_1 - \sigma_2$ 方向叠加一个拉力试件，并使拉应力 $\sigma_c = (\sigma_1 - \sigma_2)$ 时 [见图 3.13 (d)]，则它也成了一个各向同性点。于是该点呈现为黑点。以此为标志，$\sigma_1 - \sigma_2$ 值便可通过拉力试件的拉应力 σ_c 求出。

在图 3.14 中，(a) 为拉力试件补偿器的结构示意图；(b) 为实物照片。补偿器拉力试件的上端联着供示力用的测力环和千分表；下端联着加力螺母。它们作为一个整体在补偿器的机架上能绕水平方向自由转动角度。千分表指示的读数 M 与补偿器拉力试件的应力成比例。即与其程差 R_c 成比例。设 k 为比例常数则有

$$R_c = kM, \tag{a}$$

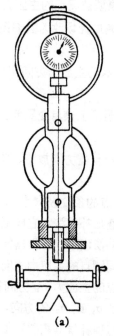

(a)   (b)

图 3.14　库克补偿器

模型被测点的程差 R_P 可以下式表示:

$$R_P = n\lambda, \tag{b}$$

式中 n 可能为整数也可能为小数.

对该点进行补偿,当消光时,必定 $R_C = R_P$ 所以

$$n\lambda = kM. \tag{c}$$

补偿前必须对补偿器进行标定,即标定补偿一级条纹时千分表的读数. 设 $n = 1$ 时、$M = K$,即

$$1\lambda = kK, \tag{d}$$

(c)除以(d) 即得

$$n = \frac{M}{K}. \tag{3.15}$$

n 即为被测点的小数条纹级次.

由上所述,可得补偿步骤如下·

1. 用白光平面偏振光场,测定模型被测点的主应力方向;

2. 放入 1/4 波片,使白光平面偏振光场改为圆偏振光场,再加入补偿器并标定其常数 K;

3. 使补偿器的拉力试件与被测点的主应力方向相平行,并使拉力试件与被测点重叠投影在幕上;

4. 给补偿器拉力试件加力,直至幕上该点变黑为止,读取千分表读数 M;

5. 如被测点不出现黑点,说明补偿器方向放错,这时应将补偿器转动 $90°$,再重新补偿;

6. 将被测点补成黑点后,则该点的条纹级次为 $n = M/K$;

拉力试件补偿法是一种位相差叠加补偿法,它能把包括整数级和小数级条纹在内的全部条纹都补偿出来. 补偿器能自由转动角度,可以很方便地适应模型上不同测点的主应力方向的改变. 因为只有当补偿器拉力试件与被测点的主应力 σ_1 方向相垂直时才能补黑,所以用这种方法还能确定 σ_1 或 σ_2 的方向,尤其用于确定边界应力符号最为方便. 使用这种补偿器需要附加两个投影透镜,以便使拉力试件与模型被测点都同时在幕上成像. 由于拉力试件本身在加力后产生蠕变,对补偿精度有一定影响,因此补偿时要考虑时间因素. 这种补偿器使用得当可精确到 1/40—1/50 条.

二、石英楔体补偿器之一(巴比涅补偿器)

石英楔体补偿器系由两块截面各为直角三角形的石英楔组成,如图 3.15(a) 所示. 两块楔体的锐角约为 $2\frac{1}{2}°$,而它们的光轴互相垂直,但都与 AB 面平行(图中,楔体 $EFGH$ 的光轴以小圆点表示;楔体 $ABCD$ 的光轴以水平线表示). $ABCD$ 楔体被固定在仪器上,另一块相对前者可以左右移动. 移动的距离可从测微螺旋鼓轮的刻度上读出. 在固定楔的中部刻有一对十字丝,其交点即为基点,用作定位. 当两块石英楔体对正,它们在基点处的

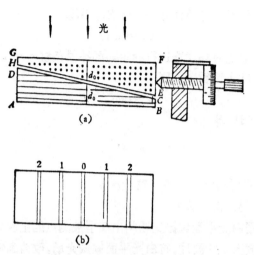

图 3.15　巴比涅补偿器结构图

厚度正好相等,此时测微螺旋的鼓轮刻度指零,这称为补偿器的中性位置. 这时如将其置于圆偏振光场中,则产生如图3.15(b)所示的条纹. 这些条纹互相平行并且等距,对应基点处的条纹为零级线,在零级线的两侧分别为1,2级线. 当一束偏振光通过补偿器,首先射入楔体 $EFGH$,便被分为光速一快一慢的两列偏振光;当它们通过楔体 $ABCD$ 时,因光轴是与前者相垂直的,故光速快慢适得其反,在基点处,两块石英楔体厚度相等,光效应为零. 如改变一块石英楔的位置,其效果等于改变石英楔的厚度,因此光通过补偿器即产生程差. 用测微螺旋移动其中一块楔体,可得一定量级的程差,用这个程差与被测点的程差相叠加,即可消光,从而达到补偿小数级次条纹的目的. 图3.16示巴比涅补偿器的外形.

　　设补偿器的程差为 R_c,R_c 与石英楔厚度成比例,也就是与测微螺旋鼓轮刻度的读数成比例,故可写为

$$R_c = wx,　　　　　　　(a)$$

式中 w 为比例常数.

　　设模型被测点的程差为

$$R_P = n\lambda.　　　　　　　(b)$$

当补偿时消光条件是 $R_C = R_P$，所以

$$n\lambda = wx. \tag{c}$$

补偿前需对补偿器进行标定，即补偿条纹 $n = 1$ 时读出补偿器鼓轮刻度盘读数 s。则

$$1\lambda = ws, \tag{d}$$

(c) 除以 (d) 得

$$n = \frac{x}{s}, \tag{3.16}$$

由(3.16)式即可计算小数条纹级次 n。

由此得补偿步骤如下：

1. 用白光平面偏振光场测出模型被测点的主应力方向；

2. 放入 1/4 波片，将白光平面偏振光场，改为圆偏振光场，再加入补偿器并标定其常数 s；

3. 使补偿器的基点或零线与被测点相重，并投影在幕上，同时转动补偿器使十字丝与主应力方向相重合；

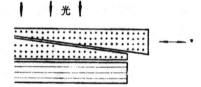

图 3.17 巴比涅-索利尔补偿器

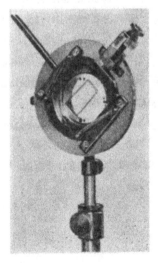

图 3.16 巴比涅补偿器

图 3.18 检偏镜补偿法

4. 转动测微螺旋,使测点变黑,得读数 x,计算条纹级次 $n = \frac{x}{s}$. 如补偿时测点不能变黑,说明补偿器方向不对,应使十字丝转动 90° 再重新补偿. 这种补偿器也可用来具体确定 σ_1 或 σ_2 的方向以及边界应力的正负号,如使用得当其精度可达 1/100 条.

三、石英楔体补偿器之二(巴比涅-索利尔补偿器)

巴比涅补偿器产生的是平行条纹,为了得到均匀光场,可利用巴比涅-索利尔补偿器. 这种补偿器是使两块石英楔体的光轴不呈正交而呈平行,另外,附加了一个厚度均匀的石英晶片,其光轴与两石英楔体的光轴垂直. 如图 3.17 所示. 这样,当上半块石英楔体移动时,相当于整个石英体改变厚度,由此产生的程差各处都相同. 因此不再出现补偿器自身产生的干涉条纹. 使用这种补偿器补偿时,有如拉力补偿器,可以看到均匀变化的明暗光场. 补偿方法和步骤同上节所述. 这种补偿器的精度也可达 1/100 条.

四、检偏镜补偿法之一(塔迪补偿法)

这是一种利用光弹仪本身光学元件的补偿方法. 不需另加设备,方法简便,并有足够的精度. 其补偿方法及步骤如下:

1. 在白光平面偏振光场下,定出被测点的主应力方向;

2. 改用双交叉式圆偏振光暗场(如等差线级次高,采用单色光源). 转动整个镜片系统(包括起偏镜、两个 1/4 波片及检偏镜),直至起偏镜与检偏镜的偏振轴分别与该点的主应力方向相重合;

3. 当将检偏镜转动某一角度时,可使相邻的等差线移至测点 A,见图 3.18. 若检偏镜转过 θ 角度,n 级等差线移至测点 A,则 A 点的总条纹级次为

$$n_A = n + \frac{\theta°}{180°}, \tag{3.17a}$$

若检偏镜向相反方向转动,必定 $(n+1)$ 的高级次条纹移至 A 点,

设此时转角为 θ'，则 A 点的总条纹级次为

$$n_A = (n+1) - \frac{\theta'^\circ}{180^\circ}, \qquad (3.17b)$$

由式（3.17a）及（3.17b）可知，$\theta'^\circ = 180^\circ - \theta^\circ$.

例如，在图 3.18 中，设 $n = 3$ 级，$n+1 = 4$ 级，当检偏镜转动 36° 时，n 级条纹移至 A 点，则 A 点的条纹级次为

$$n_A = 3 + \frac{36^\circ}{180^\circ} = 3.2 \text{ 级}.$$

如检偏镜反转，则 $(n+1)$ 级条纹向 A 点移动，转动 144° 后与 A 点相重，则

$$n_A = 4 - \frac{144^\circ}{180^\circ} = 3.2 \text{ 级}.$$

由此可见，转动检偏镜时需注意条纹的移动方向. 如低级次向测点移动，用式（3.17a）式计算；如高级次向测点移动用式（3.17b）计算.

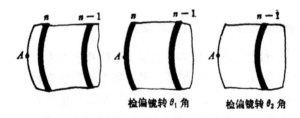

图 3.19　边界点补偿法

如果被补偿点 A 位于模型的边界上，如图 3.19，由于条纹有一定宽度，补偿时不易看准，可采用二次读数法. 首先旋转检偏镜，当 n 级条纹刚与边界 A 点接触时读取一个补偿读数 θ_1，然后继续旋转检偏镜直至 n 级条纹正好全部离开 A 点时再读取一个补偿读数 θ_2，则 A 点的条纹级次为

$$n_A = n + \frac{\theta_1 + \theta_2}{360}. \qquad (3.18)$$

塔迪补偿法的原理可证明如下：在 §3.3 中，令 $\beta = 45^\circ$，就

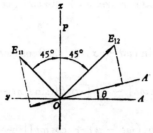

图 3.20 塔迪补偿法镜片位置

是说,使测点的主应力方向与偏振片的偏振轴相平行(图 3.20),则由第二块 1/4 波片射出的两个振动分量为

$$E_{11} = b\cos 45° \cos(45° + \omega t - \alpha) + b\sin 45° \sin(45° + \omega t)$$

$$= \frac{b}{\sqrt{2}} \left\{ \frac{1}{\sqrt{2}} \left[\cos(\omega t - \alpha) - \sin(\omega t - \alpha) \right] \right.$$

$$\left. + \frac{1}{\sqrt{2}} (\cos \omega t + \sin \omega t) \right\} = \frac{b}{2} \left[\cos(\omega t - \alpha) \right.$$

$$\left. - \sin(\omega t - \alpha) + \cos \omega t + \sin \omega t \right],$$

$$E_{12} = b\sin 45° \sin(45° + \omega t - \alpha) + b\cos 45° \cos(45° + \omega t)$$

$$= \frac{b}{\sqrt{2}} \left\{ \frac{1}{\sqrt{2}} \left[\cos(\omega t - \alpha) + \sin(\omega t - \alpha) \right] \right.$$

$$\left. + \frac{1}{\sqrt{2}} (\cos \omega t - \sin \omega t) \right\} = \frac{b}{2} \left[\cos(\omega t - \alpha) \right.$$

$$\left. + \sin(\omega t - \alpha) + \cos \omega t - \sin \omega t \right].$$

设将检偏镜 A 从其原始的正交位置转一角度 θ,则 E_{11}, E_{12} 通过 A 后的合成光波为

$$E_A = E_{12}\cos(45° - \theta) - E_{11}\cos(45° + \theta)$$

$$= E_{12} \left[\frac{1}{\sqrt{2}} (\cos\theta + \sin\theta) \right] - E_{11} \left[\frac{1}{\sqrt{2}} (\cos\theta - \sin\theta) \right]$$

$$= \frac{b}{2\sqrt{2}} \left[\cos(\omega t - \alpha) + \sin(\omega t - \alpha) + \cos \omega t \right.$$

$$\left. - \sin \omega t \right](\cos\theta + \sin\theta) - \frac{b}{2\sqrt{2}} \left[\cos(\omega t - \alpha) \right.$$

$$- \sin(\omega t - \alpha) + \cos \omega t + \sin \omega t](\cos \theta - \sin \theta),$$

化简后得

$$E_A = \frac{a}{2} [\cos \theta \sin(\omega t - \alpha) + \sin \theta \cos(\omega t - \alpha) + \sin \theta \cos \omega t$$

$$- \cos \theta \sin \omega t] = \frac{a}{2} \{\cos \theta [\sin(\omega t - \alpha) - \sin \omega t]$$

$$+ \sin \theta [\cos(\omega t - \alpha) + \cos \omega t]\} = \frac{a}{2} \left[2\cos \theta \cos \left(\omega t \right. \right.$$

$$\left. - \frac{\alpha}{2} \right) \sin \left(-\frac{\alpha}{2} \right) + 2\sin \theta \cos \left(\omega t - \frac{\alpha}{2} \right) \cos \left(-\frac{\alpha}{2} \right) \right]$$

$$= a \left[- \cos \theta \sin \frac{\alpha}{2} \cos \left(\omega t - \frac{\alpha}{2} \right) + \sin \theta \cos \frac{\alpha}{2} \cos \left(\omega t \right. \right.$$

$$\left. \left. - \frac{\alpha}{2} \right) \right] = a \left[\sin \theta \cos \frac{\alpha}{2} - \cos \theta \sin \frac{\alpha}{2} \right] \cos \left(\omega t - \frac{\alpha}{2} \right)$$

$$= a \sin \left(\theta - \frac{\alpha}{2} \right) \cos \left(\omega t - \frac{\alpha}{2} \right). \tag{3.19}$$

这个平面偏振光的振幅为 $a \sin \left(\theta - \frac{\alpha}{2} \right)$, 光强为

$$I = K \left[a \sin \left(\theta - \frac{\alpha}{2} \right) \right]^2, \tag{3.20}$$

当 $\sin \left(\theta - \frac{\alpha}{2} \right) = 0$ 时,该点被消光,式中的 α 包括整数条纹级次 n 及小数条纹级次. 设

$$\alpha = 2\pi n + \Delta \alpha, \tag{3.21}$$

故消光条件应为

$$\sin \left(\theta - n\pi - \frac{1}{2} \Delta \alpha \right) = 0,$$

即

$$\theta = \frac{1}{2} \Delta \alpha, \tag{3.22}$$

将(3.22)式代入(3.21)式得

$$\alpha = 2\pi n + 2\theta,$$

上式各项以 2π 除之即得被测点的总条纹级次 n_A 为

$$n_A = n + \frac{\theta^\circ}{180^\circ}.$$

这就是公式 (3.17a)，以 $\theta'^\circ = 180^\circ - \theta^\circ$ 代入上式即得公式 (3.17b).

根据塔迪补偿原理，可以利用旋转检偏镜方法来判断被测点的主应力 σ_1 或 σ_2 的方向. 在起偏镜、检偏镜偏振轴和两个 1/4 波片快、慢轴的相对位置固定的条件下，我们首先用一个主应力 σ_1, σ_2 方向为已知的标定试件(例如铅垂方向对径受压的圆盘)放入光场加以标定. 如果检偏镜向某一方向，例如逆时针方向旋转时，标定试件圆盘内较低(或较高)级次条纹向圆盘中心点移动，这时，检偏镜的旋转方向以及条纹向圆盘中心点的移动方向是与圆盘中心点的应力状态互相对应的. 那么，以此为对比，当补偿模型某点的条纹时，如果检偏镜的旋转方向以及条纹的移动方向与上述一致，则该点的 σ_1, σ_2 方向必与上述圆盘中心点的 σ_1, σ_2 方向一致.

五、检偏镜补偿法之二（森纳蒙特补偿法）

第一种检偏镜补偿法是最常用的. 因为它不需要增加任何设备. 在一般光弹仪上就可以补偿. 第二种检偏镜补偿法也不要求增加设备，同时只用一个1/4波片，其补偿方法及步骤如下：

1. 在平面偏振光场中定出被测点的主应力方向；

2. 旋转起偏镜及检偏镜，使两偏振轴保持正交并与主应力方向成 45° 角；

3. 将靠近检偏镜的一块 1/4 波片置入光路，并使其快、慢轴与偏振轴平行；靠近起偏镜的 1/4 波片并不放入.

4. 如同上法，转动检偏镜进行补偿，利用公式 (3.17a) 或 (3.17b) 计算被测点的条纹级次.

以上两种检偏镜补偿法其精度可达 1/100 级，但具体补偿时对条纹的辨别力因人而异，故存在观测误差. 比如三个人分别补偿某一测点,每人测十二次,最后其平均值相差可达 2%,可以说实际补偿误差约为 2%. 但如用光度计代替人眼补偿其精度可提高 5 倍.

补偿时首先需测出被测点的主应力方向,由于等倾线有时较宽或者比较弥散,不易测准,也会带来误差. 但可以证明此误差不占主导地位[5]. 例如,偏振镜的偏振轴偏离应力主轴 5°,所测取的条纹误差将不大于 2%,而且条纹级次越小,主应力方向偏离的影响也越小.

一般 1/4 波片只适用于某一种光的波长. 改变光源,波长也相应改变. 但是只要两块 1/4 波片完全相同,则改变光源,等差线条纹图形并不改变. 如果两块 1/4 波片不等,则将引起误差. 在这一情况下,检偏镜补偿法之二比方法之一为优,因方法之二比方法之一引起的误差为小.

六、光度计补偿法

用光度计补偿条纹可避免人为因素,精度较高,而且可测动应力,一次操作可同时测出一点的主应力方向及主应力差值.

光度计由两部分组成. 其一为转换部分,一般用光敏电池或光电倍增管组成转换器,把光强度变为电信号;另一部分为信号指示器,用电流电位计或数字电压表显示信号,如图 3.21.

补偿方法有两种:第一种是用光度计测黑度[6],把被测点投影到光度计的测孔上,用拉力补偿法或检偏镜补偿法使该点变暗,其明暗程度用光度

图 3.21 光度计

计的指示器指示. 指出最暗的时候, 记录补偿数. 第二种是用光度计测光的强度[7], 由光强可直接测取位相差及主应力方向.

在平面偏振光场下, 如两偏振轴正交(即暗场), 由(3.7)式可知光强

$$I = I_0 \sin^2 2\theta \sin^2 \frac{\alpha}{2}, \tag{a}$$

如两偏振轴平行(明场), 依同法可以推得相应的光强为

$$I = I_0 \left(1 - \sin^2 2\theta \sin^2 \frac{\alpha}{2} \right). \tag{b}$$

当 $\theta = 45°$ 时(即主应力方向与偏振轴成 45° 角), 由(a),(b)两式可以看出: 暗场下光强为最大; 明场下光强为最小. 设用 I_1, I_2 分别表示以上两种情况下的光强度, 则有

$$I_1 = I_0 \sin^2 \frac{\alpha}{2} = I_0 \frac{1}{2} (1 - \cos \alpha), \tag{c}$$

$$I_2 = I_0 \cos^2 \frac{\alpha}{2} = I_0 \frac{1}{2} (1 + \cos \alpha), \tag{d}$$

解式 (c), (d) 得

$$\cos \alpha = \frac{I_2 - I_1}{I_1 + I_2}. \tag{3.23}$$

测出 I_1 及 I_2 即可计算位相差 α.

补偿步骤如下:

1. 用平面偏振光场使测点在幕上成象; 或用显微望远镜观测调准测点焦距.

2. 使光电转换器的测孔对准已成象的测点或取下显微望远镜装上光电转换器.

3. 同步转动偏振镜及检偏镜直到光最强时记录 I_1;

4. 将检偏镜单独转动 90° 测得 I_2.

5. 用式(3.23)计算位相差 α; 这时与偏振轴成 45° 的方向即为该测点的主应力方向.

如用圆偏振光场, 从式(3.12)及(3.14)可知

暗场下 $\qquad I = I_1 = I_0 \sin^2 \dfrac{\alpha}{2},$ (e)

明场下 $\qquad I = I_2 = I_0 \cos^2 \dfrac{\alpha}{2}.$ (f)

解 (e), (f), 可得与式(3.23)相同的公式

$$\cos \alpha = \frac{I_2 - I_1}{I_1 + I_2},$$

式中 I_1, I_2 分别代表暗场及明场下的光强.

　　用圆偏振光时测量步骤更为简便. 首先使光电转换器的测孔对准测点,分别在暗场及明场下读出光强 I_1 及 I_2,即可求出 α. 不过,用这种方法测不出主应力方向.

§3.6. 等倾线的观测

一、等倾线的测定方法

　　等倾线图是在用白光作光源的正交平面偏振光场下测定的. 拍摄或描绘等倾线时,一般我们均以检偏镜的偏振轴位于水平位置,起偏镜的偏振轴位于铅垂位置作为零度起始位置.这时模型上出现的是 0° 等倾线. 以后,由检偏镜视向起偏镜,按反时针方向同步旋转检偏镜及起偏镜,按每转 5° 或 10° 的间隔记录下对应的等倾线,并随时注明其参数.比如,采用 5° 间隔时等倾线依次的参数为 0°,10°,20°,······,85°,等于或大于 90° 的等倾线分别与 0°, 10°, 20°,······重合,所以不必重复. 图 3.22 左半部为扁环受铅垂集中载荷的等倾线; 图 3.23 左半部为径向受压圆环的等倾线.

　　使用光度计测等倾线比用目测准确. 有两种方法: 第一种方法是先把被测点投影到光度计的测孔上,然后同步转动平面偏振光场,光度计指示为最暗时,记下偏振镜的转角,即为主应力方向. 如此逐点测量即可得等倾线参数. 第二种方法是将成正交的起偏镜与检偏镜固定在某一角度,此时,光度计屏幕上即呈现一条或几条相应参数的等倾线,然后移动试件,屏幕上的等倾线也随着移

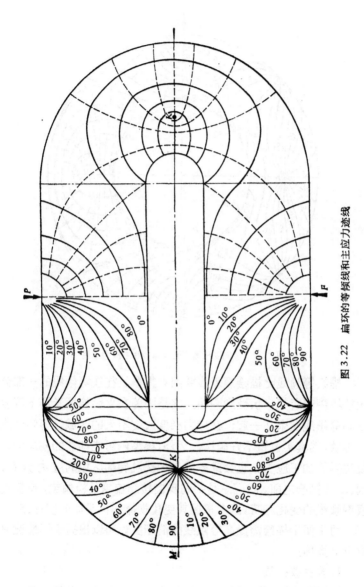

图 3.22 扁环的等倾线和主应力迹线

动,过光度计测孔时的最暗点,即为该参数等倾线上的一点.

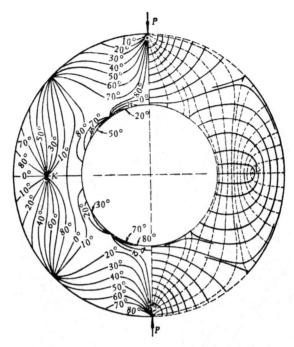

图 3.23 径向受压圆环的等倾线和主应力迹线

描绘等倾线比描绘等差线要困难得多,往往等倾线的一部分比较模糊或者其形状受到歪曲.这是因为在平面偏振光场下等差线与等倾线混杂在一起;在应力梯度改变不大的区域,等倾线比较弥散,其真实位置不好确认;另外,模型内可能存在的初应力以及边界的加工应力,也会或多或少地扰乱局部区域的应力分布.因此,在描绘之前,我们总是要同步旋转起偏镜及检偏镜,反复观察等倾线的变化趋势,基本掌握其变化规律后再具体分度描迹.

为了便于描绘需提高等倾线的清晰度,可以根据不同情况采取以下措施:

1.改变载荷法

等倾线决定于正交的起偏镜与检偏镜偏振轴转动的位置,与外载荷大小无关．这样，当外载荷的数值改变时，等差线虽有变化，但等倾线的位置不变．在白光下，浅色（例如橙色）背景上呈现的等倾线较之深色（例如红色或绿色）背景更为明显．这就告诉我们可以通过改变载荷大小的办法来获得较为清晰的等倾线图案．

2. 加小载荷法

有的材料，比如 CR-39（哥仑比亚树脂），透明度好，但材料条纹值较高，加小载荷（例如加正常载荷的5%）即可得到清晰的等倾线，而等差线很少．

3. 用不灵敏材料制作模型

一般用有机玻璃材料再制作一个模型，加以适当的载荷，专门用以测取等倾线．这种材料加载后对等差线不灵敏，从而可以得到清晰的等倾线．

如欲得到精确的等倾线，光弹仪必须具有能使起偏镜和检偏镜同步转动的设备；为了避免人为的观测误差使用光度计更为有效．

二、等倾线的特征

1. 自由边界上的等倾线

不受切向和法向载荷作用的边界称为自由边界．在自由边界上的各点，切应力为零，该边界即为主平面之一；仅有一个主应力的方向与边界相切．所以自由边界上各点的切线或法线方向即为该点的主应力方向．由此可以推知下列几种情况下等倾线的特征．

(1) 对于自由曲线边界

与自由曲线边界相交的等倾线，其等倾线参数即为交点处边界切线或法线的倾角，如图 3.24 所示的径向受压圆盘，$10°$ 和 $20°$ 的等倾线与边界交于点 A 和点 B，该两点的法线分别与水平线成 $10°$ 及 $20°$。

(2) 对于自由直线边界

自由直线边界本身即为等倾线，其等倾线参数就是该边界本身或其法线的倾角;当两自由直线边界交成直角时,它们都是参数相同的等倾线. 见图 3.25 所示的对角受压方板.

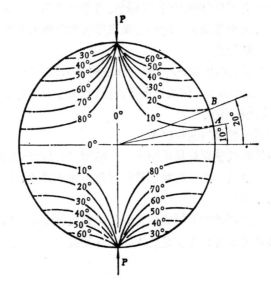

图 3.24　径向受压圆盘的等倾线

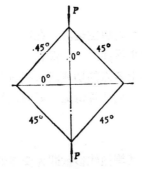

图 3.25　自由直边界的等倾线

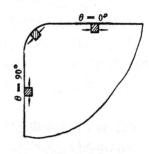

图 3.26　自由角边界的等倾线

（3）对于自由角边界

如图 3.26 所示,两自由直边界互相垂直,以小圆弧过渡. 此角边界放大来看实际上也是曲边界,在该角处,将有 0°—90° 的等倾线汇集. 对于其它角边界的等倾线同样也可以推知.

上述规律对于边界只受有法向分布载荷的情形同样可以运用.

2. 集中力处的等倾线

如果直线边界受集中力作用,见图3.27,根据弹性力学分析,集中力作用点的周围各点,只有径向主应力 σ_r 作用. 所以自集中力作用点 O 所作的每一条辐射线都是等倾线.由图中可以看出,主应力方向从 0° 到 90° 均可绘出. 同理,在折角处受集中力(见图3.28),在集中力作用点周围各点的应力状态也只存在径向应力σ_r,主方向从一侧边界的方向变至另一侧边界方向,其他汇集的等倾线均可测出.

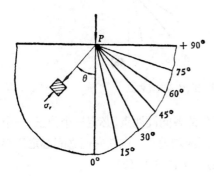

图3.27 直边界受集中力时的等倾线   图3.28 折角受集中力时的等倾线

3. 在模型内部的等倾线

(1) 对于对称轴

当模型的几何形状和载荷都以模型内部某个轴线为对称轴时,由于对称轴上各点无剪应力,故对称轴本身就是等倾线. 如对称轴处于铅垂或水平位置,其等倾线参数必为 0° 或 90°,该轴两侧的等倾线图形对称,而对称的两等倾线其参数之和必为 90°. 见图 3.23,3.24.

(2) 对于各向同性点

各向同性点处 $\sigma_x = \sigma_y = \sigma_0$,$\tau_{xy} = 0$,如图 1.18 所示,其应力圆为一点圆. 这就是说在各向同性点上,任一方向都是主应力方向，因此，如果在模型内部有各向同性点，则各种不同参数的等倾线都通过它，如图 3.22 及 3.23 中的 K 点.

对于某各向同性点，如果通过它的等倾线参数是向逆时针方向增加的，称之为正各向同性点，见图 3.29 (a)；反之，如向顺时针方向增加的，称之为负各向同性点见图 3.29 (b).

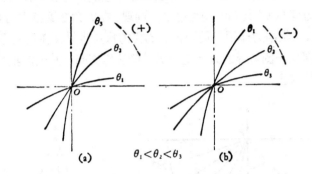

$$\theta_1 < \theta_2 < \theta_3$$

图 3.29　正、负各向同性点

在模型中如存在两个相邻的各向同性点，必定一个为正，一个为负，见图 3.30 (a)；若均为正或均为负，则在它们之间必定还存在另一个反方向的各向同性点，见图 3.30 (b).

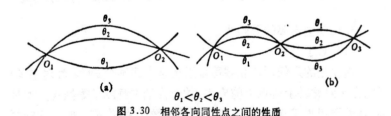

$$\theta_1 < \theta_2 < \theta_3$$

图 3.30　相邻各向同性点之间的性质

4. 相邻两等倾线的参数必是连续的；除各向同性点、集中力作用点以及自由方角外，等倾线不能相交.

了解了上述有关等倾线特性后，可以帮助我们确定模糊的等倾线的位置，或发现描绘中的错误.

§3.7. 主应力迹线

一、主应力迹线及其绘制

主应力迹线就是代表主应力方向的曲线族. 在这种曲线上，每一点的切线方向与法线方向即为该点两个主应力的方向. 所以，主应力迹线图总是由两族所组成. 表示 σ_1 的方向的，常画成实线；表示 σ_2 方向的，常画成虚线. 图 3.22 右半部为扁环受集中载荷的主应力迹线，图 3.23 右半部为径向受压圆环的主应力迹线.

有了等倾线图，通过作图法就能将主应力迹线描绘出来. 现介绍一种最常用的作图法.

设已知 $\theta = 15°$, $30°$, $45°$, $60°$, $\cdots$ 等不同参数的等倾线. 见图 3.31，要求绘制通过任一点 P 的主应力迹线. 方法是先画一水平基准线 Ox，为了描制等倾线,在每一条等倾线上，根据其参数和趋势划上一些短平行线，然后从 P 点开始徒手或用曲线板光滑地联结这些短线使其与各不同参数的短线相切，则此切线即为通过 P 点的主应力迹线之一. 一族主应力迹线求得后，则另一族可根据正交关系作出。

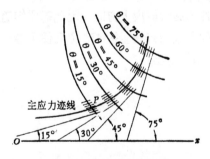

图 3.31 主应力迹线的画法

二、主应力迹线的特征

1. 两族主应力迹线必呈正交；

2. 无各向同性点的自由边界或对称轴，其本身就是一族主应力迹线；

3. 在正各向同性点上，两族正交的主应力迹线必是闭合的，并将各向同性点包在其中，如图 3.32；在负各向同性点上，两族正交的主应力迹线是不闭合的，见图 3.33。

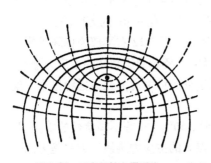 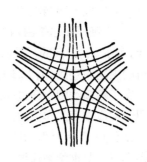

图 3.32　正向同性点周围的　　　　　图 3.33　负各向同性点周围的
　　　　　主应力迹线　　　　　　　　　　　　主应力迹线

三、主应力迹线的应用

在土木建筑工程中，钢筋混凝土构件的布筋方向应考虑构件的主应力方向，主应力迹线是布筋方向的依据；在金属锻压方面，常常要了解锻件的最大剪应力方向，因此需要知道最大剪应力迹线，利用求得的主应力迹线，按 45° 方向便可绘出最大剪应力迹线，或直接由等倾线绘出。

第四章 模型浇铸、加工及材料性质

§4.1. 概 述

用光弹性法研究构件的应力一般是在模型上进行的．模型用光弹性材料制成，材料的性能和质量将直接影响实验的进行及其结果，因此对一个光测工作者来说，掌握模型材料的制造及其性能的测定是十分重要的．

理想的光弹性模型材料的力学和光学性质应满足下列要求：

1. 高透明度,本身无色泽．
2. 高光学灵敏度．
3. 足够高的弹性模量和力学、光学比例极限．
4. 初应力及边缘时间效应极小．
5. 力学及光学蠕变要小．
6. 均质及各向同性．
7. 易于机械加工,加工应力甚小．
8. 既能制成用于平面模型的平板材料又能浇铸成立体模型．
9. 价格低廉．

此外，使用于冻结法及散光法中的材料尚应具有良好的冻结性能和散光性能．

光弹性法的应用与发展始终与模型材料的改进密切相关．虽然光弹性效应在 1816 年就被发现，但光弹性法被广泛地应用于解决工程实际问题还是本世纪三十年代的事，其主要原因是缺乏合适的模型材料．在早期的研究中使用玻璃、赛璐珞，以后陆续使用各种树脂材料．按树脂类型分有酚醛树脂（例如 Catalin-800,ИМ-44），丙苯树脂（例如 Bakelite BT.61-893,《Глифтамал》），丙烯树脂（例如 CR-39, Kriston），聚脂树脂（例如不饱和的 VP1527,

Marco 树脂），苯乙烯醇酸树脂（例如 Fosterite，михм-имаш）等．这些材料都各有优缺点． Bakelite BT. 61-893，及 CR-39 是较好的平面模型材料． Bakelite BT. 61-893 无色透明，有足够的强度，不太脆，易于加工，光学灵敏度较高，但时间边缘效应较大，并随温度升高而增大，故不宜冻结应力．此外，其固化时间长，所以价格昂贵．CR-39 是一种均匀、无色、透明如玻璃的平面材料．光学灵敏度与 Bakelite 相近，但蠕变大，性脆，时间边缘效应比较小．它是在压力下制成的，沿板厚有显著的初应力，由于这种应力即使退火也不能消除，因此仅可作为法向照射用的平面材料． Fosterite 及 михм-имаш 是供按冻结法研究用的材料，在冻结温度下，它们的时间边缘效应很小．михм-имаш 的光学灵敏度比 Fosterite 高，但弹性模量比 Fosterite 低．

1951年以来，出现了以环氧树脂为基的各种新型光弹性材料，这标志着在光弹性材料的发展上进入了一个新的时期．这种材料可以浇铸成平板及立体模型，能冻结应力．在室温及冻结温度下，具有高的光学灵敏度，较高的比例极限，蠕变小，时间边缘效应也很小．通过改变固化剂的含量及固化温度，可以得到具有不同弹性模量的材料．另外，它易于加工，同时可以粘结．由于这一系列优点，环氧树脂成为目前光弹性应力分析中最主要的模型材料，它被广泛地应用于平面、三向、常温、冻结、散光及贴片试验中．本章将重点介绍环氧树脂模型的浇铸、加工及材料性质．

明胶具有很高的光学灵敏度，比 Bakelite BT. 61-693 约高 600 倍．由于它的弹性模量低，刚性小，故不宜承受外加的载荷．但是，它完全可以借助于自身重量产生应力状态，而获得明显的光学效应．因此用它作为研究由于自重引起应力的材料．

§4.2. 制造环氧树脂模型的原材料

一、环氧树脂

凡含有环氧基团的高分子聚合物统称环氧树脂．根据浓缩程度不同,环氧树脂的颜色和粘度都有所区别. 分子量不同,其用途也不同. 光弹性材料常用的环氧树脂牌号为#618,#6101,#634. 三种环氧树脂的指标见表4.1. 其中以#618颜色最浅,流动性最好,但价格较贵.

表4.1 三种环氧树脂的质量指标

产品编号	燃化部统一型号、命名	参考牌号(国外产品)	出 厂 规 格					
			软化点(℃)	环氧值(当量/100克)	有机氯值(当量/100克)	无机氯值(当量/100克)	挥发分(10℃,3小时)	粘度(厘泊)
#618	E-51	эд-5(苏)EPON828(美)	液态	0.48—0.54	≤0.02	≤0.001	≤2	≤2500
#6101	E-44	эд-6(苏)EPON834(美)	12—20	0.41—0.47	≤0.02	≤0.001	≤1	稍高
#634	E-42	эд-6(苏)EPON834(美)	21—27	0.38—0.45	≤0.02	≤0.001	≤1	更高

二、固化剂

固化剂的作用是使环氧树脂由线型高聚物固化成为立体网状结构. 光弹性环氧树脂材料的固化剂分为室温固化剂与高温固化剂两种. 常用的室温固化剂是胺类硬化剂,如乙二胺;高温固化剂常使用有机酸酐硬化剂,如顺丁烯二酸酐和苯二甲酸酐. 乙二胺在室温下是无色、透明液体,有刺激性. 由于它与环氧树脂固化反应时放热量大,易产生较大的初应力,所以除制造光弹性贴片材料、薄片材料和粘接材料以外,一般都选用高温固化剂. 由于使用苯二甲酸酐作为固化剂时,环氧树脂材料的制备工艺复杂,所以常使用顺丁烯二酸酐. 它是一种白色结晶体,具有刺激性,能升华,易吸潮. 其含量、熔点及杂质见表4.2.

三、增塑剂

单纯添加固化剂固化了的环氧树脂材料,性质较脆,给机械加工带来麻烦. 为了提高其塑性,通常再添加一定量的增塑剂,邻苯二甲酸二丁脂是良好的增塑剂. 这是一种无色、透明液体,不溶于水,化学纯的含量在 99.5%,挥发分在 0.3%以下. 添加增塑剂还可以起到稀释环氧树脂的作用.

表4.2　顺丁烯二酸酐的质量指标

纯　度	含　量	熔点(℃)	杂		质	
			水不溶物	灼烧残渣	氧化物	合　计
分析纯	99.5%以上	52—53	0.005%	0.005%	0.05%	0.06%
化学二级	99.5%	52—53	0.005%	0.005%	0.05%	0.06%
化学三级	98.5%以上	51—53	0.01%	0.01%	0.2%	0.22%

四、原料配比

通过实验知道,固化剂用量对材料在室温下的弹性模量 E 没有显著的影响,但是,材料室温下的条纹值 f 随着固化剂用量增加而降低. 材料冻结弹性模量 E 和条纹值 f 随固化剂用量的增加开始时是增大,后来又减小. 材料的时间边缘效应随固化剂用量的增加而增大. 如果固化剂用量不够,则材料固化不完全,性能发生恶化,同时又不稳定. 因此,选择合适的固化剂用量是很重要的. 根据高分子化学反应原理,100 克环氧树脂中顺丁烯二酸酐的适宜用量按下式计算:

顺丁烯二酸酐用量＝环氧树脂的环氧值×顺丁烯二酸酐的分子量× k,

式中,环氧值是表示 100 克环氧树脂中所含有的环氧基的克当量数,其数值见表4.1. 顺丁烯二酸酐的分子量约为 98, k 是根据经验确定的常数,一般取 $k = 0.75$—0.85. 于是,对于 100 克的 #618, #6101, #634 环氧树脂,按上式计算出的顺丁烯二酸酐的适宜用量相应为 35.2—45 克, 30.2—39.1 克, 27.9—37.5克.

在 100 克树脂中增塑剂邻苯二甲酸二丁脂的常用量为 5—10克.

鉴于下述原因,有时可考虑不使用增塑剂邻苯二甲酸二丁脂.

（1）邻苯二甲酸二丁脂虽能与环氧基反应，但主要起外塑化作用，即填充在环氧树脂的立体网格间，增加了大分子的柔顺程度，改进了材料的脆性．因它不参与环氧树脂的固化反应，根据化学热力学理论，它将会从材料中缓慢地挥发出来，从而引起材料性质的不均匀，并增加了材料的时间边缘效应．

（2）邻苯二甲酸二丁脂的比重较轻，与环氧树脂混合时会飘浮在混合液的表面上，搅拌不均时，将在固化的环氧树脂中产生亮状"云雾"．

在不加增塑剂的情况下，可以通过改变固化温度的方法来提高材料的塑性．

环氧树脂混合液的固化时间是相当长的，为了缩短固化时间，在上述用量中可以加入0.1克的催化剂——二甲基苯胺，这一用量可以使混合液的胶凝时间缩短两天左右．混合液加入二甲基苯胺后色泽变成暗红，但固化后将会变淡．

在实践中，也常采用改变固化剂和增塑剂用量的办法，获得不同弹性模量 E 的材料．

§4.3. 制造模型的模具

一、制造平板材料用的玻璃模具

制平板材料的模具可用玻璃板、磨光的钢板或铝板制成，一般常用玻璃板模具，见图 4.1．制造尺寸为 $300 \times 300 \times (6—8)$ 毫米的平板材料常用5—7毫米厚的玻璃，要求玻璃表面光整，在光照下检查表面无水纹．模具两侧边和底边所用的玻璃隔条的厚度等于平板材料所需的厚度．为防止树脂混合液渗漏，用套有铅丝的橡皮管衬在玻璃隔条内侧，橡皮管的直径应比隔条的厚度稍大，铅丝起定位作用．整个模具用螺钉压板（压板与玻璃间衬以纸垫或薄橡皮装配压紧）．

制造模具的步骤如下：

1. 玻璃平板与隔条的油污要用汽油、肥皂水清洗，最后用丙酮擦净.

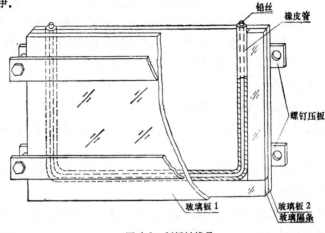

图 4.1　制板材模具

2. 在玻璃表面和橡皮管表面浸涂脱模剂. 其作用是将玻璃表面、橡皮管表面与树脂隔开, 防止粘接. 常用的脱模剂为甲苯:聚苯乙烯 = 100:5—8 (重量比). 浸涂脱模剂的一种方法是将洁净的脱模剂盛在比玻璃平板尺寸稍大的扁形容器中, 再将玻璃平板整个浸没其中, 然后慢慢地提出, 立放在室温下使其风干. 第一遍风干后, 再涂第二遍. 橡皮管涂一遍即可.

3. 待玻璃平板上的第二遍脱模剂风干后, 将模具进行装配. 这时, 应注意调节各压板螺丝使其松紧程度均匀一致, 以保证浇铸出的平板材料厚度均匀.

使用上述脱模剂制出的平板材料表面光洁平整. 但脱模剂的稠度要适当, 涂膜不能太薄也不能太厚. 干燥要适当. 切忌在高温下烘烤, 否则脱模剂开裂, 将产生材料与玻璃粘接现象. 另外脱模剂的表面要防止粘上尘土.

使用室温硫化硅橡胶代替聚苯乙烯-甲苯脱模剂. 其涂膜工艺比较简单, 但制成的平板材料表面光洁度稍差.

二、制造简单立体模型用的白铁皮模具

对于形状简单的模型, 其模具可用白铁皮(厚度为 0.3—0.7 毫

米)锡焊制成．应在模具各边留有 5—8 毫米左右的机加工余量．若模型有内腔，模具的内芯必须用弹性较大的材料制成．这样，可防止环氧树脂固化时由于收缩产生较大的初应力，甚至由此造成模型的开裂．图 4.2 (a) 所示的模型由于内芯刚度大，环氧树脂固化收缩时造成了裂纹；图 4-2(b) 改用弹性内芯后，模型不再出现裂纹，而且由于内芯具有弹性，初应力大为减小．制造弹性内芯的方法是，可以在白铁皮内芯的表面上敷以一层薄海绵橡皮或室温硫化硅橡胶，也可以使用草板纸代替白铁皮做内芯，然后，在内芯外表面再蒙上塑料薄膜防漏，这种方法工艺简单，价格便宜，效果也较好．白铁皮模具的脱模剂通常使用甲苯：聚苯乙烯 ＝ 100:8—10 溶液．

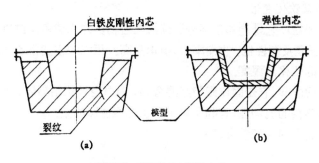

图 4.2　刚性内芯与弹性内芯

三、制造复杂立体模型用的模具

1. 蜡模模具

有的零件形状比较复杂，还有内腔，甚至无法用机械加工方法制造模型．另外，还嫌用白铁皮做的模具刚度偏大、易产生铸造应力．因此，近年来广泛使用蜡模模具．用这种模具浇铸成的模型，其尺寸精度一般可在 1.5—2.0％以内，不必再进行机械加工．

下面介绍蜡模的压制方法．这和金属翻砂制造砂型时的方法基本相似．

（1）压制蜡模的工具

压制蜡模的工具包括木模或金属模、压蜡箱、蜡枪及压蜡机等.

一般使用木质阳模,它易于制型,价廉. 木材最好用质地密致的柚木,阳模表面应涂以漆片或清漆以增加表面光洁度.

设计压蜡模箱有如下要求: 压注口布置合理,保证使各处都能压满蜡料;排气口布置合理,便于空气排出,不形成死角;分型面选择合理,易于脱模;便于定位、摒模和装拆;承压后没有大的变形;

(2) 模料及其配制

常用的蜡模材料为:

石蜡,它是石蜡基石油的加工产品,为白色或淡黄色结晶体,其熔点随含碳量变化,一般熔点为 52—62℃. 使用它可以增加蜡料的韧性和强度,不易产生裂纹,收缩小. 其缺点是软化点低,约30℃ 就软化变形.

地蜡,它是饱和族高分子碳氢化合物,为浅黄色或白色结晶体,强度及塑性低,收缩率大,但熔点高. 用它的主要目的是提高模料的软化点温度.

硬脂酸,它是固体脂肪酸混合物,为白色针状结晶体,用它可提高模料的流动性,有利于复杂形状的压注和成型.

它们的性能参见表 4.3.

表4.3 蜡模材料的物理性能

名称	物	理	性	能				灰分(%)
	表面状态	流动性(公厘)	抗热强度(公斤/厘米²)	延伸率(%)	收缩率(%)	比重(25℃时)	熔点(℃)	
石　蜡	白　色	160—170	2.25—3	2—2.5	0.5—0.7	0.87—0.89	56—60	<0.11
地　蜡	浅黄色	105—115	1.5—2	1.6—2	0.6—0.75	0.90—0.96	68—75	<0.035
硬脂酸	白色针状	130—140	1.75—2	2.8—3	0.6—0.69	0.86—0.89	58—60	<0.02

所配制的蜡料软化温度应尽可能的高,收缩率应尽量小. 一般常用蜡料的配比(按重量计)为地蜡:硬脂酸:石蜡 = 60:30:10,这种蜡料的软化温度约 40℃.

压制前蜡料的准备：将称好的原料放在搪瓷容器内，在 120—140℃的恒温箱中加热，使其熔化（如果使用电炉直接加热，要防止蜡料温度过高从而使之变质）．混合液经搅拌均匀后，降温至50—60℃，蜡料呈糊状，即可压注．

（3）压制蜡模的工艺

压注装置见图 4.3，压注步骤如下：

①将压模箱、蜡枪及压蜡活塞在 30—40℃ 下预热．

②在阳模及压模箱表面涂一薄层均匀的脱模剂（脱模剂可用硅油、蓖麻油、肥皂水或机油等），然后将整个压模箱装好，用螺栓连接成一体．

③把准备好的糊状蜡料盛入蜡枪，与压模箱一起装在压力机或专门的压蜡装置中．

④压注．直至蜡料从压模箱的盖板出气孔（螺纹孔）溢出，然后拧上螺钉，堵死出气孔，继续加压，使压力保持在 4—5 公斤/厘米² 约半小时，卸载后使之自然冷却．

⑤在蜡模尚有余温的情况下拆模．

⑥修模．

⑦脱脂处理．目的是去除蜡模表面的油污，同时增加脱模剂的挂涂性．将蜡模放在 30—40℃ 的碱性低的肥皂水中洗涤 15 分钟，再用清水洗净．

⑧蜡模内腔涂脱模剂．可应用 #107 室温硫化硅橡胶（按重量配制），硅橡胶:触媒剂（二月桂酸二丁基锡）:交联剂（正硅酸乙酯）＝ 100:3—4:6—8，将其均匀的涂一薄层作为脱模剂．

⑨摒模．如果蜡模是由几块合成一个整体的，各块分模之间要有定位销．待硅橡胶完全固化后摒模，办法是将接缝边缘处用电烙铁烫合，外层缠以纱布，再用蜡料烫合．摒模时要注意各块的相对位置，保证不能错动，芯模要很好地定位．由于蜡料的比重低于环氧树脂，要防止芯模漂浮．在芯模中铸入铅粒可以起到定位作用．

压制蜡模时要注意压力、温度和速度三要素：

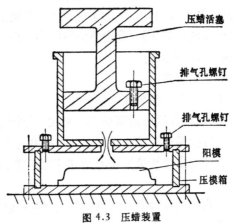

图 4.3　压蜡装置

①压力．它与模具尺寸和形状有关．型腔越复杂，用蜡料越多，所需压力也越大．若压力不够，则制成的蜡模表面不光洁，成型不好，甚至局部蜡料未充满．

②速度．一般地说，压注口大一些速度快些好．但注入太快，模腔内空气来不及排除，容易产生气泡；如注入太慢，蜡料容易分层．

③温度．蜡料温度太高，则蜡模收缩大；温度过低，则蜡模表面易产生缺陷，内部易形成孔穴．

压力、温度和速度三者之间是互相联系的，要根据蜡模的尺寸和形状具体加以选择．

另外，要适当掌握蜡模的脱模时间．如脱模太早，因蜡料未完全冷却，蜡模容易变形，同时蜡模的收缩量也大．如脱模太晚，则脱模困难，甚至使蜡模开裂．具体脱模时间要根据蜡模尺寸和形状而定．

（4）蜡模的缺陷及其产生原因

①局部位置压不到．原因是：压模箱设计不好，空气排不出；蜡料温度低；流动性差；压入口位置不合理；模型大，压力小．

②缩陷（局部出现凹形）．原因是：蜡料温度高，较稀；蜡料选

择不好,收缩大;压力小或压力保持时间不足,模具预热温度过高.

③裂纹甚至断开. 原因是:蜡料韧性差;拆模时间太晚;气温低,蜡模冷却过快;取模时用力过大.

④表面粗糙有绉纹. 原因是:模具预热不充分;木模表面粗糙;脱模剂太多,压注时温度低;压力不足;压注时速度慢.

图 4.4(a)为压制连杆蜡模的压蜡箱和连杆阳模. 图 4.4(b)为压制好的连杆蜡模.

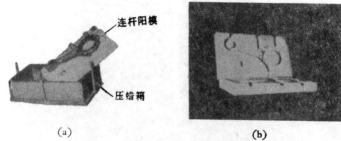

图 4.4 压制连杆蜡模的压蜡箱、连杆阳模及连杆蜡模

(5)添加聚乙烯的混合蜡料

除上述蜡料外,还可采用石蜡、地蜡和聚乙烯的混合蜡料,这种蜡料按重量的配比为 30:60:10. 其优点是表面光洁度高,容易脱模. 但收缩较大(随聚乙烯用量的增加而增大). 不过这可以采用自由浇注法先浇成毛坯,然后对其机械加工使之成型,所以尺寸精度大为提高.其操作步骤是先把石蜡和地蜡加热至160—170℃,徐徐加入聚乙烯并不断地搅拌,在自然降温过程中继续搅拌. 温度降至 120—130℃ 时,把混合蜡料倒入模具中. 这种模料坚韧而富于弹性,可以使用加工木模用的工具或金属机械加工的工艺对其进行加工. 图 4.5 为使用混合蜡料的模具浇铸成的水压机机架环氧树脂光弹模型.

2.硅橡胶模具

室温硫化硅橡胶是一种新型的合成材料,它在室温、常压下加入适量的触媒剂和交联剂,经充分搅拌后,将其置于真空干燥箱中

图 4.5   用混合蜡料模具浇铸成的光弹模型

抽真空除去渗入的气泡,随后把它自由浇注或加压注入模具中,待硅橡胶固化后便可拆模. 这种模具具有表面光洁度高、富于弹性、收缩小(收缩量约百分之一)和脱模容易等优点. 用它浇铸的光弹模型尺寸精度高,初应力较小,并可提高材料第一次固化的温度. 图4.6(a)为制作汽轮机叶片光弹模型的硅橡胶模具,图4.6(b)是用它浇铸成的叶片光弹模型. 浇铸尺寸较大的模型时,可在木质或金属阳模的表面涂敷硅橡胶,层厚约 2—3 毫米,称之为硅橡胶被膜. 由于它的刚度小,难以维持准确的形状,所以在被膜以外,再涂敷环氧树脂材料的外壳,层厚约 4—5 毫米. 对于环氧树脂材料可采用室温固化剂,其中可以添加石膏. 待环氧树脂材料的外壳固化后,再把阳模从铸模中取出. 便可用它浇铸光弹模型.

当浇铸热固化材料时,需把铸模升温到 110℃ 保持约 2 天,以

(a)   (b)

图 4.6　叶片的硅橡胶模具与叶片的光弹性模型

使硅橡胶完全固化，否则硅橡胶与液态混合料的接触表面产生边缘效应[8].

3. 石膏模具

在石膏中调合适量的水份，经过十几分钟石膏就凝结．用它制模操作方便，价格便宜，收缩小．但石膏模刚度比较大，用它铸出的光弹性模型初应力较大，同时脱模比较困难，表面光洁度较差．

常用的石膏分为建筑石膏（又分三级）、模型石膏、医疗石膏、高强度石膏等．一般选用建筑 I 级石膏或模型石膏做模具．石膏的调水量为：

建筑石膏：水 = 100:50—80，

模型石膏：水 = 100:60—80，

水份过多会降低石膏的强度，而且凝结时间加长；水份过少，石膏流动性差,凝结时间短,操作不便. 调水后的石膏是自由浇注在模具中.

制作石膏模具的脱模剂可以使用肥皂水或硅油. 而用石膏模具浇铸光弹性模型时,可用聚苯乙烯甲苯溶液或硅橡胶作脱模剂.

4. 硫酸铵铝模具

硫酸铵铝是一种白色粉末. 添加适量水份(按重量的配比为硫酸铵铝:水 = 100:10—15),加热至 80—110℃ 成为液态,即可自由浇注成模具,在室温下便凝结为固体. 使用这种模具浇注光弹性模型时,在第一次固化后,可用水洗的办法使硫酸铵铝模具溶解. 因此,必然有水份浸入光弹性模型中,从而增加时间边缘效应. 但这种方法操作简单、价格便宜. 使用这种模具可以适当提高材料第一次固化的温度.

5. 低熔点合金模具

浇铸带有内部孔洞或外表面具有复杂曲面的三向模型时,如选用蜡料等模具其尺寸精度达不到要求时,可采用低熔点合金模. 一般是使用石膏模作过渡模具,用它翻制低熔点合金模具(低熔点合金的元素重量配比见表 4.4). 材料第一次固化后,把低熔点合金熔化,如模型表面还有残留合金,可用硫酸洗净. 为防止环氧树脂材料发热,应调节硫酸溶液浓度并控制洗净速度. 低熔点合金价格较贵,它适用于对尺寸精度要求高的小模型或芯模.

使用低熔点合金模具,并采用材料的二次固化方法,既能够保证模型的尺寸精度,又能减小模型的铸造初应力.

表 4.4 低熔点合金的元素配比

合金熔点 (℃)	重 量 配 比 (%)				金属元素的熔点(℃)	
	铋 Bi	镉 Cd	铅 Pb	锡 Sn	铋	271.0
60.5	50.1	10.8	24.9	14.2	镉	320.9
65—70	50	12.5	25	12.5	铅	327.4
91.5	51.6	8.2	40.2	0	锡	232.0

§4.4. 光弹性模型的浇铸工艺

一、二次固化法

光弹性模型的二次固化法是将环氧树脂混合液浇铸在模具中,先使其在较低温下(约 42—50℃)固化成胶凝状,随后拆去模具. 在高温下(约 105—115℃)再继续固化直至最后. 模型固化后体积收缩约 4%,而胶凝时的收缩约占其一半. 由于第二次固化时,光弹性模型可在没有外界约束的情况下进行收缩,同时第二次固化又相当一个退火过程,所以模型初应力大为减少.

二次固化法使用蜡模浇铸模型的具体步骤如下:

1. 按欲浇铸的模型体积乘以混合液的比重(约等于 1.28 克/厘米³),计算出混合液的总重,再按配比算出各原料的重量.

2. 将环氧树脂放入 60—65℃ 的恒温箱中加热.同时将顺丁烯二酸酐在 65℃ 下使其熔化.

3. 依次将顺丁烯二酸酐和邻苯二甲酸二丁脂缓缓倒入环氧树脂中,恒温在 55—60℃ 左右,并充分搅拌,此后,当混合液充分搅拌到 50℃ 时,将二甲基苯胺倒入,继续搅拌,直至均匀(对于 5 公斤混合液一般搅拌 1—2 小时). 混合液容器放在油浴中恒温,油盆下面放有电炉,用以调节混合液的温度.

4. 将上述混合液放在 50℃ 的真空干燥箱中抽真空约 20—30 分钟,以排除气泡.

5. 将 45℃ 的混合液按图 4.7 所示的底浇法通过橡皮管(或塑料管)缓缓注入经过充分预热的模具. 浇注的流量及速度应用节流阀加以控制,防止在已注入模具的混合液中泛起气泡.

6. 在 42—45℃ 恒温箱中保持一周左右,直至材料成胶凝状. 这就是第一阶段固化.

7. 将第一次固化后的模型从模具中取出,锯掉飞边及浇冒口,放在恒温箱中进行第二次固化. 对于直径为 ϕ80 毫米以下的模型,其固化曲线参见图 4.8.

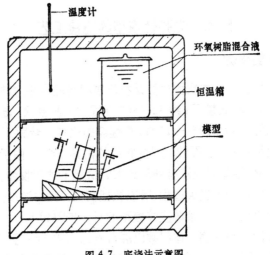

图 4.7 底浇法示意图

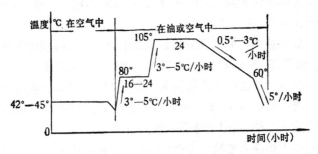

图 4.8 二次固化温度曲线

固化温度曲线与模型材料的用量及模型的体积、形状有关,应考虑的一般因素为:

1. 搅拌温度和搅拌时间. 在固化过程中,环氧树脂与酸酐的反应是放热反应. 为了避免产生大量固化热,搅拌温度不能过高. 同时,为了减少混合液的内部温度不均匀应保持混合液在恒温下进行搅拌. 否则,混合液温度不均匀会造成固化后的材料性质不均. 这是产生初应力的重要因素之一. 搅拌温度以 55—60℃ 为宜,搅拌时间以 1—2 小时为宜. 如果混合液量较多,可以分批搅拌,每批约 5 公斤,然后再倒在一起进一步搅拌.

2. 第一次固化温度及其恒温时间. 材料在较低温下固化,可以延缓固化反应速度,温度比较均匀. 强烈的固化反应使凝胶后的树脂颜色加深,同时形成较大的铸造应力. 一般利用环氧基在 50℃ 以下活性较低、发热速度慢的特点,按模型体积大小,将第一次固化温度限制在 42—45℃,第一次固化时的恒温时间,以树脂达到胶凝状态基本成形时为准. 若第一次固化时间过长,会由于模具妨碍收缩而增加铸造应力. 虽经第二次固化亦难获得理想的性能.

当用蜡模作模具时,低温固化温度受蜡料的软化温度所限,要根据蜡模的形状和尺寸选择合适的温度,如果温度过低,则顺丁烯二酸酐要产生离析现象. 材料胶凝后,可以将烘箱温度升高至 55—60℃,使蜡料软化,随后把模型从模具中取出.

使用其它模具时,可适当提高第一次固化的温度,一般以不超过 50℃ 为宜.

3. 升温速度及中间恒温. 经低温固化后的材料并未完全固化,必须进行第二次升温继续固化.

升温速度视模型体积而定,一般约 3—5℃/小时. 过快的速度会增加模型体积内外的温度差,形成较大的铸造应力. 安排 80—90℃ 恒温段的目的是消除升温过程中模型体积内外的温差,同时提高材料的固化程度.

4. 高温温度及其恒温时间. 高温温度与前期低温固化温度有关. 由于前期固化温度低,必须再经高温固化后,材料才具有较为理想的弹性模量 E、材料条纹值 f 和合适的临界温度. 通常,对在 42—45℃ 进行第一次固化的,高温温度用 105—110℃,高温温度越高,恒温时间越长,冻结的弹性模量越高. 但高温恒温时间不宜太长,否则在模型边界产生较大的初应力,对于立体模型高温恒温一般以 24 小时为宜.

5. 降温速度. 应防止因温差引起的热应力在降温过程中冻入模型,如果降温速度过快,甚至会引起复杂模型的开裂,所以降温必须缓慢. 在 60℃ 以上时，平板降温速度一般为 2—5℃/小时，立体模型为 0.5—3℃/小时，在 60℃ 以下时，由于温差形成的应力已不致于冻结在模型中,降温速度可适当快些.

由于降温过快,而冻入模型的初应力,可用退火法来消除；但退火降温的速度必须缓慢,否则仍会存在初应力. 退火次数较多时,很容易引起材料性能的改变.

对于大的立体模型，必要时体积内外的温差可借助热电偶来测定,以便随时调整升降温速度.

材料在高温下的弹性模量很低，为减小立体模型因自重所产生的变形,以及减小模型体积内外的温差,通常将模型放在油中进行第二次固化. 表 4.5 是常用的变压器油、甘油与环氧树脂光弹性材料比重的对照表.

表 4.5　几种材料的比重

名　　　　　称	比　　重　（克／厘米³）	
	20℃	130℃
变压器油	0.846	0.800
甘　油	1.24	1.18
环氧树脂材料	1.28	1.23

二、一次固化法

用二次固化法能制出初应力较小的模型,但固化过程时间长. 对于厚度小于 10 毫米而形状比较简单的模型或平板材料,可采用一次固化法. 其固化曲线参见图 4.9. 混合液浇入预热的模具后,先在 50—55℃ 下恒温,以后升温至 105℃ 并恒温一段时间,最后降至室温下拆模.

按一次固化法制得的模型材料,其内存有初应力,材料性质也不太稳定,必须退火. 退火的方法是：先将平板材料四边切去约 5 毫米，再仔细地用丙酮或酒精擦去粘在平板表面上的全部脱模

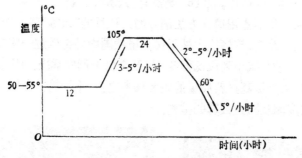

图 4.9　一次固化温度曲线

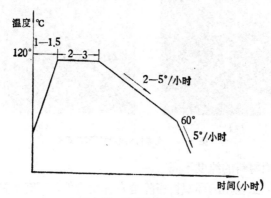

图 4.10　退火温度曲线

剂，然后把它平放在干净的玻璃上，其间涂一薄层变压器油，上蒙一张轻质软纸（防止落下灰尘），最后，放在恒温箱中，按退火曲线（参见图4.10）进行退火。降温阶段很关键，其速度必须缓慢。在恒温箱中，可以放入一定数量的铁块或砖块，用以减缓恒温箱的降温速度。

退火温度与模型材料的原料配比、固化条件等因素有关，对每批模型材料需实际测定。

三、环氧树脂光弹性材料的"云雾"现象

所谓"云雾"是指材料在光弹仪暗场中观察时所呈现的不规则的"云状"亮线。图 4.11 是从圆柱体中取出的横向切片，图（a）是

存在"云雾"的照片，图(b)是没有"云雾"的照片．这种"云雾"的绝大部分是不能用退火方法消除的．严重的"云雾"将使条纹发生锯齿状的改变，等倾线也被干扰．虽然国内外都做过一些探索，希望把"云雾"减小到最低程度，但至今仍未彻底解决．因此，消除"云雾"仍是提高材料质量的主要任务之一．下面简要介绍有关"云雾"的成因及防止云雾的措施．

 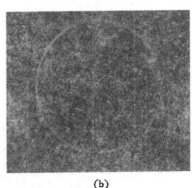

　　　　(a)　　　　　　　　　　　　　(b)

图 4.11　光弹材料中的"云雾"现象

1. 原材料的纯度不高

（1）工业用的环氧树脂除含有挥发物外，还有机械杂质．混合液在固化过程中，挥发物外逸引起液层的相对移动，从而形成材料的不均匀．所以，使用树脂前最好进行预处理．常用的办法是将环氧树脂在120℃下恒温3小时，最好是不停地搅拌并抽真空，使挥发物逸出．然后，用铜网过滤杂质．

（2）顺丁烯二酸酐含有不熔杂质或其它聚合物．它不能使树脂固化并有离间作用．事实上，尽管使用分析纯的顺丁烯二酸酐，并在高于它的熔点温度下，但它仍有沉淀物．所以，常用的办法是在60—65℃下，使它预先熔化，然后弃去沉淀物，取其洁净的无色液体．

2. 搅拌混合液的温度过高和搅拌不均匀．混合液在搅拌过程中，环氧树脂与顺丁烯二酸酐开始固化反应，固化反应热相继放出．如搅拌温度过高，会使混合液温度升高．从而固化反应加速，引起温度的继续升高. 这就容易造成材料的温度不均匀. 如果在60℃下适当延长恒温搅拌的时间, 使浇铸模型前混合液的固化反应热大量放出, 材料得到均匀的混合. 这样, 材料的"云雾"就可以减少. 过长时间的搅拌, 会由于混合液的粘度提高而使气泡增加, 这种气泡难以排除.

当使用增塑剂时, 应首先使树脂和增塑剂均匀混合, 然后再加入固化剂, 否则在材料中易形成亮线状的"云雾".

3. 模型内部温度不均匀

实验表明: 多数"云雾"在所浇铸的模型内呈现为由下向上的不均匀流纹. 这说明是由于模型内部温度不均匀而形成的热流所致, 这是产生"云雾"的重要因素[9].

由于"云雾"主要产生在胶凝前的第一次固化阶段. 虽然采用较低温度固化, 但模型内部的温度往往还是不够均匀, 尤其对于尺寸较大或形状复杂的模型, 为避免模型内部的温差不要太大, 一方面使用比较低的固化温度, 另一方面要加强烘箱的鼓风. 但是实验指出过低的固化温度也是不利的, "云雾"反而还会增加.

为了减少造成混合液温度不均匀的因素, 在浇铸时建议采用恒温浇铸, 也就是把模具放在烘箱中进行浇铸. 这对于减少"云雾"是有效的, 在冬季更应注意消除"云雾".

4. 过量的固化剂会引起离折或聚集现象, 从而形成"云雾".

5. 材料在胶凝前的约束必须尽量小, 否则部分的初应力可能冻结在高分子结构中, 因此也会形成"云雾"[10].

§4.5. 浇铸用的主要设备

一、电热鼓风干燥箱——烘箱

根据经常制作的模型大小以及冻结模型加载机构的大小, 一般可以选取功率为 5—30 千瓦的烘箱, 例如 103 型, 其功率为 5 千瓦, 内腔尺寸为 70×65^2 厘米^3, DL 104 型, 10 千瓦, 100×80^2 厘米^3 等.

二、烘箱控制温度装置

制作光弹性模型、材料退火以及模型冻结过程都要求严格的温度控制。在烘箱上，一般均附有恒温自动控制装置，一种常用的结构是双金属片式，另一种是水银点接触温度计式。根据固化曲线要求，我们还需配制能按一定速度升温或降温的控制装置。可采用以下两种办法：

1. 使用圆图自动平衡记录调节仪改制成烘箱的自动控温装置，如图 4.12 所示。烘箱中放入感温元件(热敏电阻)。当烘箱温度变化时，引起感温元件电阻的变化，通过"圆图自动平衡记录仪(如型号 XDG-101)"把阻值的变化转换成指针的转动，用以表达烘箱中温度的数值。按照所要求的烘箱温度控制曲线，在圆图自动平衡记录调节仪的金属圆盘上绘制成螺旋线形状的控温曲线，也是以"断开"、"接通"的形式对烘箱电源加以控制，以达到烘箱自动控制温度的要求。

图 4.12　圆图仪控制装置

另外，在圆图自动平衡记录调节仪器上再联接一个报警器，一旦烘箱温度控制失灵或由于着火使烘箱超过限定温度，报警器即能发出警报. 例如,材料当处在第一次固化阶段时,希望烘箱在某温度下恒温,假如烘箱恒温控制机构失灵,则当烘箱温度一旦超过限定温度时报警器将自动鸣笛.

这种控制方法的优点是温度控制精确、可靠、易于观察并节省人力.

2. 使用附加一套轮系装置的水银点接触温度计,该装置系用微型电机(如 TCC 型,2 转/分),通过传动比可变化的传动元件带动水银点接触温度计顶部的磁铁帽转动,进而控制温度的升降

图 4.13   轮系传动装置

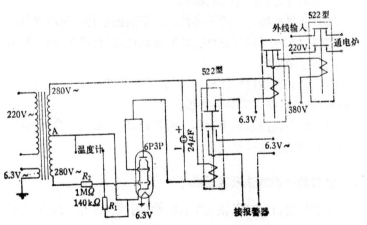

图 4.14   烘箱限温控制与报警装置线路

速度,如图4.13所示. 传动元件可以采用尼龙滑轮或钟表齿轮,使用时根据所要求的升温或降温速度,确定轮系的传动比,选取合适的轮系. 联接轮系的传动带(通常采用橡皮筋)交叉安装时即可使温度计顶部的磁铁帽反转,达到降温目的. 这种装置的优点是结构简单、可靠,操作方便,价廉. 但报警装置需要在烘箱上再安装一个水银点接触温度计,用它调节需要限定的温度值. 如烘箱温度到达此数值,则报警器鸣笛,同时切断外电源对烘箱的供电. 这种同时具有限温控制和报警装置的线路见图4.14所示.

§4.6. 模型的机械加工

为了保证模型尺寸和形状的精确性,一般通过机械加工方法使环氧树脂模型成形,还可以消除模型表面的初应力. 但是,如果机械加工的工艺不妥,则会产生加工应力.

一、对环氧树脂模型加工的要求及其特点

1. 对模型加工的要求. 成形要准确;无崩屑和微小裂纹;加工应力要比较小.

2. 环氧树脂材料加工的特点

(1) 环氧树脂材料的传热性差,切削热不易很快地散逸. 如果温度超过 80℃ 材料则软化,温度过高时,甚至烧焦,同时把加工应力冻结在模型中.

(2) 环氧树脂材料比较软,增加了材料与刀具间的摩擦,切削热也不易散出,所以刀具易磨损.

(3) 环氧树脂虽属于塑料一类材料,但其性质发脆,易崩裂.

(4) 模型装卡时易变形.

二、加工的一般方法及其规程

环氧树脂材料可以使用车、铣、镗、刨、钻、钳(如锯、锉)等机加工工艺. 下面以车削为重点介绍加工方法:

1.刀具.刀具要锋利.为减少与被加工面的摩擦,后角应比加工金属的大些.由于环氧树脂材料对刀尖的磨损大,在正前角上磨出一定的负倒棱,用以增强刀尖强度.刀具材料可用白钢、硬质合金等.车刀的几何形状见图 4.15 所示,车刀的刚性要大,否则将使加工精度下降,甚至由于刀具的振动,会导致模型开裂.对于要求精确的圆弧尺寸需使用成形刀具.

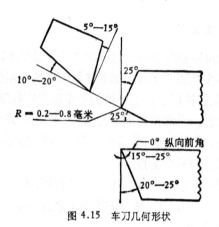

图 4.15　车刀几何形状

2. 切削用量要根据模型尺寸的大小和形状的复杂程度具体选择. 一般为

（1）切削深度.粗车为 1—2 毫米,精车为 0.02—0.5 毫米.

（2）切削速度.一般为 50—130 米/分,精车可稍快些.

（3）走刀量.这和刀具的刚度、机床的振动、车头同心度以及模型的刚度有关.走刀量小,则加工表面光洁度高,切削应力小.一般精车走刀量为 0.02—0.06 毫米/转.

3. 冷却方法.采用压力为 2--4 公斤/厘米² 的空气冷却效果较好. 为了防止粉尘飞扬,要有防护措施. 也可使用机油冷却.不宜用肥皂水冷却,因易产生时间边缘效应.

至于镗刀、刨刀、铣刀、钻头的几何形状可参考车刀形状. 为减小钻头与加工面的摩擦建议把钻头导角减小为90—105°. 加工直径稍大的孔时，建议采用分级钻孔，先钻小孔，然后逐级扩大，钻孔过程中应经常退出钻头，及时排屑。走刀量要小。钻孔时采用压缩空气冷却效果比较好。为了防止出刀时孔边崩裂，建议在**模型**下面垫一块塑料板。铣切时最好采用单刀，因为它对模型施加的压力和产生的切削热较小。无论采用什么刀具加工，当刀具离开模型时，都易产生崩边现象。所以吃刀和退刀的方向要细心安排，同时精加工的切削深度和走刀量要比较小。

三、平面模型的加工工艺

板材经退火消除初应力后，选择其中"云雾"不明显和初应力较小的部位作为模型的坯料。锯切坯料最好使用粗齿锯条或钢丝锯。划线前，先在铣床上加工坯料的互相垂直的两侧面，两侧面要与坯料板面垂直，以此作为划线的基准。然后在划线平台上用**游标**高度尺划线，要求在坯料的两个表面都划线，这样在手加工时才能保证被加工面与板面垂直。

在坯料上，距划线 3—5 毫米处，先用手锯下料。随后用锉刀加工，距划线约留有 0.8—1.0 毫米的精加工余量。如此时加工应力较大，则安排一次退火。

实验前，再将模型轮廓用什锦锉最后修整至划线的尺寸。为了保证模型的精确尺寸，并避免加工面与模型表面不垂直。一般的方法是先制做两块金属样板，然后把粗加工后的模型夹在两块被定位的样板中间，并用螺钉固紧，用什锦锉进行精加工。

使用台钳夹紧板材时，要在钳口垫软片，防止模型表面被划痕。

用以上方法加工的模型，其初应力是很小的。

§4.7. 模型粘接

有的模型是由几部分或由不同弹性模量的材料所组成，可以通过粘接的办法，将各部分粘为一个整体。

常用的室温固化粘接剂按重量的配比为，环氧树脂:乙二胺:邻苯二甲酸二丁脂 = 100:6:5—10. 其粘接工艺如下:

1. 将模型被粘接面用砂纸磨粗后再用酒精或丙酮擦净;

2. 将环氧树脂及模型在 (30—40)℃ 下预热;

3. 预热后随即在室温下涂粘结剂,并进行粘结,粘结剂只需涂一薄层,不要太厚;

4. 检查粘接缝有无空隙或气泡. 如果所用的粘接材料量多,则需把调匀的粘接剂先进行抽真空,以排出粘接剂中的气泡,然后再使用.

5. 将粘接后的模型置于恒温箱中,并向粘结面加一定压力,在50℃以下,恒温 3—4 小时,使粘结剂固化.

使用乙二胺作为固化剂时,粘接剂的放热峰值高,粘接应力较大. 如果选用三乙烯四胺作为固化剂,则使其放热峰值降低,粘接应力减小.

实验指出,对于弹性模量相同的模型,在 50℃ 下进行粘接不会产生显著的粘接应力. 但粘接模型经"冻结"后,皆产生了粘接拉应力. 不同材料粘接的模型,在 50℃ 下进行粘接也不会产生太大的粘接应力,但"冻结"后产生了较大的粘接应力.

§4.8. 常温下模型材料的主要性质

一、材料条纹值 f

材料条纹值是光弹性材料的一个重要性质,它表示材料的灵敏度. 由(3.10)式知,材料条纹值 $f = \dfrac{\lambda}{C}$,它只与材料的应力-光性系数 C 和光源波长 λ 有关,而与模型的形状、尺寸及受力方式无关. 所以 f 可通过应力有理论解的试件(如轴向拉伸、纯弯曲或径向受压圆盘的试件)标定出来. 标定时,对应一定的外载,测出试件已知应力点的条纹级次 n. 利用(3.10)式便可计算出 f.

1. 用轴向拉伸试件标定 f

常用的试件尺寸见图 4.16 所示，根据光弹性实验测得对应拉力 P 的条纹级次 n。对应的应力理论值为

$$\sigma_1 = \frac{P}{bd}, \quad \sigma_2 = 0,$$

把 P, n, σ_1, σ_2 值代入 (3.10) 式得

$$f = \frac{P}{bn}, \tag{4.1}$$

式中 b 是试件截面宽度，d 是厚度。

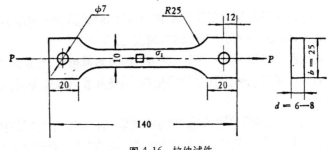

图 4.16 拉伸试件

2. 用纯弯曲试件标定 f

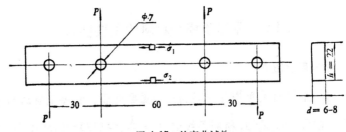

图 4.17 纯弯曲试件

常用的试件尺寸见图 4.17 所示，根据光弹性实验测得在对应弯矩 M 下试件纯弯曲段上边缘和下边缘的条纹级次 n 的平均值。对应的应力理论值为

$$\sigma_1 = \frac{6M}{dh^2}, \quad \sigma_2 = 0,$$

把 M, n, σ_1, σ_2 值代入(3.10)式得

$$f = \frac{6M}{h^2 n}. \qquad (4.2)$$

3. 用径向受压圆盘试件标定 f

常用的试件尺寸见图 4.18 所示, 根据光弹性实验测得对应集中力下圆盘中心点的条纹级次 n. 对应的应力理论值为

$$\sigma_1 = \frac{2P}{\pi d\, D}, \quad \sigma_2 = -\frac{6P}{\pi d\, D},$$

把 P, n, σ_1, σ_2 值代入(3.10)式得

$$f = \frac{8P}{n\pi\, D}. \qquad (4.3)$$

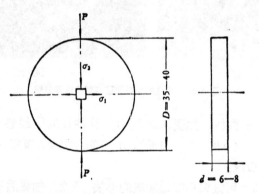

图 4.18 圆盘试件

这三种方法中, 以径向受压圆盘试件的加工及加载装置最简单, 用的较普遍. 圆盘的加载装置照片见图 4.19 (a), 圆盘的等差线见图 4.19 (b).

f 测量得是否准确将直接影响到实验精度. 为考虑材料的蠕变和温度的影响, 在室温下进行实验时, 由加载起到测定条纹级次的时间间隔以及测定时的室温均应与模型试验时一致.

二、光学比例极限

根据轴向拉伸实验测取的拉伸应力与条纹级次 n 的对应关系

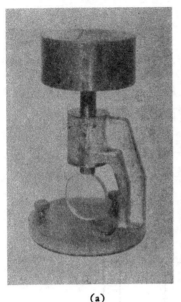
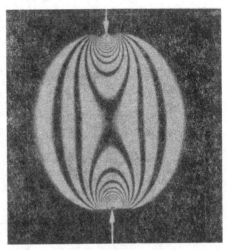

(a)   (b)

图 4.19   圆盘的加载装置与圆盘的等差线

绘制成 σ-n 曲线，如图 4.20 所示. 当曲线的非线性偏离为直线的 3% 时 ($AB/AC = 3\%$)，B 点的应力 σ_P 就定义为材料的光学比例极限.

实验时，可以采用等量加载的办法，例如，加载后统一在 1 分钟的时间读取条纹级次 n，再隔一分钟进行第二次加载. 由拉力 P 计算应力 σ 时，规定使用原始截面积.

实验表明，光学比例极限与力学比例极限的数值是相近的. 例如，#634 环氧树脂材料（按重量的配比为 100:30:5，一次固化后经退火）在室温下 $\sigma_P = 310$—320 公斤/厘米²，相当于 1 厘米厚的模型上产生的条纹级次约为 25—27 级，应变约 1%. 在估算模型受载大小时，必须控制模型的最大应力在材料的比例极限以内.

三、弹性模量 E 和横向变形系数 μ

E 和 μ 使用卡板连接的宽拉伸试件以杠杆仪加力测取，见图

4.21 所示,卡板位置应使试件加力后在左右方向不偏心(这可在光弹仪中用条纹是否对称来检查),在试件前后表面装卡一对杠杆变形仪以消除前后方向弯曲的影响,标矩取 20 毫米. 以等量加载,按规定时间,例如 1 分钟后读取变形值. 从而计算出材料的弹性模量 E. 例如 #634 环氧树脂材料的 $E = 3.36 \times 10^4$ 公斤/厘米².

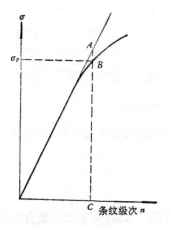

图 4.20 $\sigma\text{-}n$ 曲线

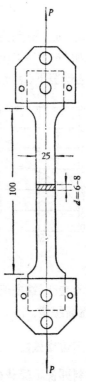

图 4.21 测 E, μ 的试件

根据杠杆变形仪测出横向变形,就可以计算出材料的横向变形系数. 例如 #634 环氧树脂材料的 $\mu = 0.350$.

四、光学蠕变

在一定载荷下,条纹级次随时间而增加的现象称为材料的光学蠕变. 其大小与外力及温度有关. 可用轴向拉伸或径向受压圆盘试件测取. 载荷一次施加,立即起算时间,30 秒后补偿条纹,测取第一次读数,以后每隔一定时间,例如 1, 2, 5, 10, 30 分、1 小时、……补偿条纹测取读数.

相对光学蠕变值

$$\varphi_{0.5} = \frac{n_t - n_{0.5}}{n_{0.5}} \times 100\%,\qquad (4.4)$$

式中，n_t，$n_{0.5}$ 分别为加载 0.5 分及 t 分时对应的条纹级次。

例如 #634 环氧树脂材料，对于轴向拉伸试件条纹级次为 $n=11$ 的情况下，其光学蠕变曲线见图 4.22 所示。

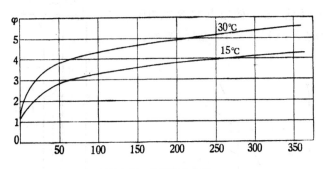

图 4.22　光学蠕变曲线

实验表明，蠕变现象在加载后最初几分钟比较显著，经30分钟后，就逐渐缓慢。

五、时间边缘效应

材料即使不受载荷作用，在室温下，因时间的增长也会在其边缘引起初应力，这称为时间边缘效应。图 4.23 表示 #634 环氧树

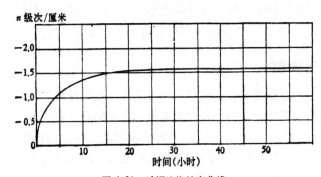

图 4.23　时间边缘效应曲线

脂材料在相对湿度 $\varphi = 22\%$ 下的时间边缘效应曲线.

实验指出，时间边缘效应是由于材料内部水份与空气中水份不平衡所致. 湿度过高引起的边缘效应是压应力，使模型受力后的边缘压应力条纹级次增加，而使拉应力条纹级次减小. 图 4.24 (a) 表示简支梁试件在加力前由于压应力时间边缘效应引起的等差线，图 4.24 (b) 表示加力后等差线被歪曲的情形.

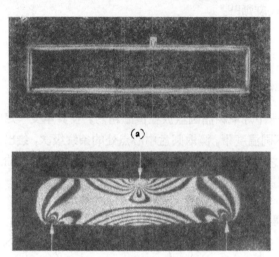

(a)

(b)

图 4.24　简支梁的时间边缘效应

由图可见，由于压应力时间边缘效应的影响，使靠近边界处的条纹产生歪曲. 在图 4.24 (b) 中，拉伸一边，条纹变成卵形，而在压缩一边则趋于扁平.

如果模型材料处在非常干燥的环境中，那么材料边缘部分的含水量比其内部的含水量减低. 由此引起的时间边缘效应将是拉应力，它对条纹的影响与上述相反.

时间边缘效应对提高实验精度是极为不利的. 因为工程上最重视模型边界应力的测量，而由于边界时效却大大降低了实验精度. 为减小时间边缘效应的影响，在进行平面模型试验时，应于实验前再进行尺寸的精加工. 在冻结应力试验时，尽管工作速度加快,也很难避免时效的影响,尤其在湿度较大的季节更是如此. 在这种情况下,减少时间边缘效应的办法一般是在40℃烘箱中缓慢加热约数天或将它放入储有干燥剂的干燥器中,都可以达到比较好的效果. 有时,在被加工的表面涂一层油脂也可以减少时间边缘效应的发展. 对于室温下进行平面试验的模型,采用平衡湿度法防止模型产生时效或减小已产生的时效是比较有效的方法,但操作比较麻烦[11].

§4.9. 冻结温度下模型材料的主要性质

一、热-光曲线与冻结温度

将一个环氧树脂圆盘放在恒温箱内,使其承受一定的径向压力,在不同温度下,测取圆盘中心点处的条纹级次,绘出条纹级次与温度之间的关系曲线(图4.25),称为该材料的热-光曲线. 此曲线分为以下三个阶段:

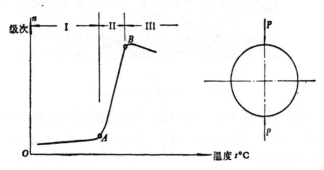

图 4.25 热-光曲线

第 I 阶段称为玻璃态. 特点是弹性模量 E 大,蠕变小,应力-应变及应力-条纹之间呈线性关系;

第 II 阶段称为过渡态. 该阶段的特点是在较小的温度范围内材料的 E 和 f 大幅度降低,蠕变大;

第 III 阶段称为高弹态（或橡胶态）。该阶段的特点是材料呈完全弹性,E, f 都比第 I, II 阶段的小得多.

图 4.25 中的 A 点称为玻璃化温度, B 点称为临界温度. 临界温度是材料在加载后变形立即达到最大, 卸载后变形又立即消失的最低温度, 也就是说高弹态阶段的开始温度. 在光弹性模型冻结应力时, 通常取比临界温度高 5℃ 作为冻结温度. 一般也以此温度作为材料的退火温度.

测定材料热-光曲线的装置如图4.26所示, 将圆盘装在恒温箱内, 升温到某一温度 (例如 50℃), 恒温 15—20 分钟, 施加径向压

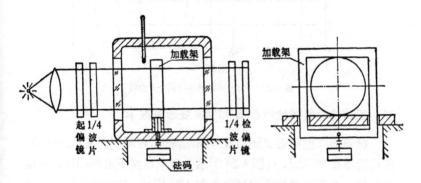

图 4.26　测定热-光曲线的试验装置

力 P 后, 在规定的时间间隔 (例如 5—10 秒), 测取圆盘中心点的条纹级次; 卸载后继续升温, 每升温 5—10℃ 后, 再恒温、加载、测数一次; 直至出现临界温度之后, 便可绘出热-光曲线.

二、冻结的材料条纹值 f

随着温度升高, 光弹性材料的条纹值降低, 如图4.27所示, 其变化规律在不同温度范围内是不同的. 我们所指的材料冻结条纹值是使试件在冻结温度下加载, 在承载情况下逐渐降至室温, 根据卸载后所保留的条纹计算材料条纹值 f.

为了标定材料冻结条纹值 f, 通常是在冻结模型的同时, 再冻结一个径向受压圆盘. 卸载后, 在室温下测定圆盘中心点的条纹级次 n, 按公式(4.3)计算 f.

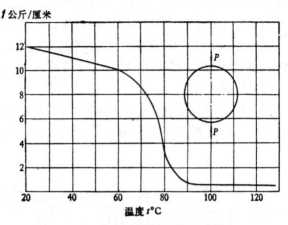

图 4.27 #634 环氧树脂材料 *f–t* 曲线

三、冻结的材料弹性模量 *E* 和横向变形系数 μ

材料的弹性模量 *E* 随温度升高而降低,在不同温度范围内,其变化规律显然不同,见图 4.28 所示。测取温度下材料的弹性模量 *E* 和横向变形系数使用的试件见图 4.21 所示,装在烘箱内升至某预定温度,并恒温一定时间使试件温度均匀,加载后用镜式引伸仪测取变形。但用这种办法操作技能要求高。

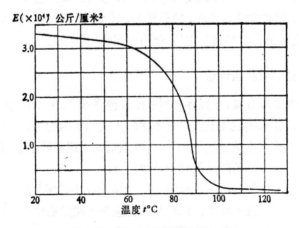

图 4.28 #634 环氧树脂材料 *E–t* 曲线

通常还可以使用矩形截面的简支梁测取材料在冻结温度下的弹性模量 E. 在梁中央截面处加集中力 P,使用千分表测取梁中央截面处的挠度 δ,其实验装置见图 4.29. 按下式计算 E 值

$$E = \frac{Pl^3}{48\delta J},\qquad (4.5)$$

由于梁支点和加力点的局部变形,使挠度的测量值偏大,所得出的 E 值偏低.

另一种办法是使用图 4.21 所示的拉伸试件,预先用刮脸刀片

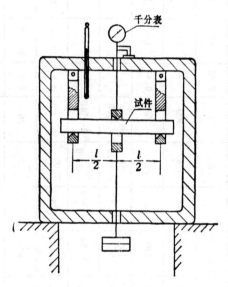

图 4.29 简支梁测挠度装置

在均匀拉伸区刻划纵向线段和横向线段. 在冻结温度下加载,降至室温后卸载,使用台式投影仪(最小刻度值 1/100 毫米)测出纵向线段和横向线段长度的改变,即可计算出冻结的材料弹性模量 E 和横向变形系数 μ.

四、冻结温度下的光学比例极限 σ_P

与测量室温下的光学比例极限相同,只不过是将试件放在图

表 4.6 几种光弹性模型材料的光学和力学性质

材料	生产国	室温						冻结						冻结温度 ℃
		E (kg/cm²)	μ	σ_B (公斤/厘米²)	σ_P (公斤/厘米²)	f (公斤/厘米)	K (1/厘米)	E (公斤/厘米²)	μ	σ_B (公斤/厘米²)	σ_P (公斤/厘米²)	f (公斤/厘米²)	K (1/厘米)	
#634	中国	33600	0.35	750—900	310—320	12	2800	210	0.48	13	8.8	0.28—0.30	750	115
#6101	中国	35000	0.37	780	315	11	3180	300	—	15	12	0.35	857	115—125
#618	中国	34000	0.37	710	340	12	2830	250	0.47	15	13	0.32	782	122
CR-39	英、美	17000—22000	0.42	420—490	210	14—16	1130—1570	3000—4000	—	—	—	4.0—5.0	600—1000	110
Catalin-800	英、美	15000—20000	0.37	400—500	60—80	9.0—10	1500—2230	90—110	—	—	—	0.25—0.31	290—440	80—85
Bakelite BT. 61-893	美	42000—48000	0.36	800—1200	400—600	14—15.5	2710—3430	70—120	0.5	25—35	8.0—12	0.30—0.70	100—400	110
NM-44	苏	35000—45000	0.36	1500	600	12	2920—3750	80	0.4	25—35	6	0.50	160	110
эд-6M	苏	33000—35000	0.37	500—800	500	11	3000—3180	260—300	0.5	15	12	0.30—0.40	650—1000	120—130
AralditeB	瑞士	32000—38000	0.33	600—800	400	10.5—11.4	2810—3620	60—120	0.5	—	—	0.20—0.26	231—600	150

4.26 的装置内，在冻结温度下加载测量．对 #634 环氧树脂材料，在110℃拉伸时的光学比例极限 $\sigma_P = 8.8$ 公斤/厘米²相当于1厘米厚的模型上产生的条纹级次为 28 级．

五、材料的质量系数 K

材料的质量系数 K 定义为

$$K = \frac{E}{f} \times 10^{-3}, \tag{4.6}$$

这是衡量材料优劣的一个综合性指标．进行模型实验时，希望材料的 E 值比较大，这样模型的变形才比较小； f 比较小，材料灵敏度才比较高．所以材料的质量系数越大越好．

为了便于参考，表 4.6 列出了几种光弹性模型材料的光学和力学性质．应该指出，这些数据不仅随原料品种和配比而不同，而且和固化条件和测定条件（如光源波长、测定方法和温度）等有关．

第五章　光弹仪及模型加载装置

随用途及要求不同,光弹仪的类型及简繁各异,但它们的基本光学元件都大致相同. 按对模型的照射方式来说,光弹仪可分为透射式及反射式两种. 前者是常用的,后者主要用于贴片法. 透射式又分为具有透镜系统的平行光式及无透镜系统的漫射光式两种. 在这一章,我们将简要介绍这两种透射式光弹仪的结构、调整及维护,最后扼要介绍光弹性模型的加载装置.

§5.1. 光弹性模型的成像

在第二章,我们已经介绍过透镜及其成像原理. 大家知道,针

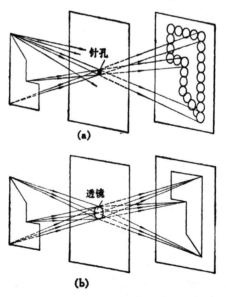

图 5.1　像与透镜　(a) 针孔成像; (b) 透镜成像

孔也能成像. 如图 5.1 (a) 所示, 设在某物体之前放一屏幕, 在它们中间的某一位置隔一挡光板, 板上用细针刺一小孔, 则因光的直线传播, 由该物体上相应点发出的自发光或反射光透过针孔后在屏幕上将形成一个与其形状相似而上下颠倒的图形, 此即物体的像. 不过, 用这种方法所产生的像是比较模糊的. 这是因为由物体上任何一个点所发出的光线都是发散性的, 通过针孔后仍然是发散性的, 并形成为一个光线锥, 这一光线锥投射在屏幕上造成一个小的光斑, 物体上全部亮点都是这样, 这些光斑集合在一起就得到物体的一个模糊的像. 为了提高成像的清晰度, 如图 5.1(b) 所示, 我们可在针孔的位置放一透镜, 将光线锥的光束加以收拢, 使得原先投射在屏幕上的各个小光斑都分别会聚成对应的一个小光点, 由这些小光点集合在一起就可得到清晰的像. 成像透镜的作用正是这样.

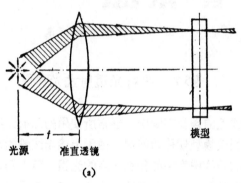

光源 　　 准直透镜

(a)

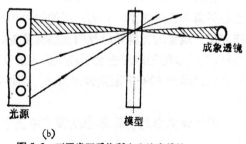

光源 　　 模型 　　 成象透镜

(b)

图 5.2　不同光源系统所产生的光线锥

(a) 平行光系统;　　(b) 漫射光系统

光弹性模型的像也是由成像透镜会聚通过模型各点的光线锥投影于屏幕形成的. 图5.2(a)是平行光系统对模型所引起的光线锥,这种光线锥是由于灯源具有一定的尺寸而造成的;图5.2(b)是漫射光式光源对模型所引起的光线锥,它是由漫射光源发出的漫射光造成的.

显然,要在光弹仪的屏幕上获得清晰的条纹图案,幕平面与模型的中间平面必须在成像透镜的共轭平面上,见图5.3.

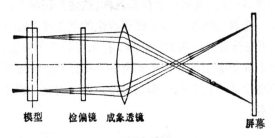

模型　检偏镜　成象透镜　　　　　　　　屏幕

图5.3　模型条纹图案的成像

§5.2. 平行光透射式光弹仪

在光弹性原理及实验中,通常所使用的照射光线均以法向入射平板模型或模型切片为前提. 由于上述光线锥的存在,在光弹仪屏幕上的条纹图案中的任意一点的光强实际上乃是模型上由对应光线锥所包括的诸点的程差的综合效应. 为了使幕上任意一点的光强能够尽量与通过模型一点的射线的程差相对应,光弹仪的光学系统应使光线锥的光锥角以及由光线锥覆盖的模型面积尽量缩小;另外,光线锥的轴线应垂直于模型的入射表面.

下面我们以国产409-II型光弹仪为例,说明平行光式光弹仪的结构[12].

409-II型光弹仪由光学系统、加力及支承三个部分组成,其外形见图5.4.

光学系统又分照明、偏振和投影照相三部分. 图5.5示409-II

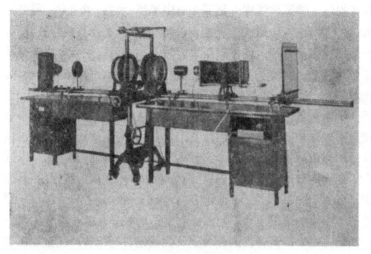

图 5.4　409-II 型光弹仪

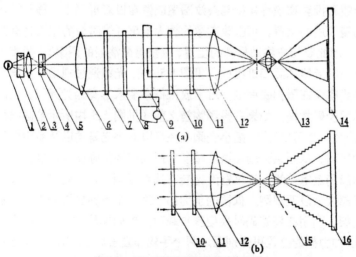

图 5.5　409-II 型光弹仪光学系统简图

(a) 照相、偏振和投影部分；　(b) 照相部分．1.光源；　2.水槽；
3.聚光镜；　4.可变光阑；　5.滤光片；　6.准直镜；　7.起偏镜；
8,10.1/4 波片；　9.加力架；　11.检偏镜；　12视场镜；　13.投影
物镜；　14.投影屏幕；　15.照相透镜；　16.照相机屏幕．

型光弹仪光学系统简图. 照明部分由光源、水槽、聚光镜、可变光阑、滤光片、准直镜组成. 光源有白炽灯、高压汞灯及钠灯三种,可根据需要更换使用. 使用高压汞灯时,加上对应的滤光片能获得绿色单色光,其波长为 5461 埃. 水槽用来吸热以保护光学镜片. 光源应是点光源,但点光源难以实现,为此在灯源及准直镜之间加了一个聚光镜,其作用是使光源在准直镜的焦平面上成像. 将可变光阑放在构成实像的平面位置上,缩小可变光阑的孔径,透过该孔径的光束就被转化为一个实际的小光源,光线的光锥角得以减小. 仪器的偏振部分由起偏镜、两个 1/4 波片和检偏镜组成,其光场直径为 280 毫米. 1/4 波片在镜片架上可以装上也可卸下. 通过四个镜片的不同组合,可以获得平面偏振光及圆偏振光的暗场和明场. 409-II 光弹仪的起偏镜及检偏镜有电气传动装置能使它们同步迴转,这对描绘等倾线是比较方便的. 仪器的投影部分由视场镜、投影物镜和投影屏幕组成. 通过检偏镜的光线再通过视场镜和投影物镜将模型与条纹图案成像在投影屏幕上. 移动投影物镜前后的位置,可以改变像的放大倍率(这时像的位置也有改变,因此要相应移动屏幕的位置,以获得最清晰的图案). 照相部分由视场镜和照相机组成,见图 5.5(b). 光线通过视场镜和照相镜头成像在照相底片上. 对于放大倍率要求不高的光弹仪,可以不用投影物镜. 如果在投影物镜之前(见图 5.5 中所示的虚线位置)装一个可变光阑,缩小光阑孔径可以减小光锥角以及减少散光的影响,从而达到增加试验精度与提高成像清晰度的目的. 为了精确测定等差线,该仪器附带装有读数观测镜,它能将条纹图案局部放大以便观测. 仪器的加力部分系一个单独放置的立柱式加力架,利用杠杆砝码对模型施加载荷. 根据模型大小及实验要求,加力架的位置可分别通过两个手轮作左右、上下方向的调整移动.

对于透射式光弹仪的技术要求、试验方法与验收规则等可参阅第一机械工业部部颁标准《光测弹性仪 JB 634-65》.

§5.3. 漫射光式光弹仪

上述平行光式光弹仪必须有一组透镜系统，其光场直径受透镜尺寸限制，而且光场直径越大价格越贵．图5.6示漫射光式光弹仪的光学元件配置图．这种光弹仪结构简单、光学元件少，除了照相透镜以外不用别的透镜，只要按照偏振片、1/4波片直径的大小配以相应的光源，也就有相应大小的光场．在漫射光式光弹仪中，眼睛面对光源直接观测条纹图案时没有闪光现象，利用读数观测镜可以满意地读出条纹级数．光源可用多个均匀配置的单色光灯泡（例如一般晒蓝图用的长柱式高压汞灯）组成．经毛玻璃射出的光线在整个照射面积内形成均匀的漫射光场，可以照出反差良好的照片．为了保护镜片，在灯源箱及起偏镜之间要装一个散热风扇，或安一个散热水槽．这种光弹仪价格便宜，便于自行安装．图5.7为我室安装和使用的漫射光式光弹仪．

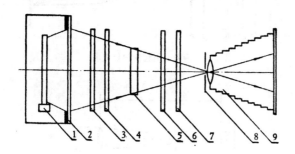

图5.6　漫射光式光弹仪的光学元件配置图

1.灯源；　2.毛玻璃；　3.起偏镜；　4,6.1/4波片；　5.模型；　7.检偏镜；　8.光阑；　9.照相机．

漫射光式光弹仪由于使用的是漫射光，光线互不平行，在模型各点将会引起斜射效应及光锥效应[13]．斜射效应见图5.8，是由倾角 α 造成的，其斜射程度随倾角 α 的增加而增加，即随被测点 K 与 O-O 轴线间的距离 r 的增加而增加．为此，观测条纹时，我们

图 5.7　漫射光式光弹仪

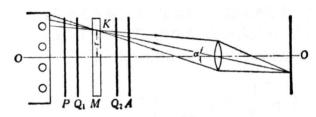

图 5.8　漫射光引起的斜射效应

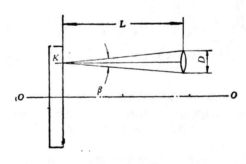

图 5.9　光锥效应

应将读数观测镜垂直地对准被测点 K，以避免由于斜射效应引起的误差．光锥效应已如前节所述是由光线锥所造成的．由图 5.9

可以看出,光锥角 β 越大,光锥效应也就越大,光锥角 β 的大小决定于透镜的孔径 D 和透镜与模型之间的距离 L. 缩小 D 及加长 L 将可减小 β,从而减少因光锥效应引起的误差. 所以在漫射式光弹仪中需用长焦距的照相机镜头并使用小光圈拍摄条纹图.

§5.4. 光弹仪的调整

安装好的光弹仪应保证光具座的基面以及加力架的台面处于水平位置;灯源、镜片及透镜的中心线应在同一条水平线的光路中;加力架对模型施加的载荷必须准确地在该光路的横向平面内;整个仪器的固定应稳妥可靠.

一、平行光式光弹仪的光场的调整

首先准直光束. 方法是调整准直镜与光源之间的距离(这时可暂时卸去起偏镜、1/4 波片、检偏镜、视场镜及投影物镜),使在投影屏幕上呈现与准直镜孔径大小一致、轮廓清晰、照度均匀及没有灯丝像的圆形光场;其次,再校验各个镜片及透镜的高度、方向及位置,保证整个光路在同一条水平线上,并与加力架的平面相垂直;然后按下述方法调整起偏镜、检偏镜及 1/4 波片的相对位置,以获得平面偏振光场或圆偏振光场.

二、平面偏振光场镜片位置的调整

平面偏振光暗场下的起偏镜和检偏镜的正确位置是它们的偏振轴互相正交,并且其中一个在水平位置,另一个在铅垂位置.

首先从光学系统中卸去两块1/4波片,再借助一个等倾线位置为已知的受力模型来调整起偏镜和检偏镜的位置. 这种模型通常是一个由光弹性材料制作的圆盘,将其放在光弹仪的加力架上,使其平面垂直于光路,施加铅垂方向的对径压力,或用一个这样受力的冻结应力圆盘作为模型. 调整镜片位置时,先转动一个镜片(起偏镜或检偏镜),直到屏幕上的光场背景达到最暗为止,这时,两者的偏振轴互呈正交；然后以顺时针或逆时针方向同步转动起偏镜及检偏镜,直到屏幕上出现的圆盘等倾线呈正"十"字形交叉的 $0°$ 等倾线为止,见图5.10所示.这表明两块镜片的偏振轴不仅正交而且一个在水平位置,另一个在铅垂位置.这时,在固定两镜片的轴圈上所指示的初始刻度应当是 $0°$ 或 $90°$,否则,应据此重新标注初始刻度.

图 5.10 径向受压圆盘的零度等倾线

三、圆偏振光场镜片位置的调整

圆偏振光暗场镜片的正确位置是两块偏振片的偏振轴成90°,其一在水平位置,另一在铅垂位置;两块1/4波片对应的快、慢轴互成垂直并与两偏振片的偏振轴成 $45°$.

调整时,先在上述平面偏振光场中按圆偏振光场的排列加入一个1/4波片,并转动它,直到幕上的光场背景达到最暗为止(这时,这块1/4波片的快、慢轴分别与起偏镜和检偏镜的偏振轴相平行);其次,将该1/4波片向任意方向转动 $45°$;最后,再装入第二块1/4波片并转动其角度,直至幕上的光场背景再次达到最暗为止.这样,四块镜片构成了暗背景的圆偏振光场(常称为双交叉式光场).同样,这时在固定各镜片的轴圈上应指示出正确的初始刻度.

在暗背景的偏振光场中，单独将检偏镜向任一方向转以 90°，就得到亮背景的圆偏振光场。

§5.5. 光弹仪的维护

光弹仪的光学元件要注意防尘、防潮、防过冷或过热，以及防腐蚀性气体侵蚀。为此，光弹仪应安装在通风、防尘良好的实验室内。实验室的室温以 $+5—+30℃$ 为宜，相对湿度以不大于 70% 为宜。镜片长期不用时，应保存在放有吸潮剂（如硅胶、氯化钙等）的干燥器中。偏振片、1/4 波片、滤色片，特别是透镜（其表面镀有增透膜）的表面勿用手摸或随意擦拭。如有灰尘应用镜头刷轻轻拂去，它们表面上的污物应用擦镜纸或脱脂棉蘸少许苯或二甲苯轻轻擦拭。大的 1/4 波片常是用有机玻璃制成，能溶于多种有机溶剂，只能用脱脂棉蘸以少许汽油擦拭。光弹仪开灯后应同时开动冷却风扇。汞灯和钠灯开启后均需经一定时间方能稳定到额定功率，一般在 10—15 分钟。

§5.6. 模型加载装置

在光弹性实验中，能否对模型施加正确的载荷将直接关系到实验结果及其精度。选用或设计合适的加载装置是实验中的重要一环。

模型上的载荷应与实物载荷相似，其大小根据具体情况确定。确定的原则是：模型受力后应有足够的应力条纹，但应力不能超出模型材料的比例极限，也不致使模型产生过大的变形。

模型加载装置分为通用及专用两种。加载装置应保证加于模型上的载荷与实物载荷严格一致；所加载荷的大小及方向要准确，并能保持恒定；整个装置要稳定可靠，结构简单，便于安装和观察。

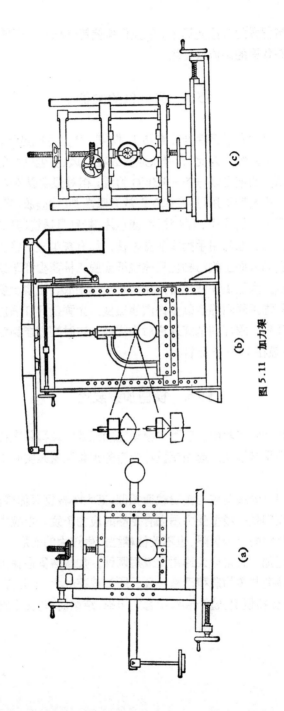

图 5.11 加力架

(a)

(b)

(c)

一、通用加力机构

图 5.11 表示三种形式的加力架. 在这些加力架上能对模型作拉伸、压缩及弯曲等试验. 前两种加力架使用砝码-杠杆加力,后一种使用蜗杆-蜗轮加力. 图 5.11(a) 所示的加力架,在门式外框架之内有一个利用手轮、八字轮及丝杠传动能作上下移动的承力架. 这是一个双矩形的框架,杠杆从其中间通过,框架上有穿通的孔, 用以安装试件以及改变杠杆支点位置和装置其它附件. 整个框架通过下面的手轮、丝杠可在底座上作横向移动. 图 5.11(b) 所示的加力架,杠杆置于门式框架的上方,球轴承的杠杆支点通过手轮、丝杠能作横向移动以改变加力点的位置. 在杠杆支点的两侧各有一个加力杆,能分别对模型施加拉力或压力. 放置模型的支承板的位置可根据模型大小选择框架两侧立柱上合适高度的孔位来调整. 近砝码盘一侧的立柱上装有一个偏心轮机构,用它能托起或悬起加力杠杆,以卸去或加上全部载荷. 这种加力架框架中间的有效利用面积较大. 图 5.11(c) 所示的加力架,通过手轮、蜗杆、蜗轮(微调用)及其上端的手轮、丝杠(粗调用)能使中间的承力梁上下移动,从而对模型施加载荷. 载荷用测力计指示. 整个门式框架借助下面的手轮、丝杠可沿两侧的外立柱上下移动.

所有杠杆式加力架都有同一缺点,即在加荷时由于模型的变形会产生杠杆的转动,这就引起了加荷轴线的微小倾斜. 为了克服这一缺点,可在加力架中添加一个具有加力导杆的弓形加压架[图 5.11(b)]. 其中加力导杆只能在垂直方向自由滑动,从而保证了加力方向不因杠杆的倾斜而变化,同时保证了加力的稳妥性. 加力导杆底端的压头有不同形式[图 5.11(b)],可根据具体情况更换使用.

应该指出,为了保证加力精度,在加力装置中凡是加力杠杆的支点都应力求减少摩擦,最好使用滚珠轴承或刀刃式的支点.

用砝码-杠杆不能实现连续加载。 有一种办法是以注水的水箱代替砝码，在水箱上有刻度以读取准确的水荷。使用蜗杆-蜗轮，气压，液压装置是实现连续加载的另一种形式。

加载装置的示力机构，最简单、用得最多的是砝码-杠杆式；另一种是用弹性元件作为传感器，配合相应的仪表示力，这可有以下几种形式：

1. 千分表式测力计

国产测力计型号及量程(在 10—600 公斤范围内的)见表 5.1。

表 5.1　测力计型号及其量程

型号	ES-001	ES-002	ES-003	ES-006	ES-010	ES-015	ES-0 3	ES-06
量程(公斤)	10	20	30	60	100	150	300	600

2. 在上述测力计的弹性环上贴以应变片，用电阻应变仪示力。

采用这两种测力计示力，其读数必须经过标定才能得到对应应力的大小。

3. 电子称

所用的电子称系由电阻式拉压传感器及数字显示仪组成。前者的弹性内壁贴以应变片，用与其相配的数字显示仪不经换算即可直接指示出以公斤计的载荷大小。国产 BLR-1 型传感器型号及其量程见表 5.2。

表 5.2　BLR-1传感器型号及其量程

型　号	BLR-1/100	BLR-1/200	BLR-1/300	BLR-1/500	BLR-1/700	BLR-1/1000
量程(公斤)	100	200	300	500	700	1000

二、专用加力机构

专用加力机构是根据模型的具体形状，尺寸及其受载情况专门设计的. 三向冻结模型的加力机构常常要求单独设计.

模型上的载荷可分为加在模型表面上的及加在整个模型体积上的两类. 前一类又可分为集中力及分布力. 集中力通常直接用砝码或砝码-杠杆施加. 应用砝码加载时,如果集中力不在铅垂方向,可以使用带有滚珠轴承的过渡滑轮来改变加力的方向. 对于大载荷的集中力可使用螺旋付或液压装置来实现. 光弹性模型上的分布力通常遇到的有均布压力、水压力以及体积力(自重力和惯性力). 对于前两种分布力,如果是平面模型或形状简单的三向模型,可用杠杆-迭梁或杠杆-垫块等机械方法来实现. 用机械方法加载只能近似地模拟压力的分布情况,一般很少使用. 对模型施加均布压力,特别是对于模型的承载面积大或承载面形状复杂的情形,应用气压加载是一种既简单又可靠的方法. 图 5.12(a) 为一圆形防喷器光弹性模型,其结构简图见图 5.12(b). 防喷器承受内

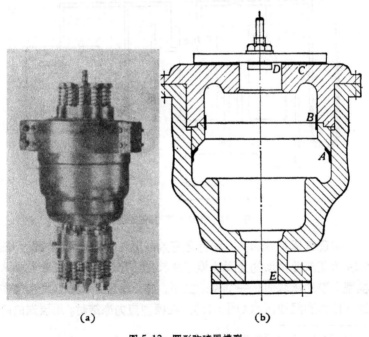

(a)   (b)

图 5.12 圆形防喷器模型

压作用,应力冻结时,通过图5.13所示的气压装置充以气压.该气压装置有两个压力罐1与2,与模型相连的压力罐2中的压力等于模型所要求的压力 q,压力罐1中的压力 p_1 稍大于 p_2,供补充 p_2 之用.压力的大小分别以 U 形水银管指示,并通过压力阀门加以调节和恒定.气源可用压力泵,也可用自行车的打气筒,但与打气筒相连的气管端头应装一个气门芯.密封是气压加载中必须解决的问题.圆形防喷器有 A,B,C,D,E 五处配合面,为了保证其密封性,在配合面使用了两种密封胶,效果良好.其一为"704"室温硫化单体硅橡胶.这种胶的固化时间在 12—24 小时,固化后的密封性能较好,粘结力较强,但其本身的强度较低.另一种密封胶是为该试验专门配制的氯化列克钠和氯丁橡胶的混合胶浆.这种胶浆对于橡胶与环氧树脂或橡胶与金属材料的粘结力都比较强,密封性能也好.

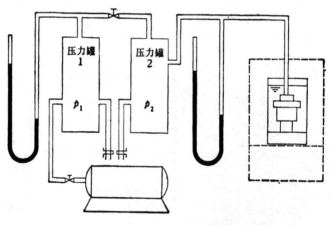

图 5.13　带 U 形管的加压装置

实现气压加载的另一种行之有效的方法是利用**乳胶囊**.图5.14 为某双曲拱坝的光弹性模型及其加压用的多层乳胶囊[1].坝体模型上游的承载面是一个复杂曲面,其上承受沿水深作线性分布的水压力和泥沙压力(图 5.15).在模型应力冻结时,用层迭的阶

---

1) 图 5.14—5.16 系北京工业学院材料力学实验室提供.

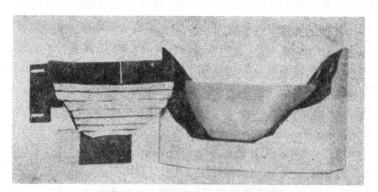

图 5.14 拱坝光弹性模型及加压用乳胶囊

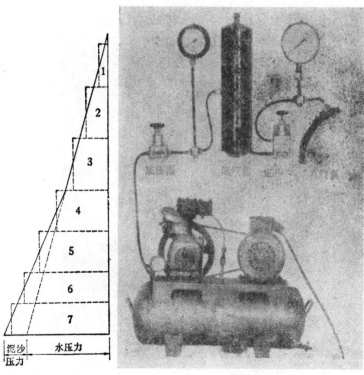

图 5.15 拱坝承受的
载荷及其简化图

图 5.16 使用定值器的加压装置

梯形均布载荷模拟上述压力的作用. 每一层均布载荷均单独通过一个特制的弧形乳胶囊输以相应的气压施加于模型. 其加压装置见图 5.16, 它由气泵、减压器、储气罐、定值器、压力表及乳胶囊所组成. 用乳胶囊施加气压能够保证压力的密封性, 但是必须保证乳胶囊的初始形状与模型吻合一致, 特别是在模型的拐角处必须保证紧密贴合. 胶囊质地应柔软, 厚薄要均匀, 一般厚度以 0.6—0.8 毫米为宜. 另外, 乳胶囊应有合适的定位装置.

模型上的惯性力, 例如对水轮机的叶轮施加离心力时, 可将模型安装在由电机带动的转轴上加以旋转来实现(图 5.17). 对于水坝模型的自重应力通常也使用大型离心力加载装置来模拟.

图 5.17 离心力装置

第六章 平面光弹性

在工程结构中,有些构件的应力状态沿厚度方向不变,这些问题一般称为平面应力状态或平面应变状态. 在进行模型试验时,是把构件作成平面模型. 这种构件的光弹性问题,属于平面光弹性问题.

在平面光弹性试验中,可以得到两组数据,一组为等差线,另一组为等倾线,这是进行应力计算的基本数据. 根据等差线和等倾线参数,可以求得平面模型中任意一点的主应力差的大小和主应力的方向. 在平面模型自由边界上的点,属于单向应力状态,根据(3.10)式就能直接得出应力值. 而平面模型的内部点,属于二向应力状态,而等差线参数给出的是主应力差值,为了寻找内部点的主应力各自的大小,需采用主应力分离的办法. 本章将着重介绍剪应力差法、斜射法和数解法等. 至于全息干涉法,则在第十章中专门介绍.

§6.1. 边界应力的大小和符号的确定

见图 6.1,平面模型自由边界上的任意一点都是单向应力状态,例如 A,B 点,两个主应力当中有一个为零,另一个主应力与边界相切. 根据 A,B 点的等差线条纹级次 n,由(3.10)式可得出与边界相切的主应力

$$\sigma_1, \sigma_2 = \pm n \frac{f}{d},$$

至于主应力的符号究竟是拉,还是压呢? 下面介绍三种判断方法:

一、钉压法

见图 6.2(a),纯弯曲梁 A 点与边界相切的主应力为拉应力,另

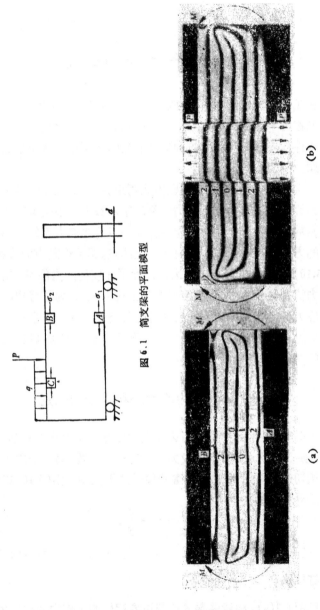

图 6.1 简支梁的平面模型

图 6.2 使用钉压法和标准试件法判断断边界应力符号

(a)

(b)

一个主应力为零；B 点与边界相切的主应力为压应力，另一个主应力为零.

当用钉头状的物体轻压被判断点 A 时，根据（3.10）式可以看出，由于 A 点 σ_2 代数值减小，则 A 点等差线条纹级次增加. 因此，采用钉压法如果加压点条纹级次增加，则边界应力为拉应力；反之，如 B 点，加压点条纹级次减小，则边界应力为压应力. 从图 6.2（a）可以看到采用钉压法时，边界上等差线的变化趋向.

二、标准试件法

见图 6.2（b），冻结一个轴向受拉试件，将其放在与纯弯曲梁上下边界相垂直的方向，由（3.10）式可以看出，当被判断点 A 的条纹级次减小时，则说明 A 点与边界相切的应力是拉应力；当被判断点 B 的条纹级次增加时，则说明 B 点与边界相切的应力是压应力.

三、补偿器法

如果使用拉伸试件补偿器，需使拉伸试件的轴线迭加在被测点边界的切线方向. 加拉力补偿之，如能将该点补黑或条纹级次减小，则该点的切向正应力为压应力，反之，为拉应力. 如边界上 C 点有均布载荷 q 的作用，见图 6.1 所示，则在（6.10）式中 q 是表示主应力 σ_1 呢？还是表示 σ_2 呢？这可以根据拉伸试件补偿器的使用原理来确定. 假如

$$\sigma_2 = q,$$

则将其代入（3.10）式得

$$\sigma_1 = n_C \frac{f}{d} + \sigma_2 = n_C \frac{f}{d} - |q|.$$

其正值表示拉应力，负值表示压应力.

其它类型的补偿器如巴比涅补偿器、巴比涅-索利尔补偿器等也能用以判断边界应力的符号.

§6.2. 应力集中及应力集中系数的确定

一般工程构件的截面形状并非均匀的，往往有孔或缺口造成截面的局部削弱，在尺寸变化的区域，引起应力局部的急剧增大，此现象称为应力集中。图 6.3 (a) 表示具有中心圆孔的平面模型，在轴向拉力作用下的等差线照片。图 6.3(b)是过孔中心的横向对称截面上轴向应力分布。

(a)

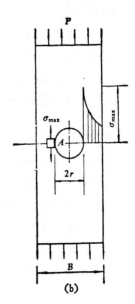

(b)

图 6.3 具有中心圆孔平面模型的等差线与过圆孔中心的横截面上应力的分布

显然，在孔边 A 点产生应力集中。应力集中的程度可以用应力集中系数来表示。当最大应力不超过光弹材料的比例极限时，应力集中系数定义为

$$\alpha_K = \frac{\sigma_{max}}{\sigma_0}, \tag{6.1}$$

式中，σ_{max} 是绝对值最大的边界应力；σ_0 是局部削弱横截面的

平均应力,

$$\sigma_0 = \frac{P}{(B - 2r)\,d};$$

d 是模型的厚度.

一般的应力集中系数需用弹性理论和难度较大的数学工具才能进行计算. 但是, 有些问题目前从理论上还不能解决. 而光测法可以测得各种复杂形状的应力集中系数, 所以它是研究应力集中最有效的方法之一.

由实验确定应力集中系数一般使用三种方法.

一、条纹级次法

$$\alpha_K = \frac{\sigma_{\max}}{\sigma_0} = \frac{n_{\max}\dfrac{f}{d}}{\sigma_0}, \tag{6.2}$$

式中 $n_{\max}$ 为孔边最大条纹级次.

二、辅助试件法(也称自校法)[14]

见图 6.4, 在试件上再加一段等宽部分, 测得孔边条纹级次 n_H 及均匀拉伸段 B_C 部分的条纹级次 n_C. 则孔边应力集中系数

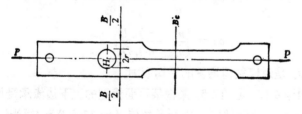

图 6.4 辅助试件法定应力集中系数

$$\alpha_K = \frac{n_H \dfrac{f}{d}}{\dfrac{P}{Bd}} = n_H\, B\, \frac{f}{P}, \tag{a}$$

对于均匀拉伸段

$$\frac{P}{B_C d} = n_C \frac{f}{d},$$

所以

$$\frac{f}{P} = \frac{1}{n_C B_C}, \tag{b}$$

将（b）代入（a）式得

$$\alpha_K = \frac{n_H B}{n_C B_C}. \tag{6.3}$$

三、增载法

由于时间边缘效应的影响，使孔边的条纹级次产生测量误差，为了消除此种影响，可采用增载法．先对模型加初载 P_1，测取孔边条纹级次为 n_1，然后再增载至 P_2，测取孔边条纹级次为 n_2．则对应载荷增量 $(P_2 - P_1)$ 时，孔边条纹级次的增量为 $(n_2 - n_1)$，所以孔边最大应力为

$$\sigma_{\max} = \frac{(n_2 - n_1)f}{d},$$

代入(6.2)和(6.3)得

$$\alpha_K = \frac{\sigma_{\max}}{\sigma_0} = \frac{(n_2 - n_1)\dfrac{f}{d}}{\sigma_0},$$

$$\alpha_K = \frac{(n_2 - n_1)_H D}{(n_2 - n_1)_c D_c}.$$

式中 σ_0 是对应载荷增量的平均应力．

例题 6.1. 见图 6.5，某框架平面模型的上下边缘承受均布拉力 $q = 12.3$ 公斤/厘米²，材料条纹值 $f = 12.4$ 公斤/厘米²．求框架窗孔的边界应力分布、框架外边界 C，D 点的应力和窗孔最大应力集中系数．

解. 框架模型的等差线条纹图见图 6.6 所示．框架内窗孔及外边界的左右两侧为自由边界，外边界的上下边缘为非自由边界．内窗孔边界点 A，B 和外边界点 C，D 的应力计算见表 6.1．

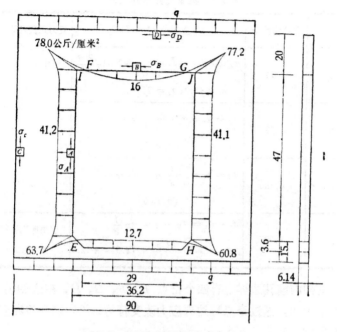

图 6.5 框架窗孔边界的应力分布

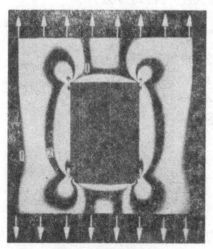

图 6.6 框架模型等差线

表 6.1   框架边界点的应力

点 号	条纹级次 n	边界应力（公斤/厘米²）	应力正负号确定法
A	2.04	$\sigma_A = \sigma_1 = n_A \dfrac{f}{d} + \sigma_2 = +2.04 \dfrac{12.4}{0.614}$ $= +41.2 \, (\sigma_2 = 0)$	钉压法
B	0.792	$\sigma_B = \sigma_2 = \sigma_1 - n_B \dfrac{f}{d} = -16.0$ $(\sigma_1 = 0)$	
C	0.730	$\sigma_C = \sigma_1 = n_C \dfrac{f}{d} + \sigma_2 = +14.7$ $(\sigma_2 = 0)$	
D	1.00	$\sigma_1 - \sigma_2 = \sigma_D - q = n_D \dfrac{f}{d}$ $\therefore \sigma_D = 1.00 \dfrac{12.4}{0.614} + 12.3 = +32.5$	使用库克补偿器 知 $\sigma_D > q$

框架内窗孔边界上有四个奇点 E, F, G, H, 在这四点处 $\sigma_1 = \sigma_2 = 0$, 通过奇点时边界应力改变符号. 沿内窗孔边界应力分布见图 6.5.

窗孔边界最大应力（在 I, J 点）

$$\sigma_{\max} = \frac{78.0 + 77.2}{2} = 77.6 \ \text{公斤/厘米}^2.$$

窗孔被削弱处横截面的平均应力

$$\sigma_0 = \frac{12.3 \times 9.00 \times 0.614}{(9.00 - 3.62) \times 0.614} = 20.6 \ \text{公斤/厘米}^2.$$

所以应力集中系数

$$\alpha_K = \frac{\sigma_{\max}}{\sigma_0} = 3.77.$$

§6.3.   内部应力的确定

等差线和等倾线给出了模型内部任意一点的主应力差值及其方向（即光弹性只能给出两个独立的数据）. 但是, 该点两个主应力各自的数值和对应的方向还不知道（即一点的应力状态有三个未知数）. 为了求得这三个未知数，还需配合其它办法才能解决. 大致有三类办法：

其一，通过其他方法寻找主应力和. 包括测取侧向应变法, 全息干涉法（详见第十章）和数解法等.

其二，以等差线及等倾线作为原始资料, 求解模型在几何形状和载荷的对称面上的主应力的斜率平衡法, 求解沿主应力迹线上主应力的图解积分法和斜射法分离主应力等；

其三，借助于平衡微分方程式的二向剪应力差法.

下面扼要介绍侧向应变法, 二向剪应力差法, 斜射法和数解法.

一、侧向应变法

见图 6.7, 当光线沿 z 轴方向照射时, 根据等差线可得到模型上任意一点的主应力差 $(\sigma_1 - \sigma_2)$.

由于模型的表面是自由表面, 故为主平面, 所以 $\sigma_z = 0$, 根据(1.33)式得

$$(\sigma_1 + \sigma_2) = -\frac{\varepsilon_z E}{\mu}, \tag{a}$$

在载荷作用下, 如测得模型厚度的变化 Δd, 则

$$\varepsilon_z = \frac{\Delta d}{d}, \tag{b}$$

将 (b) 代入 (a) 得

$$(\sigma_1 + \sigma_2) = -\frac{\Delta d E}{d \mu}. \tag{6.4}$$

其中 Δd 可利用侧向应变仪测量之. 由于厚度变化小, 故测量精度要求高. 侧向应变仪的结构型式很多, 计有光学式、电阻式、杠杆式、千分表式、电阻丝式[2]等.

于是, 根据模型内部任意一点的主应力差及主应力和值, 即可解出主应力 σ_1 和 σ_2. 至于主应力的各自方向使用库克补偿器或

标准试件法就可找出.

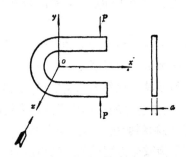

图 6.7 曲 杆 模 型

二、二向剪应力差法

为了解决平面模型任意一点的应力问题，必须求解三个应力分量 σ_x, σ_y 和 τ_{xy}（或 σ_1, σ_2 和其方向）.但是，等差线和等倾线只是给出主应力差值和主应力方向. 那么，利用等差线和等倾线参数，根据(1.9)式可以求得 τ_{yx}. 然后利用 τ_{yx} 的分布，借助于平衡微分方程 (1.22b) 式就可求得 σ_x（或 σ_y）. 再根据(1.8)式就可求得 σ_y（或 σ_x）. 于是任意一点的三个应力分量成为已知. 现以方板承受对角线方向的集中载荷为例，见图 6.8 所示，利用剪应力差法求任意一点 K 的三个应力分量. 步骤如下：

1. τ_{yx} 的确定

由(1.9)式，根据 K 点等差线 $(\sigma_1 - \sigma_2)$ 的条纹级次和等倾线参数 θ 可求得

$$|\tau_{yx}| = \frac{\sigma_1 - \sigma_2}{2} \sin 2\theta, \tag{6.5}$$

由应力圆可以总结出判断 τ_{yx} 的方向的方法. 见图 6.9(a) 所示，假设对应 K 点的等倾线参数 θ 的主应力是 σ_1，则作水平截面的外法线 N，它与 σ_1 方向线的夹角分别为 α 和 β，由于 $\alpha < \beta$，那么，根据 K 点主应力画出的应力圆可以找出 τ_{yx} 的方向应是法线 N 转向 α 角(小角)的方向. 见图 6.9 (b) 所示，假设对应 θ 的主应

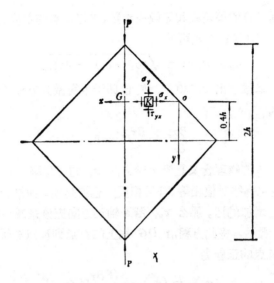

图 6.8 承受对角集中载荷的方板

力是 σ_2，则作水平截面的外法线 N，它与 σ_1 方向线的夹角分别为 ϕ 和 ψ，由于 $\psi < \phi$，那么，根据 K 点主应力画出的应力圆可以找出 τ_{yx} 方向应是法线 N 转向 ψ 角(小角)的方向。

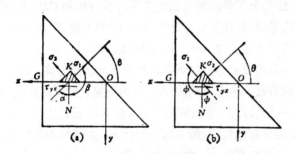

图 6.9 τ_{yx} 方向的确定

τ_{yx} 的正负要根据坐标系来定,按 §1.2 中的规定,图 6.9(a)中的 τ_{yx} 为正,图 6.9(b) 中的 τ_{yx} 为负.

2. 正应力 σ_x 的确定

根据 K 点的等差线和等倾线参数,求得 K 点的主应力差 $(\sigma_1 - \sigma_2)$ 和 τ_{yx}. 由 (1.8) 式可得

$$\sigma_x - \sigma_y = \pm \sqrt{(\sigma_1 - \sigma_2)^2 - 4\tau_{yx}^2}. \tag{6.6}$$

为了单独解出 σ_x 和 σ_y 值,借助于平衡微分方程 (1.22b) 式的第一式

$$\frac{\partial \sigma_x}{\partial x} + \frac{\partial \tau_{yx}}{\partial y} = 0,$$

这个方程式的物理含义是沿 x 轴方向 σ_x 的变化率与沿 y 轴方向 τ_{yx} 的变化率绝对值相等,符号相反. 也就是说,如果 σ_x 沿 x 轴正方向是增加的话,那么 τ_{yx} 沿 y 轴正方向应该是减小的. 见图 6.10 (a) 所示,将此方程沿 OG 线上的 O 点到 K 点进行积分,即可得到 K 点的正应力

$$(\sigma_x)_K = (\sigma_x)_0 - \int_0^K \frac{\partial \tau_{yx}}{\partial y} dx, \tag{6.7}$$

如果用有限差值的代数和近似代替 (6.7) 式的积分运算,则上式可写为

$$(\sigma_x)_K = (\sigma_x)_0 - \sum_0^K \frac{\Delta \tau_{yx}}{\Delta y} \Delta x, \tag{6.8a}$$

在 OG 线的上下等距离处划两条平行线 AB 和 CD. 然后把 OG 线分成几等份,并在各分点处作 OG 线的垂线,则在 AB 和 CD 间分成若干个边长为 Δx,Δy 的矩形. 式中 $(\sigma_x)_0$ 为方板自由边界上 O 点的正应力. 如积分路线沿着 x 轴正方向,则 Δx 取为正值;如沿着 y 轴正方向的 Δy 取为正值,则所对应的 $\Delta \tau_{yx} = (\tau_{yx})_{CD} - (\tau_{yx})_{AB}$. 于是根据 CD 和 AB 截面上的 τ_{yx} 可以画出 $\Delta \tau_{yx}$ 的分布曲线,见图 6.10(b) 所示. 如已知 OG 线上 $(K-1)$ 点的 σ_x,则 K 点的 σ_x 由 (6.8a) 得

$$(\sigma_x)_K = (\sigma_x)_{K-1} - \frac{\Delta \tau_{yx}}{\Delta y} \Delta x. \tag{6.8b}$$

其中 $\Delta \tau_{yx}$ 应是 $(K-1)$ 和 K 点之间中点处的对应值.

由此可知,Δx,Δy 的正负,$\Delta \tau_{yx}$ 的计算值均与坐标系和

积分路线的选取有关.

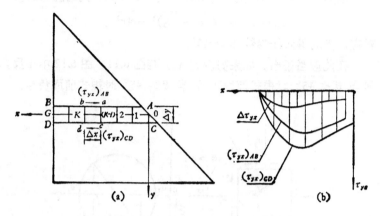

图 6.10 沿 AB, CD 的 τ_{yx} 分布曲线

3. 正应力 σ_y 的确定

K 点的 σ_x, τ_{yx} 已经得出, 由(6.6)式即可得出另一个正应力

$$\sigma_y = \sigma_x \pm \sqrt{(\sigma_1 - \sigma_2)^2 - 4\tau_{yx}^2}, \qquad (6.9)$$

式中的正负号可以根据 K 点等倾线参数 θ 来决定, 这可由应力圆明显地看出来.

见图 6.11 所示, 假设 K 点 τ_{yx} 方向如图所示, 且 $\sigma_x > \sigma_y$, 则由应力圆得

$$\sigma_y = \sigma_x - \sqrt{(\sigma_1 - \sigma_2)^2 - 4\tau_{yx}^2},$$

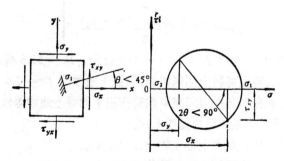

图 6.11 $\sigma_x > \sigma_y$ 的单元体应力状态与应力圆

对应 K 点的等倾线参数 $\theta < 45°$.

见图 6.12 所示,剪应力方向不变而 $\sigma_x < \sigma_y$,则由应力圆得

$$\sigma_y = \sigma_x + \sqrt{(\sigma_1 - \sigma_2)^2 - 4\tau^2_x},$$

对应 K 点的等倾线参数 $\theta > 45°$.

在此应当指出,如果剪应力 τ_{yx} 与图 6.11、图 6.12 中相反,则当 $\theta < 45°$ 时根式前取正号,当 $\theta > 45°$ 时根式前取负号.

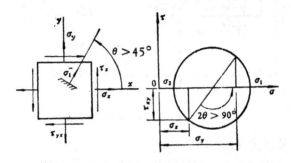

图 6.12　$\sigma_x < \sigma_y$ 的单元体应力状态与应力圆

σ_y 也可按(1.10)式计算

$$\sigma_y = \sigma_x - (\sigma_1 - \sigma_2) \cos 2\theta_0. \qquad (6.10)$$

其中 θ_0 为 σ_1 与 x 轴的夹角.

4. 主应力 σ_1 和 σ_2 的计算

由(1.8)式知 $\sigma_x + \sigma_y = \sigma_1 + \sigma_2$,则

$$\left.\begin{aligned}
\sigma_1 &= \frac{(\sigma_x + \sigma_v) + (\sigma_1 - \sigma_2)}{2}, \\
\sigma_2 &= \frac{(\sigma_x + \sigma_y) - (\sigma_1 - \sigma_2)}{2}.
\end{aligned}\right\} \qquad (6.11)$$

例题 6.2.　参看图 6.8,$P = 115$ 公斤,$2h = 55.6$ 毫米,$d = 5.46$ 毫米,模型材料为环氧树脂,室温下条纹值 $f = 13.0$ 公斤/厘米.　方板在对角线方向集中载荷作用下的等差线和等倾线见图 6.13 所示.等差线照片见图 6.14.

试求 OG 截面上各点的 σ_x,σ_y,τ_{xy}.

1. OG 截面上 τ_{yx} 的计算

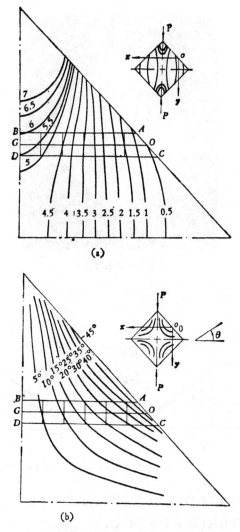

图 6.13 方板承受对角集中载荷下的等差线和等倾线

(a) 等差线;   (b) 等倾线.

参看图 6.13，把 OG 线分为 6 等分，每份长 $\Delta x = 2.78$ 毫米，根据等差线和等倾线图，把沿 OG 线上的条纹级次 n 和等倾线参数 θ 分布曲线画出，见图 6.15 所示，然后根据此曲线，把 OG

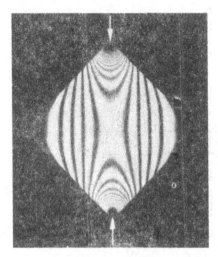

图 6.14　方板等差线

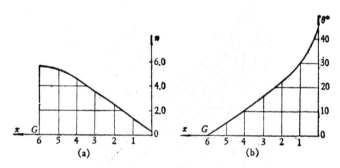

图 6.15　OG 线上条纹级次 n 和等倾线参数 θ 的分布

线上各分点处的条纹级次 n 和等倾线参数 θ 量出，由(6.5)式即可得出 τ_{yx} 的绝对值，见表 6.2 所示。

见图 6.16，根据钉压法可以判断自由边界上 O 点与边界相切的应力 $(\sigma_2)_0$ 为压应力。该点 τ_{yx} 由坐标系知为正值，由于 OG 线上没有零度等倾线通过它，故 OG 线上的 τ_{yx} 都为正值。

2. OG 截面上 σ_x 的计算

由（6.8b）式知

表 6.2　　OG 截面上 τ_{yx} 的计算

点号	条纹级次 n	$\sigma_1 - \sigma_2 = nf/d$ $= 23.8n$ (公斤/厘米²)	等倾线参 数 $\theta°$	$\sin 2\theta$	$\tau_{yx} = \dfrac{\sigma_1 - \sigma_2}{2} \sin 2\theta$ (公斤/厘米²)
0	0.50	11.9	45.0	1.00	+5.95
1	1.50	35.7	30.0	0.866	+15.5
2	2.50	59.5	23.0	0.719	+21.4
3	3.50	83.3	17.0	0.559	+23.3
4	4.50	107	11.0	0.375	+20.1
5	5.30	126	5.05	0.175	+11.0
6	5.70	136	0	0	0

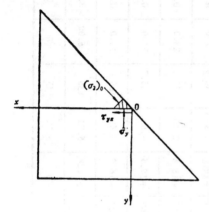

图 6.16　τ_{yx} 正负的确定　　　　图 6.17　$(\sigma_x)_0$ 的确定

$$(\sigma_x)_1 = (\sigma_x)_0 - (\Delta\tau_{yx})_{01} \frac{\Delta x}{\Delta y},$$

$$(\sigma_x)_K = (\sigma_x)_{K-1} - (\Delta\tau_{yx})_{K-1,K} \frac{\Delta x}{\Delta y},$$

其中 $(\sigma_x)_0$ 可由自由边界 O 点的切向正应力 $(\sigma_2)_0$ 求出,见图 6.17 所示,由 (1.7b) 式得

$$(\sigma_x)_0 = \frac{(\sigma_2)_0}{2} + \frac{(\sigma_2)_0}{2} \cos (2 \times 45°) = \frac{(\sigma_2)_0}{2}$$

表 6.3　CD, AB 截面上 τ_{yx}, $\Delta\tau_{yx}$ 及 OG 截面上 σ_x 的计算

点号	CD 截面					AB 截面					$\Delta\tau_{yx\text{平均}}\dfrac{\Delta x}{\Delta y}$ (公斤/厘米²)	σ_x (公斤/厘米²)
	n	$\sigma_1-\sigma_2$ (公斤/厘米²)	$\theta°$	$\sin2\theta$	τ_{yx} (公斤/厘米²)	n	$\sigma_1-\sigma_2$ (公斤/厘米²)	$\theta°$	$\sin2\theta$	τ_{yx} (公斤/厘米²)		
0	—	—	—	—	—	—	—	—	—	—		−5.95
1	1.60	38.1	24.0	0.743	+14.2	1.30	30.9	37.0	0.961	+14.8	−0.600	−5.35
2	2.50	59.5	19.0	0.616	+18.3	2.40	57.1	28.0	0.829	+23.7	−3.00	−2.35
3	3.50	83.3	14.0	0.469	+19.5	3.60	85.7	21.0	0.669	+28.7	−7.30	+4.95
4	4.40	105	9.00	0.309	+16.2	4.60	109	13.0	0.438	+23.9	−8.40	+13.4
5	5.00	119	4.50	0.156	+9.28	5.70	136	6.00	0.208	+14.1	−6.30	+19.7
6	5.40	129	0	0	0	6.10	145	0	0	0	−2.41	+22.1

$$= -\frac{1}{2} n_0 \frac{f}{d} = -5.95 \text{ 公斤/厘米}^2.$$

根据所确立的直角坐标系知 $\Delta x = \Delta y = +2.78$ 毫米，CD 和 AB 截面上的 τ_{yx}，$\Delta\tau_{yx}$ 和 OG 截面上 σ_x 的计算见表 6.3.

3. OG 截面上 σ_y 的计算

由(6.9)式知

$$\sigma_y = \sigma_x \pm \sqrt{(\sigma_1 - \sigma_2)^2 - 4\tau_{yx}^2},$$

OG 线上 τ_{yx} 方向如图 6.11 和图 6.12 所示，所以当等倾线参数 $\theta < 45°$ 时根式前取负号；当 $\theta > 45°$ 时根式前取正号. σ_y 的计算值见表 6.4.

表 6.4　OG 截面上 σ_y 的计算

点号	τ_{yx} (公斤/厘米^2)	σ_x (公斤/厘米^2)	$\sigma_1 - \sigma_2$ (公斤/厘米^2)	$(\sigma_1-\sigma_2)^2$	τ_{yx}^2	$4\tau_{yx}^2$	$\theta°$	σ_y (公斤/厘米^2)
0	+5.95	−5.95	11.9	142	35.4	142	45.0	−5.95
1	+15.5	−5.35	35.7	1270	240	960	30.0	−23.0
2	+21.4	−2.35	59.5	3540	458	1830	23.0	−43.8
3	+23.3	+4.95	83.3	6940	543	2170	17.0	−64.2
4	+20.1	+13.4	107	11500	404	1620	11.0	−86.0
5	+11.0	+19.7	126	15900	121	484	5.05	−104
6	0	+22.1	136	18500	0	0	0	−114

σ_x，σ_y，τ_{yx} 的分布曲线见图 6.18.

4. OG 截面上的 σ_1 和 σ_2 值

由(6.11)式得 σ_1 和 σ_2 值，见表 6.5，σ_1 和 σ_2 的分布曲线见图 6.18.

5. 静力校核

为了检查实验精确度，用静力平衡法校核之. 见图 6.18，σ_y 曲线与横坐标 x 轴之间的面积由求积仪量得 $A = 26.8$ 厘米^2，图中 $OG = 8.34$ 厘米，所以

$$(\sigma_y)_{\text{平均}} = \frac{26.8}{8.34} = 3.22 \text{ 厘米},$$

表 6.5　　OG 截面上的 σ_1 和 σ_2 值

点号	σ_x (公斤/厘米²)	σ_y (公斤/厘米²)	$(\sigma_x + \sigma_y)$ (公斤/厘米²)	$(\sigma_1 - \sigma_2)$ (公斤/厘米²)	σ_1 (公斤/厘米²)	σ_2 (公斤/厘米²)
0	−5.95	−5.95	−11.9	11.9	0	−11.9
1	−5.35	−23.0	−28.4	35.7	3.65	−32.1
2	−2.35	−43.8	−46.2	59.5	6.65	−52.9
3	+4.95	−64.2	−59.3	83.3	12.0	−71.3
4	+13.4	−86.0	−72.6	107	17.2	−89.8
5	+19.7	−104	−84.3	126	20.9	−105
6	+22.1	−114	−91.9	136	22.1	−114

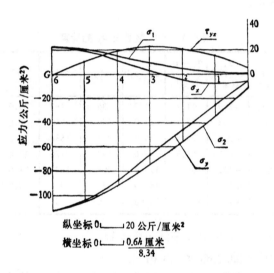

纵坐标 0 ⊢———⊣ 20 公斤/厘米²

横坐标 0 ⊢———⊣ $\dfrac{0.6h}{8.34}$ 厘米

图 6.18　　OG 截面上 σ_x, σ_y, τ_{xy} 和 σ_1, σ_2 分布曲线

对应的应力值为

$$(\sigma_y)_{平均} = 3.22 \times 20 = 64.4 \text{ 公斤/厘米}^2,$$

故 OG 截面上 σ_y 沿铅垂方向的合力为

$$R_y = (\sigma_y)_{平均} \times d \times 0.6h = 58.6 \text{ 公斤},$$

而方板实际载荷是 $P = 115$ 公斤,故实验误差为

$$e = \frac{2R_y - P}{P} = 1.92\%.$$

在本例题中,为了层次分明列出表 6.2—表 6.5,实际计算时可以简化表格. 手算费时较多,最好编成程序,使用计算机计算.

三、斜射法

等差线和等倾线参数给出了主应力差值和主应力方向. 为了分别求出主应力的大小,还可用对平面模型增加一次斜射的办法,从而得到一个补充方程式,它与主应力差的方程式联立求解,就可得出主应力 σ_1 和 σ_2.

图 6.19 (a) 为一个框架平面应力模型,其内部任意一点的应力状态如图 6.19(b)所示. 设 z 轴垂直于模型的表面,当光线沿 z 轴方向照射时,根据该点的等差线条纹级次 n_z 由(3.10)式得

$$\sigma_1 - \sigma_2 = n_z \frac{f}{d}, \qquad \text{(a)}$$

根据该点的等倾线参数 θ 可知主应力方向. 假设沿 x 方向的主应

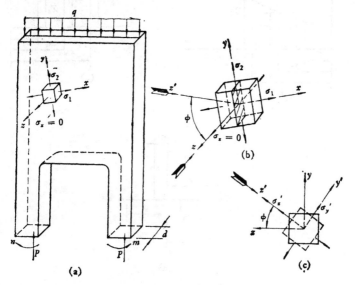

图 6.19 框架平面应力模型

力是 σ_1，沿 y 方向的主应力是 σ_2，由于该模型是平面应力问题，所以 $\sigma_z = 0$。

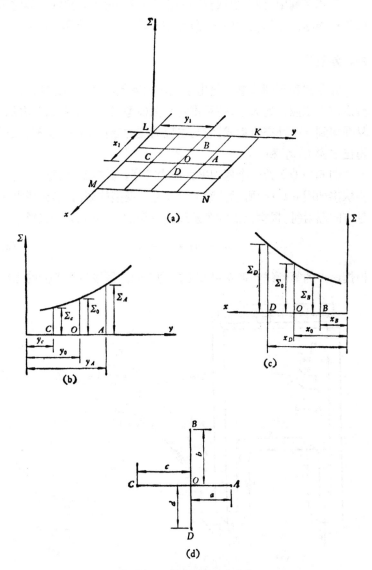

图 6.20 调和函数的变化曲线

当光线在 yOz 平面内沿与 z 轴成 ϕ 角方向斜射时,见图6.19 (c) 所示,则对应 x', y', z' 新坐标系,单元体的应力状态用 $\sigma_{x'}$ ($= \sigma_1$), $\sigma_{y'}$, $\sigma_{z'}$, $\tau_{x'y'} = \tau_{y'x'}$, $\tau_{y'z'} = \tau_{z'y'}$, $\tau_{z'x'} = \tau_{x'z'}$ 六个应力分量来表示. 由于 x 与 x' 轴重合,所以 $\tau_{x'y'} = \tau_{y'x'} = 0$ $\tau_{x'z'} = \tau_{z'x'} = 0$. 当光线沿 z' 方向照射时,$\sigma_{z'}$ 和 $\tau_{z'y'} = \tau_{y'z'}$ 不发生光效应(其原理见 §7.2). 于是仅 $\sigma_{x'}$ 和 $\sigma_{y'}$ 有光效应. 其中 $\sigma_{x'} = \sigma_1$,由§1.1 中 (c) 式得

$$\sigma_{y'} = \sigma_2 \cos^2\phi, \tag{b}$$

根据光线沿 z' 方向斜射时的条纹级次 n_ϕ,由(7.1)式得

$$\sigma_{x'} - \sigma_{y'} = n_\phi \frac{f\cos\phi}{d},$$

把 (b) 式代入上式得

$$\sigma_1 - \sigma_2\cos^2\phi = n_\phi \frac{f\cos\phi}{d}, \tag{c}$$

联立解 (a), (c) 式得

$$\left.\begin{array}{l} \sigma_1 = \dfrac{f}{d}\left(\dfrac{n_z\cos^2\phi - n_\phi\cos\phi}{\cos^2\phi - 1}\right), \\[3mm] \sigma_2 = \dfrac{f}{d}\left(\dfrac{n_z - n_\phi\cos\phi}{\cos^2\phi - 1}\right). \end{array}\right\} \tag{6.12}$$

四、数解法

由第一章应力分析中知道,在平面应力或平面应变问题中,当体积力为常数时(如重力),模型任意一点的主应力和 $(\sigma_1 + \sigma_2)$ 是调和函数,它满足由 (1.41a) 式给出的拉普拉斯微分方程式

$$\frac{\partial^2}{\partial x^2}(\sigma_1 + \sigma_2) + \frac{\partial^2}{\partial y^2}(\sigma_1 + \sigma_2) = 0,$$

它可简写成

$$\nabla^2(\sigma_1 + \sigma_2) = 0. \tag{6.13}$$

因为模型自由边界的表面是主平面,所以自由边界点的单元体是单向应力状态,这样一来自由边界点的主应力和 $(\sigma_1 + \sigma_2)$ 可以根据等差线条纹级次来确定. 对于模型的非自由边界点一般也能用光测法求出其主应力和. 如果利用这些已知数据作为边界值来

求解 (6.13) 微分方程式，则能找到模型内部任意一点的主应力和，从而可求出其主应力 σ_1，σ_2。但是，直接解微分方程式 (6.13) 一般是很困难的。实际上，是把 (6.13) 式变为差分方程，然后求微分方程数值解的近似值。关于差分方程的推导过程介绍如下：

在 (6.13) 式中，设调和函数 $(\sigma_1 + \sigma_2)$ 的定义域在 xy 坐标平面的 $LMNK$ 范围内，见图 6.20(a) 所示，用与 x 轴平行的平行线和与 y 轴平行的平行线将 $(\sigma_1 + \sigma_2)$ 的定义域划分成正交型网格，对应 O，A，B，C，D 诸点的 $(\sigma_1 + \sigma_2)$ 值用符号 Σ_0，Σ_A，Σ_B，Σ_C，Σ_D 表示。

设 $x = x_1$ 时，调和函数 Σ 沿 y 的变化曲线见图 6.20(b) 所示。这条曲线在 C，O 中点处的导数为

$$\frac{\partial \Sigma}{\partial y} \approx \frac{\Sigma_0 - \Sigma_C}{y_0 - y_C}, \tag{a}$$

在 OA 中点处的导数为

$$\frac{\partial \Sigma}{\partial y} \approx \frac{\Sigma_A - \Sigma_0}{y_A - y_0}, \tag{b}$$

于是在 O 点处，$\dfrac{\partial \Sigma}{\partial y}$ 对 y 的导数由 (a)，(b) 式得

$$\frac{\partial^2 \Sigma}{\partial y^2} = \frac{\partial \left(\dfrac{\partial \Sigma}{\partial y} \right)}{\partial y} \approx \frac{\dfrac{\Sigma_A - \Sigma_0}{y_A - y_0} - \dfrac{\Sigma_0 - \Sigma_C}{y_0 - y_C}}{\dfrac{y_A + y_0}{2} - \dfrac{y_0 + y_C}{2}},$$

设 $y_A - y_0 = a$，$y_0 - y_C = C$，代入上式得

$$\frac{\partial^2 \Sigma}{\partial y^2} \approx \frac{2(\Sigma_A - \Sigma_0)}{a(a + C)} - \frac{2(\Sigma_0 - \Sigma_C)}{C(a + C)}. \tag{c}$$

设 $y = y_1$ 时，调和函数 Σ 沿 x 的变化曲线如图 6.20(c) 所示。这条曲线在 B，O 中点处的导数为

$$\frac{\partial \Sigma}{\partial x} \approx \frac{\Sigma_0 - \Sigma_B}{x_0 - x_B}, \tag{d}$$

在 O，D 中点处的导数为

$$\frac{\partial \Sigma}{\partial x} \approx \frac{\Sigma_D - \Sigma_0}{x_D - x_0}, \tag{e}$$

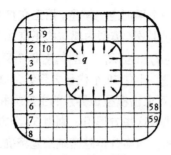

图 6.21 数解法模型

于是在 O 点处，$\dfrac{\partial \Sigma}{\partial x}$ 对 x 的导数由(d),(e)式得

$$\frac{\partial^2 \Sigma}{\partial x^2} = \frac{\partial \left(\dfrac{\partial \Sigma}{\partial x} \right)}{\partial x} \approx \frac{\dfrac{\Sigma_D - \Sigma_O}{x_D - x_O} - \dfrac{\Sigma_O - \Sigma_B}{x_O - x_B}}{\dfrac{x_D + x_O}{2} - \dfrac{x_O + x_B}{2}},$$

设 $x_O - x_B = b$，$x_D - x_O = d$，代入上式得

$$\frac{\partial^2 \Sigma}{\partial x^2} \approx \frac{2(\Sigma_D - \Sigma_O)}{d(d + b)} - \frac{2(\Sigma_O - \Sigma_B)}{b(b + d)}, \tag{f}$$

把 (c),(f) 式代入 (6.13) 式得

$$\frac{\Sigma_A}{a(a + c)} + \frac{\Sigma_B}{b(b + d)} + \frac{\Sigma_C}{c(c + a)} + \frac{\Sigma_D}{d(d + b)}$$

$$= \left(\frac{1}{ac} + \frac{1}{bd} \right) \Sigma_O. \tag{6.14}$$

这就把(6.13)微分方程式变为差分方程的形式. 一般称为四点方程.

如图 6.20(d) 所示,如果 $a = b = c = d$，则(6.14)式可写成

$$\Sigma_A + \Sigma_B + \Sigma_C + \Sigma_D = 4\Sigma_O. \tag{6.15}$$

(6.14)式是模型内任意一点和其相邻四点间的主应力和应满足的条件. 如模型内有 n 个点,则可以列出 n 个线性代数方程式,其中包含 n 个未知量. 如何求解这个线性方程组呢? 以前曾采用迭代法手算进行[15]. 目前应用计算机可使计算速度大为提高. 下面举例说明计算的过程.

图 6.21 表示一个平面应力模型,用正交直线把模型分成若干网格,除模型边界点以外,模型内部这些正交线共有 59 个交点,设每个交点处的主应力和为 Σ_i. 这样,对每个交点都可按(6.14)式列出一个差分方程,计有 59 个代数方程组. 根据模型正射时的等差线条纹级次,可求出模型边界点的主应力和,然后把已知的边界点主应力和值代入这些方程组,则由 59 个方程式可以解出 59 个待求的主应力和. 网格分得越密结果越精确. 但由于计算机的容量有限,所以网格的密度分得要适当. 这样,计算并不困难. 再根据模型的等差线测出这 59 个点的等差线条纹级次,从而求得诸点主应力差值. 于是,由各点的主应力和及主应力差值就可解出各点的主应力单独的数值. 主应力方向由等倾线便可求出.

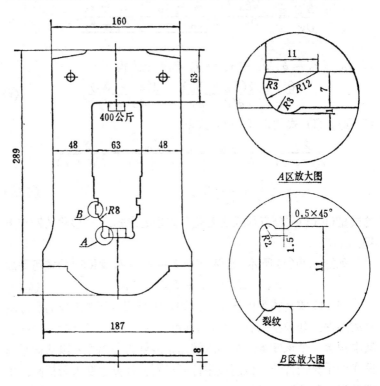

图 6.22　轧钢机机架模型

§6.4. 工程实例

一、轧钢机机架的光弹应力分析

轧钢机机架模型的形状、尺寸和载荷的作用位置如图 6.22 所示。轧钢机在工作过程中，在 B 区域的 R2 圆弧处曾发生裂纹，为了改进产品设计，在外形尺寸不变的前提下，要求局部修改 A，B 区域的形状和尺寸。对于 I，II，III 三种型式的模型进行了方案比较。I 型是原产品图样，II，III 型是补选的两种型式。要求分析三种型式的模型沿内窗孔的边界应力分布。这三种模型的等差线照片见图 6.23 所示。模型材料为环氧树脂，室温下的材料条纹值 $f = 14.0$ 公斤/厘米[16]。

由（3.10）式，根据内窗孔对应正射时的条纹级次 n 可求得边界上与边界相切的模型正应力

$$\sigma' = n\frac{f}{d}.$$

已知模型与实物的平面几何尺寸比 $k_l = \frac{1}{15}$，模型厚度与实物厚度比 $k_d = \frac{8}{450}$，模型载荷与实物载荷比 $k_P = \frac{400}{940 \times 10^3}$。根据（12.20）式得正应力相似数

$$k_\sigma = \frac{k_P}{k_d k_l},$$

于是实物正应力

$$\sigma = \frac{1}{k_\sigma}\sigma'.$$

I，II，III 型内窗孔的边界应力分布见图 6.24(a)，(b)，(c)。B 区域发生裂纹处的最大拉应力为：对 I 型 $\sigma_{max} = 510$ 公斤/厘米²，对 II 型 $\sigma_{max} = 461$ 公斤/厘米²，对 III 型 $\sigma_{max} = 437$ 公斤/厘米²。虽然 III 型最大应力比较低，但考虑到轧钢工艺方面的问题，实际选择 II 型结构型式。

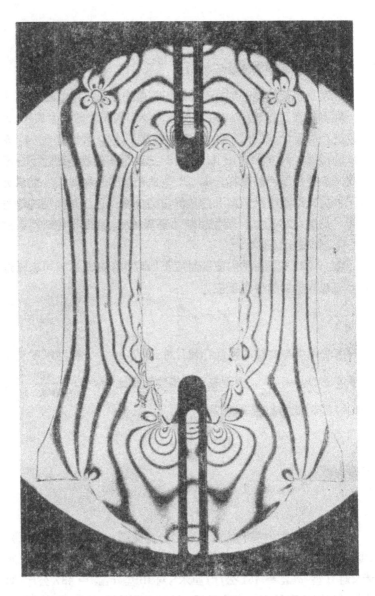

图 6.23 (a) I 型

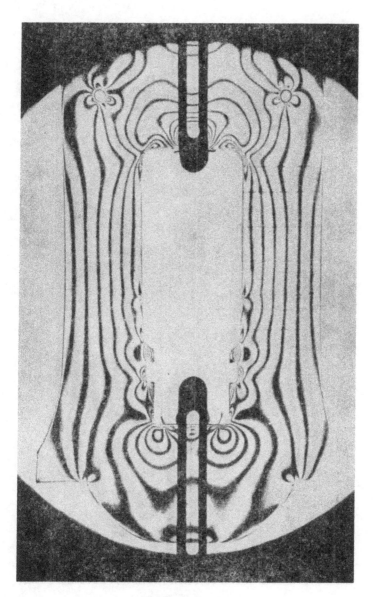

图 6.23 (b) Ⅱ 型

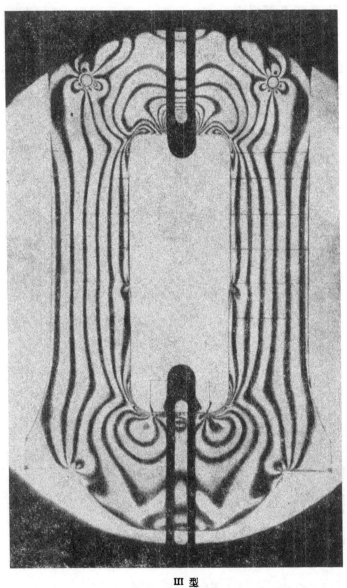

III 型

图 6.23 轧钢机机架 I, II, III 型模型的等差线

二、机器轮齿的光弹应力分析

轮齿模型的形状、尺寸和载荷作用点如图 6.25 所示. 轮齿在运转过程中,在 OG 截面处曾发生折断现象,为改进产品设计,要求解 OG 截面上 σ_x,σ_y,τ_{yx} 和 σ_1,σ_2 的分布. 轮齿的等差线和等倾线见图 6.26 所示. 模型材料为 CR-39,室温下的材料条纹值 $f = 15.0$ 公斤/厘米. 模型厚度为 6 毫米[17].

建立以 O 为原点的直角坐标系,见图 6.25 所示,把 OG 长分为10等份,每份长 $\Delta x = \dfrac{OG}{10} = 2.3$ 毫米,在 OG 上下等距离处作 AB,CD 两条平行线,使 $\Delta y = \Delta x$.

1. OG,CD 和 AB 截面上 τ_{yx},$\Delta\tau_{yx平均}$ 的计算

由(3.10)和(6.5)式得

$$\sigma_1 - \sigma_2 = n\,\frac{f}{d} = n\,\frac{15}{0.6} = 25.0n,$$

$$\tau_{yx} = \frac{\sigma_1 - \sigma_2}{2}\sin 2\theta,$$

$$\Delta\tau_{yx} = (\tau_{yx})_{CD} - (\tau_{yx})_{AB},$$

$\Delta\tau_{yx平均}$ 根据 $\Delta\tau_{yx}$ 的分布曲线找出.

以上计算结果见表 6.6.

2. OG 截面上 σ_x,σ_y 和 σ_1,σ_2 的计算

见图 6.27 所示,由 (1.7a) 式得 OG 线上 O 点正应力

$$(\sigma_x)_O = (\sigma_1 - \sigma_2)_O \sin^2 30° = 198 \times \frac{1}{4} = 49.5 \text{ 公斤/厘米}^2.$$

OG 截面上 σ_x,σ_y 和 σ_1,σ_2 的计算见表 6.7.

σ_x,σ_y,τ_{yx} 和 σ_1,σ_2 的分布曲线见图 6.28.

3. 静力校核

为了检查实验精确度,用静力平衡校核之. 见图 6.28 所示,τ_{yx} 曲线与横坐标 x 轴之间的面积由求积仪量得 $A = 20.8$ 厘米^2,图中 $OG = 15$ 厘米,所以

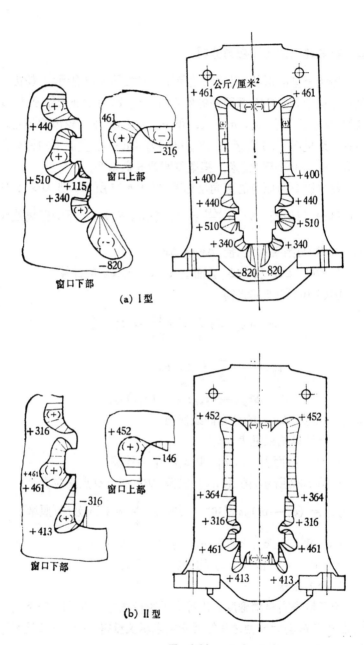

公斤/厘米²

窗口上部

窗口下部

(a) I型

窗口上部

窗口下部

(b) II型

图 6.24

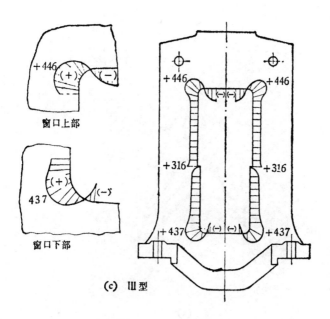

窗口上部

窗口下部

(c) III型

图 6.24 轧钢机机架 I，II，III 型模型内窗孔边界应力分布

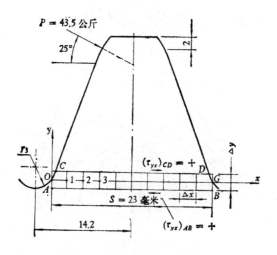

图 6.25 轮齿的形状、尺寸与载荷

(a)

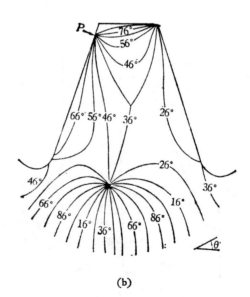

(b)

图 6.26 轮齿的等差线和等倾线

表 6.6　OG, CD, AB 截面上的 τ_{yx}, $\Delta\tau_{yx平均}$ 的计算

点号	OG 截面上 τ_{yx}					CD 截面上 τ_{yx}					AB 截面上 τ_{yx}					$\Delta\tau_{yx平均}$ (公斤/厘米²)
	n	$\sigma_1-\sigma_2$ (公斤/厘米²)	$\theta°$	$\sin2\theta$	τ_{yx} (公斤/厘米²)	n	$\sigma_1-\sigma_2$ (公斤/厘米²)	$\theta°$	$\sin2\theta$	τ_{yx} (公斤/厘米²)	n	$\sigma_1-\sigma_2$ (公斤/厘米²)	$\theta°$	$\sin2\theta$	τ_{yx} (公斤/厘米²)	
0	7.90	198.0	60.0	0.866	85.7	—	—	—	—	—	4.00	100.0	46.0	0.999	50.0	—
1	3.00	75.0	55.0	0.940	35.3	4.00	100	62.0	0.829	41.5	2.05	51.3	55.0	0.940	24.1	11.5
2	1.65	41.3	54.0	0.951	19.6	2.30	57.5	55.0	0.940	27.0	1.25	31.3	59.5	0.875	13.7	15.0
3	1.00	25.0	52.0	0.970	12.1	1.45	36.3	50.0	0.985	17.9	0.700	17.5	57.0	0.914	7.80	11.5
4	0.75	18.8	41.0	0.990	9.31	1.05	26.3	42.0	0.995	13.1	0.400	10.0	40.0	0.985	4.93	8.70
5	0.80	20.0	29.0	0.848	8.48	1.20	30.0	30.0	0.866	13.0	0.500	12.5	25.5	0.777	4.86	7.90
6	1.20	30.0	26.0	0.788	11.8	1.60	40.0	27.0	0.809	16.2	0.900	22.5	21.5	0.682	7.67	8.10
7	1.70	42.5	25.0	0.766	16.3	2.15	53.8	27.0	0.809	21.8	1.40	35.0	21.0	0.669	11.7	9.00
8	2.55	63.8	27.0	0.809	25.8	3.10	77.5	28.5	0.839	32.5	2.00	50.0	24.0	0.743	18.6	11.4
9	4.00	100	29.0	0.848	42.4	5.05	126	28.0	0.829	52.2	3.00	75.0	28.5	0.839	31.5	16.5
10	10.50	263	30.0	0.866	114	—	—	—	—	—	5.00	125	37.0	0.961	60.1	15.7

表 6.7　OG 截面上 σ_x, σ_y 和 σ_1, σ_2 的计算

点号	$\Delta\tau_{yx}\dfrac{\Delta x}{\Delta y}$ (公斤/厘米²)	$(\sigma_x)_K=(\sigma_x)_{K-1}-\Delta\tau_{yx}\dfrac{\Delta x}{\Delta y}$ (公斤/厘米²)	$\sigma_1-\sigma_2$ (公斤/厘米²)	$(\sigma_1-\sigma_2)^2$ (公斤/厘米²)	τ_{yx}^2	$4\tau_{yx}^2$	$\theta°$	$\pm\sqrt{(\sigma_1-\sigma_2)^2-4\tau_{yx}^2}$	$(\sigma_y)_K$ (公斤/厘米²)	$\sigma_x+\sigma_y$ (公斤/厘米²)	σ_1 (公斤/厘米²)	σ_2 (公斤/厘米²)
0		+49.5	198.0	39200	7340	29400	60.0	+99.0	+149	+199	+199	0
1	11.5	+38.0	75.0	5630	1250	5000	55.0	+25.1	+63.1	+101	+88.0	+13.0
2	15.0	+23.0	40.0	1600	384	1540	54.0	+7.75	+30.8	+53.8	+46.9	+6.9
3	11.5	+11.5	25.0	625	146	584	52.0	+6.40	+17.9	+29.4	+27.2	+2.2
4	8.70	+2.80	18.8	353	86.7	347	41.0	-2.45	-0.35	+2.45	+10.6	-8.18
5	7.90	-5.10	20.0	400	71.9	288	29.0	-10.6	-15.7	-20.8	-0.40	-20.4
6	8.10	-13.2	30.0	900	139	556	26.0	-18.5	-31.7	-44.9	-7.45	-37.5
7	9.00	-22.2	42.5	1810	266	1060	25.0	-27.4	-49.6	-71.8	-14.7	-57.2
8	11.4	-33.6	63.8	4070	666	2660	27.0	-37.5	-71.1	-105	-20.6	-84.4
9	16.5	-50.1	100	10000	1800	7200	29.0	-52.9	-103	-153	-26.5	-127
10	15.7	-65.8	263	69200	13000	52000	30.0	-131	-197	-263	0	-263

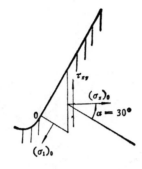

图 6.27 $(\sigma_x)_0$ 的 计 算

$$(\tau_{yx})_{\text{平均}} = \frac{20.8}{15} = 1.39 \text{ 厘米},$$

对应的应力值为

$$(\tau_{yx})_{\text{平均}} = 1.39 \times 20 = 27.8 \text{ 公斤/厘米}^2,$$

故 OG 截面上 τ_{xy} 沿水平方向的合力为

$$R_x = 27.8 \times 2.30 \times 0.60 = 38.4 \text{ 公斤},$$

而载荷 P 在水平方向的投影为

$$P_x = P\cos 25° = 39.4 \text{ 公斤},$$

所以实验误差为

$$e = \frac{R_x - P_x}{P_x} = -2.54\%.$$

三、快锻水压机机架的光弹应力分析

快锻水压机机架模型的形状、尺寸和载荷的作用位置如图 6.29 所示. 为了合理布筋,需要找出模型 $EFGH$ 区域内主应力 σ_1,σ_2 的分布. 为了解决这个问题,拟采用数解法求主应力和,然后再配合等差线的数值,求得模型任意一点的主应力 σ_1,σ_2. 模型的等差线见图 6.30 所示. 模型材料为 CR-39,室温下的材料条纹值 $f = 16.2$ 公斤/厘米. 模型厚度 $d = 4.81$ 毫米.

由(3.10)式,根据正射时的等差线条纹级次 n,可求得沿模型自由边界 FG 和 EH 切向正应力

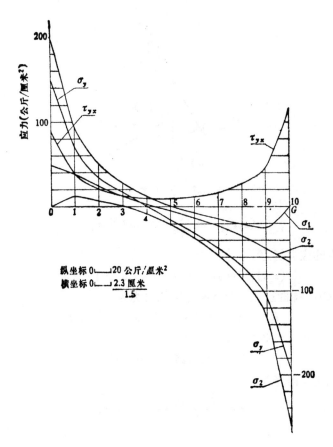

图 6.28 OG 截面上 σ_x, σ_y, τ_{yx} 和 σ_1, σ_2 的分布

$$\sigma = \pm n \frac{f}{d},$$

由于自由边界点的主应力有一个是零，所以自由边界点的主应力之和

$$\sigma_1 + \sigma_2 = \pm n \frac{f}{d}.$$

FE 和 GH 截面上的各点，除了点 F，E，G，H 以外，都是内部点，所以这两个截面上任意内部点的主应力和都不能由条

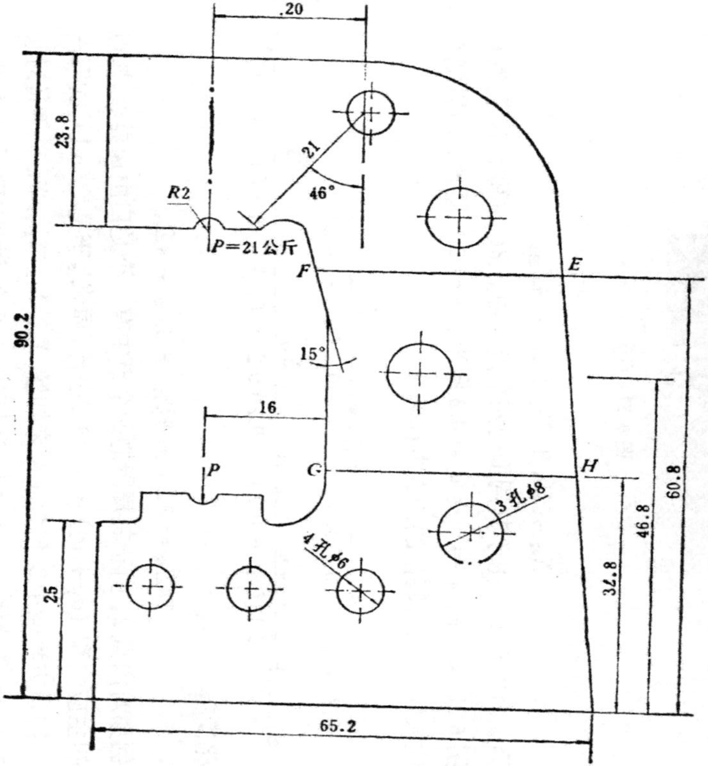

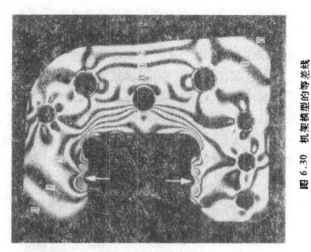

图 6.30 机架模型的等差线

图 6.29 快锻水压机机架模型

3孔φ8

46°

15°

4孔φ6

P=21公斤

R2

16

20

23.8

25

90.2

65.2

60.8

46.8

34.8

E

F

G

H

P

纹级次直接求出. 根据剪应力差法求出的沿 FE, GH 截面主应力和 $(\sigma_1 + \sigma_2)$ 的分布以及沿 FG, EH 自由边界主应力和的分布表示在图 6.31.

为了寻找模型 $EFGH$ 区域内任意一点的主应力 σ_1 和 σ_2, 根据数解法把模型 $EFGH$ 区域分成不等间距的正交型网格, 见图 6.31 (a) 所示, 该区域内共有 348 个内点. 对每个内点可以写出一个四点方程. 例如对内点 23, 由于 22, 24, 44 和 2 点与内点 23 等间距, 所以按 (6.15) 式写出的四点方程为

图 6.31 (b)

$$\Sigma_{22} + \Sigma_{44} + \Sigma_{24} + \Sigma_2 = 4\Sigma_{23},$$

例如对内点 86, 由于其周围的四个点与内点 86 的间距不等, 参看图 6.20 (d) 知 $a = c = d = 0.2$ 厘米, $b = 0.1$ 厘米, 所以把它代入 (6.14) 式, 写出的四点方程为

$$\left(\frac{1}{0.2 \times 0.2} + \frac{1}{0.1 \times 0.2} \right) \Sigma_{86} = \frac{\Sigma_{85}}{0.2 \, (0.2 + 0.2)}$$

$$+ \frac{\Sigma_{107}}{0.1(0.1 + 0.2)} + \frac{\Sigma_{87}}{0.2 \, (0.2 + 0.2)} + \frac{\Sigma_{65}}{0.2 \, (0.2 + 0.1)},$$

化简得

$$18\Sigma_{86} = 3\Sigma_{85} + 8\Sigma_{107} + 3\Sigma_{87} + 4\Sigma_{65}.$$

例如对内点 2, 由于其周围的四个点中有一个是自由边界点, 该点的主应力和 $(\sigma_1 + \sigma_2) = -48.2$ 公斤/厘米^2, 于是按 (6.14) 式写出的四点方程当中仅包含 4 个未知量 Σ_2, Σ_1, Σ_{23}, Σ_3. 于是对于 $EFGH$ 区域的 348 个内点可以列出 348 个代数方程, 其中共包含

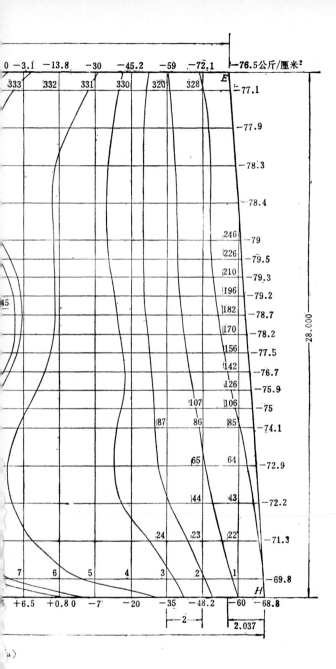

0 −3.1 −13.8 −30 −45.2 −59 −72.1 ⊢−**76.5**公斤/厘米²

333 332 331 330 320 328 *E* ⊨−77.1

−77.9

−78.3

−78.4

246 −79
226 −79.5
210 −79.3
196 −79.2
182 −78.7
170 −78.2
156 −77.5
142 −76.7
126 −75.9
107 106 −75
87 86 85 −74.1

65 64 −72.9

44 43 −72.2

24 23 22 −71.3

7 6 5 4 3 2 1 −69.8
H
+6.5 +0.8 0 −7 −20 −35 −48.2 −60 −68.8

28.000

2.037

2

a)

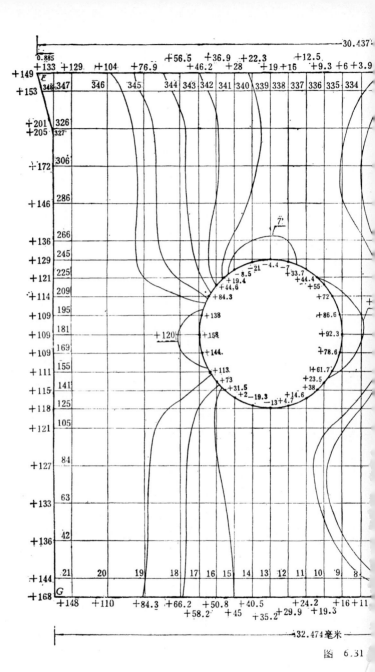

图 6.31

348 个未知量 Σ_i. 而每个方程中的未知量最多不超过 5 个. 借助于计算机能迅速解出 348 个内点的主应力和 Σ_i 值. 根据这些数值绘出的等和线如图 6.31 (a) 所示, 根据全息干涉法拍照的等和线照片见图31(b)所示. 那么, 根据模型 $EFGH$ 区域的等和线和等差线即可求得该区域内各点的主应力 σ_1 和 σ_2 值.

§6.5. 模型冻结应力与室温应力的叠加

有些平面模型的受载情况比较复杂, 实验中, 对模型同时施加几种载荷是很困难的, 有些场合下可以采用冻结应力与室温应力相叠加的方法, 即用冻结法使模型在某种载荷下冻结应力, 然后在室温下继续对已冻结应力的模型施加其它载荷, 最后根据等差线和等倾线资料, 计算几种载荷迭加后产生的合成应力.

现以圆盘径向受集中载荷为例, 说明这种方法的原理. 于冻结温度下, 在铅垂方向对圆盘施加径向集中载荷 P', 则由 (3.10) 式得模型任意一点主应力之差为

$$(\sigma_1 - \sigma_2)' = n' \frac{f'}{d}, \tag{a}$$

由弹性力学知道, 圆盘中应力与载荷成正比, 与材料的泊松比 μ 无关, 则

$$(\sigma_1 - \sigma_2)' = KP', \tag{b}$$

其中 K 为比例常数. 将 (b) 式代入 (a) 式得

$$KP' = n' \frac{f'}{d}. \tag{6.16}$$

如果对同样尺寸及同样材料作成的圆盘, 在室温下施加铅垂方向的径向集中载荷 P, 则模型任意一点主应力之差为

$$(\sigma_1 - \sigma_2) = n \frac{f}{d}, \tag{c}$$

与 (b) 式同理有

$$(\sigma_1 - \sigma_2) = KP, \tag{d}$$

将 (d) 式代入 (c) 式得

$$KP = n\frac{f}{d}. \qquad (6.17)$$

如果使两个圆盘产生的条纹级次相等，即 $n = n'$，则由 (6.16)，(6.17) 式得

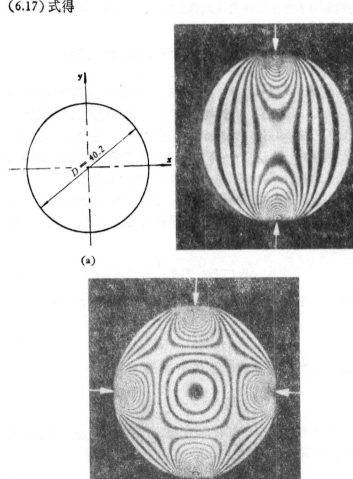

(a)

(c)

图 6.32　模型冻结应力和室温应力的迭加

$$P = \frac{f}{f'} P'. \tag{6.18}$$

这个式子给出了在室温及冻结温度两种情况下，当条纹级次相等时施加载荷之间应满足的关系式.

图 6.32 表示 $D = 40.2$ 毫米，$d = 5.02$ 毫米的圆盘. 室温下材料条纹值 $f = 14.0$ 公斤/厘米²，冻结温度下材料条纹值 $f' = 0.362$ 公斤/厘米². 在冻结温度下，沿铅垂方向施加径向集中载荷 $P' = 2.27$ 公斤，其等差线如图 6.32 (b) 所示，如果在室温下，要求产生的等差线与之相同，则应施加的集中载荷由(6.18)式可得

$$P = \frac{f}{f'} P' = 87.8 \text{ 公斤},$$

对这个已冻结应力的圆盘，在室温下，沿水平方向再叠加径向集中载荷 $P = 87.8$ 公斤，这时圆盘的等差线如图 6.32 (c) 所示，圆盘中心点正好出现一个各向同性点. 显然，这个条纹图就相当于在室温下同时施加铅垂集中载荷 P 和水平集中载荷 P 所产生的等差线. 因此，可以采用把冻结温度下施加的载荷换算成室温下相当载荷的方法，处理模型的冻结应力和室温应力的叠加问题.

第七章　三向光弹性

　　实际工程构件的形状和载荷都比较复杂，其中多数属于三向问题．这类问题的理论计算有一定困难，尤其对于应力集中区更是如此．因此，用光弹性法解决三向问题成为目前常用的方法．

　　平面应力模型是用等厚的光弹性薄板制成的，如图 7.1(a) 所示，载荷方向平行于板面，并沿模型厚度 d 不变．由第一章得知，见图 7.1(b) 所示，模型内任一点 A 的六个应力分量当中，$\sigma_z = 0$，$\tau_{zx} = \tau_{xz} = 0$，$\tau_{zy} = \tau_{yz} = 0$，而 σ_x，σ_y，τ_{xy} 只是坐标 x 和 y 的函数，与 z 无关．这就是说模型内任意一点单元体的主应力大小和方向不随 z 而改变．所以，当偏振光沿 z 轴照射时，所测得的等差线条纹级次和等倾线参数就表示模型上各点的主应力差和主应力方向．

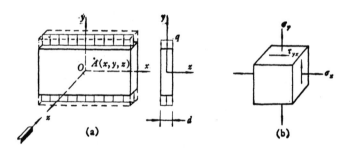

图 7.1　平面应力模型

　　但是，如图 7.2 所示，一个三向模型在任意载荷作用下，其上任意一点 $A(x, y, z)$ 的六个应力分量都是坐标 x, y, z 的函数．也就是任意一点单元体的主应力大小和方向随 $A(x, y, z)$ 点位置的不同而变化．所以，把承受载荷的模型放在透射式光弹仪中，

当光线沿 z 轴照射时,将经过一系列的点,而这些点的主应力大小和方向都在改变,因而,在研究三向光弹性问题时,不能再采用平面应力问题的简单办法.

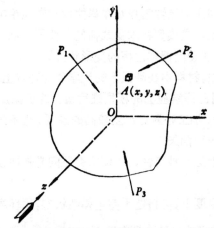

图 7.2 三向受力模型任意一点的应力是坐标 x, y, z 的函数

目前,在三向光弹性应力分析中,比较成熟的是冻结应力切片法. 其它方法如聚敛光法和夹片法等虽然基本原理已经建立,但在实验设备、材料和实验技术上还不完善. 所以,本章着重介绍冻结切片法.

§7.1. 冻 结 应 力

用光弹性材料制成的模型,在室温下承受载荷时产生暂时双折射现象,当把载荷卸掉后其光学效应随即消失. 在高温下也能观察到这种现象. 但是,一个承受载荷的环氧树脂模型,从高温(约 100—130℃)逐渐冷却至室温后再卸掉载荷,则模型在高温下具有的光学效应可以被保留下来. 这种现象称为冻结应力. 对应的高温称为冻结温度. 这种现象可用双相理论给以解释. 塑料是一个弹性相和一个塑性相的组合体. 弹性相服从虎克定律,其弹性模量几乎与温度无关. 塑性相在低温时比较硬,其弹性模量比弹性相的为大. 所以材料在玻璃态下加载时, 载荷主要由塑性相来承受. 而在高温下, 塑性相软化, 其弹性模量比弹性相为小, 所以载荷主要由弹性相来承受. 因此, 高温下的变形要比低温下大得多. 材料的应力光性常数 C 在弹性相和塑性相中也是不同的. 冻结应力现象就是模型在承受载荷的条件下, 从冻结温度开始降温, 使塑性相变硬而把弹性相的变形状态固定下来, 于是, 在室温下卸掉载荷后, 材料中在高温下的光学效应基本上被保留下来.

同时, 对已冻结应力的模型进行适当的机械加工（车、铣、锯、锉、钻、磨等）, 加工时避免产生较高的温度, 也不致使已冻结应力模型的光学效应消失.

由于以上这两种特性, 才使研究三向光弹性模型的冻结切片法成为可能.

在冻结温度下, 材料处于完全弹性状态, 用环氧树脂做成的光弹性材料, 其弹性模量 E 是室温下的 $\dfrac{1}{110} - \dfrac{1}{170}$, 材料条纹值 f 是室温下的 $\dfrac{1}{35} - \dfrac{1}{45}$. 所以, 在冻结温度下, 较小的载荷就会使模型产生较大的变形和较多的条纹级次.

图 7.3 示冻结温度-时间控制曲线, 冻结应力过程分为三个阶

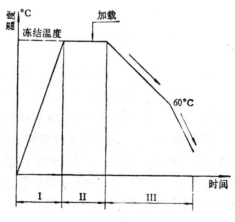

图 7.3 冻结温度-时间控制曲线

段，升温阶段 I、恒温阶段 II 及降温阶段 III. 在确定冻结应力的温度-时间控制曲线时，要考虑以下几点：

1. 根据第四章中介绍的热-光曲线测定出材料的冻结温度；

2. 实验表明，在较高的温度下，模型表面材料易被氧化而产生热时效. 因此，升温速度可适当快些，恒温时间不宜过长，保证模型温度均匀即可. 具体时间取决于模型的体积和形状，恒温阶段的作用是使模型内部的温度均匀以保证模型中各点的 E，f 值相同. 例如，冻结厚度为15毫米的平板模型，可采用升温时间为 2 小时，恒温时间约 1 小时；

3. 降温阶段是很重要的，必须缓慢地冷却，以保证模型内部温度尽量均匀，使由于模型内部温差而引起的温度应力尽量减小. 在 60℃ 以上降温速度可采取 1—5 ℃/时，60℃ 以下可稍快些；

4. 对模型冻结应力时，如先在室温下加载再升温，模型材料会产生较大的蠕变，同时模型材料由于长时间受载会使其强度极限下降，因此最好在恒温阶段中加载；

5. 实验表明，卸载温度不需降到室温，模型温度降至 60℃ 时应力即已冻结.

§7.2. 次 主 应 力

一个三向模型在任意载荷作用下，模型任意一点的应力状态可用六个应力分量来表示，见图 7.4. 那么，在透射式光弹仪上当光线沿 z 轴照射时，这六个应力分量是否都产生光效应呢？

实验证明，与光线照射方向相平行的正应力不产生光效应. 图 7.5 (a) 表示一个已冻结应力的纯弯曲梁，从与 x 轴垂直的方向截取一个厚度为 d 的薄切片，当光线沿 x 轴方向照射时，见图 7.5 (b)，这时由于光线照射方向与正应力 σ_x 平行，则正应力 σ_x 不产生光效应.

实验也证明，与光线照射方向同处于一个平面内的剪应力系统也不产生光效应. 图 7.6(a) 表示一个已经冻结应力的受扭圆截

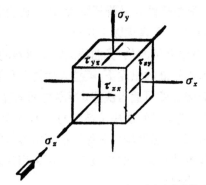

图 7.4　三向模型任意一点单元体的应力状态

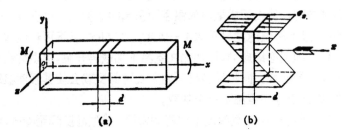

图 7.5　纯弯曲梁上与 x 轴垂直的切片

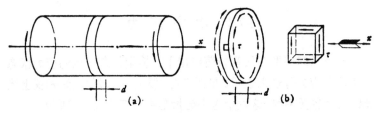

图 7.6　圆截面轴与 x 轴垂直的切片

面轴,从与 x 轴垂直的方向截取一个厚度为 d 的薄切片,当光线沿 x 轴照射时,见图 7.6 (b) 所示,这时光线照射方向与剪应力系统同处于一个平面内,则这四个剪应力都不产生光效应.

所以,对图 7.4 所示单元体的应力状态来说,当光线沿 z 轴照射时, σ_z, τ_{zx} (和 τ_{xx}), τ_{zy} (和 τ_{yz}) 不产生光效应,只有 σ_x, σ_y, τ_{xy} (和 τ_{yx}) 产生光效应. 现将产生光效应的应力状态表示

在图 7.7 (a) 中,这与平面应力状态的单元体相似,其主应力用 σ_1' 和 σ_2' 表示,主应力方向以 θ' 表示,见图7.7(b) 所示. 但是,这种主应力大小和方向并不是图 7.4 所示单元体的真正主应力大小和方向,而是对应于光线沿 z 轴照射时,能够产生光效应的应力状态所对应的单元体的主应力大小和方向. 因此,把 σ_1' 和 σ_2' 称为光线沿 z 轴照射时的次主应力, θ' 称为次主应力方向. 由此可知,当光线照射方向改变时,对应的次主应力及其方向也相应的改变.

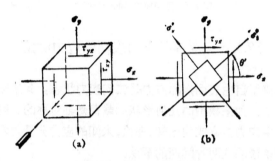

图 7.7 次主应力及其方向

从已冻结应力的三向模型中,截取一个厚度为 d 的薄切片,如图 7.8 所示,当光线沿 x 轴对切片垂直入射时,则对应于该切片的等差线和等倾线参数是表示切片中面上各点的次主应力差和次主应力方向. 但是,实际上光线经过切片厚度 d 上的一系列点,而这些点的次主应力差和方向一般是不同的,只有切片截取得足够薄,应力沿切片厚度的变化不太大时,所测得的等差线和等倾线参数才能近似地表示切片中面各点的次主应力差及其方向. 切片上某点的等差线条纹级次 n 表示光线沿 x 轴照射时,该点的次主应力差. 切片上某点的等倾线参数 θ' 表示光线沿 x 轴照射时,该点的次主应力方向. 次主应力差与条纹级次 n 之间的关系由(3.10)式得

$$\sigma_1' - \sigma_2' = n\frac{f}{d}. \tag{7.1}$$

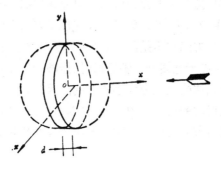

图 7.8 三向模型中的一个切片

§7.3. 三向模型自由表面的应力测定

三向模型自由表面点的应力是二向应力状态，其未知的应力分量为三个. 如果模型的几何形状和载荷是轴对称的，则其自由表面点的主应力方向成为已知，那么，未知的应力分量为两个. 下面结合实例说明这两种问题的解法.

一、已知主应力方向的测量法

以锅炉汽包封头为例，见图 7.9 (a) 所示，它的筒身是圆柱壳，封头是球形壳. 要求确定在内压 q（公斤/厘米²）的作用下，容器内外边界的应力分布.

从已冻结应力的容器模型中截取与 z 轴平行的薄切片，并使 z 轴在切片的中面上，见图 7.9 (b) 所示. 先分析切片中面外边界上任意一点 A 的应力状态. 过 A 点建立一直角坐标系（r 轴是 A 点模型表面的法线方向，m 轴与 z 轴平行），平行于坐标平面截取一个单元体，见图 7.9 (c) 所示. 因为外边界为自由表面，所以，$\sigma_r = 0$，$\tau_{rm} = \tau_{mr} = 0$，$\tau_{r\theta} = \tau_{\theta r} = 0$.

由于该容器的几何形状、载荷都对称于 z 轴，则 $\tau_{\theta m} = \tau_{m\theta} = 0$. 故知该 A 点单元体为主单元体，其主应力 σ_r，σ_θ，σ_m 的方向为已知，仅需确定主应力 σ_m 和 σ_θ 的大小.

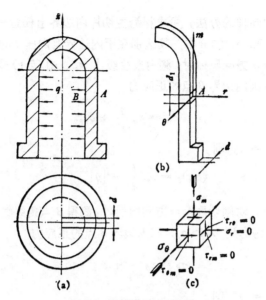

图 7.9　锅炉汽包封头模型

首先对该切片沿 θ 方向照射，测得 A 点的条纹级次 n_m，由 (7.1) 式得

$$\sigma_m = n_m \frac{f}{d} \pm \sigma_r,$$

因 $(\sigma_r)_A = 0$，则

$$(\sigma_m)_A = n_m \frac{f}{d}. \tag{7.2}$$

再从该切片（一般称为主切片）中截取副切片，见图 7.9 (b) 所示，它与 m 轴垂直，并使 A 点在副切片的中面上，其厚度为 d_1. 然后对副切片沿 m 方向照射，测得 A 点的条纹级次 n_θ，由 (7.1) 式得

$$\sigma_\theta = n_\theta \frac{f}{d_1} \pm \sigma_r,$$

因 $(\sigma_r)_A = 0$，则

$$(\sigma_\theta)_A = n_\theta \frac{f}{d_1}. \tag{7.3}$$

根据同样的办法，可求得沿主切片内边界上任意一点 B 的主应力 σ_m 和 σ_θ 的分布。其区别在于内边界有内压 q 的作用。对主切片沿 θ 方向照射时，测得条纹级次 n_m，由 (7.1) 式，考虑到 $\sigma_m > \sigma_r$，则内边界 B 点的正应力

$$\sigma_m = n_m \frac{f}{d} + \sigma_r,$$

因 $(\sigma_r)_B = q$，则

$$(\sigma_m)_B = n_m \frac{f}{d} - |q|. \tag{7.4}$$

同理，对副切片沿 m 方向照射时，测得 B 点条纹级次 n_θ，由 (7.1) 式，考虑到 $\sigma_\theta > \sigma_r$，则内边界 B 点的正应力

$$\sigma_\theta = n_\theta \frac{f}{d_1} + \sigma_r,$$

因 $(\sigma_r)_B = q$，则

$$(\sigma_\theta)_B = n_\theta \frac{f}{d_1} - |q|. \tag{7.5}$$

二、不知主应力方向的测量法

现以图 7.10(a) 所示的承受弯曲和扭转的圆截面阶梯轴为例，确定阶梯轴表面任意一点 A 的应力。过 A 点建立直角坐标系（x 轴与轴线平行，y 轴是 A 点表面的法线方向），A 点的应力状态表示在图 7.10 (b)。由于 A 点处于圆轴自由表面上，所以，该表面为主平面，则 $\sigma_y = 0$，$\tau_{yz} = \tau_{zy} = 0$，$\tau_{yx} = \tau_{xy} = 0$。于是 A 点仅 σ_x，σ_z，τ_{zx} 为未知量。

为了确定 A 点的应力 σ_x，σ_z，τ_{zx}。过 A 点截取一个与模型表面相切而厚度为 d 的薄切片，见图 7.11(a) 所示。当光线沿 y 轴方向照射时，根据 A 点的等倾线参数 θ 可以找出 A 点主应力的方向；根据 A 点的条纹级次 n 可以求得主应力之差。但这两个主应力还不能分开，还需从主切片中再截取一个厚度为 d_1 的副切片，见图 7.11(b)，副切片与 A 点圆轴表面垂直，并与 A 点两个主应力

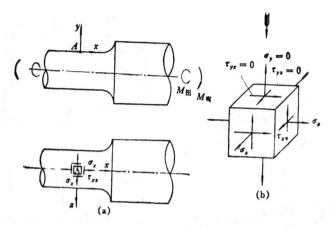

图 7.10 承受弯曲和扭转的圆截面阶梯轴

方向之一（例如 σ_1）平行，使 A 点在副切片的中面上。然后，对该切片垂直照射，根据 A 点条纹级次 n 可直接求得主应力 σ_1。将此结果与沿 y 轴照射所测得的主应力差联系起来，便得 A 点主应力 σ_2。

在此应当指出，副切片是从主切片中截取的，主切片厚度 d 比较小，所以截取副切片的方位要准确，磨片时要掌握住方向，要使加工应力尽量小，否则将会影响测量精度。如果模型有几何、载荷的对称面，则副切片可以不从主切片中截取，而在模型的对称位置单独截取"副切片"。当模型不存在对称面时，则需两个模型，由其中一个模型截取主切片，从另一个模型截取"副切片"。

此种方法需要过 A 点截取不同方向的两个切片。下面介绍另一种只需截取一个切片即可求得 $\sigma_x, \sigma_z, \tau_{zx}$ 的方法。

三、对切片正射一次、斜射两次的测量法

仍以承受扭弯的圆截面阶梯轴为例，从冻结应力的模型中截取一个与 A 点模型表面垂直并与阶梯轴的轴线相平行而厚度为 d 的薄切片，A 点位于切片的中面上，见图 7.12 所示。当对该切片沿 z 轴照射时（正射），则 σ_z, τ_{zx}（和 τ_{zz}）不产生光效应，仅 σ_x

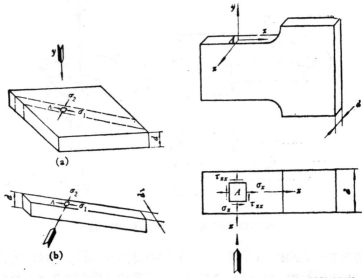

图 7.11　与模型表面相切的切片
(a) 正切片；　(b) 副切片

图 7.12　与 xy 坐标面平行的切片

产生光效应. 根据 A 点条纹级次 n_z, 由(7.1)式得

$$\sigma_x = n_z \frac{f}{d}. \tag{7.6}$$

再对此切片进行斜射, 见图 7.13(a), 光线的照射方向在 xOz 平面内的 1 方向, 1 方向与 z 轴夹角为 ϕ, 此时 $\sigma_{x'}$, $\tau_{x'x'}$ (和 $\tau_{z'x'}$) 不产生光效应, 仅 $\sigma_{x'}$ 有光效应. 根据斜射测出 A 点条纹级

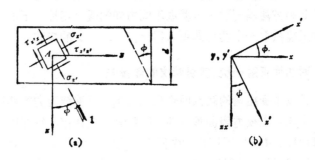

图 7.13　沿 1 方向对 xy 切片的斜射

次 n_1，由(7.1)式得

$$\sigma_{x'} = n_1 \frac{f \cos\phi}{d}. \tag{a}$$

对应原来 x，y，z 坐标系，A 点的应力分量为 $\sigma_x, \sigma_y, \sigma_z$，$\tau_{xy}, \tau_{yz}, \tau_{zx}$。对应新坐标 x'，y'，z' 系统，见图 7.13(b) 所示，A 点的应力分量为 $\sigma_{x'}$，$\sigma_{y'}$，$\sigma_{z'}$，$\tau_{x'y'}$，$\tau_{y'z'}$，$\tau_{z'x'}$。这两组应力分量都是表达同一个点 A 的应力状态。由 (1.19) 式中的第一式知

$$\begin{aligned}\sigma_{x'} = {} & \sigma_x l_1^2 + \sigma_y m_1^2 + \sigma_z n_1^2 + 2\tau_{xy} l_1 m_1 \\ & + 2\tau_{yz} m_1 n_1 + 2\tau_{zx} n_1 l_1,\end{aligned} \tag{b}$$

其中 l_1，m_1，n_1 代表新坐标 x' 轴对原来坐标 x，y，z 系统的方向余弦，其值见表 7.1。

表 7.1 新坐标轴 x' 对原坐标轴的方向余弦

原坐标 新坐标	x	y	z
x'	$l_1 = \cos\phi$	$m_1 = \cos 90° = 0$	$n_1 = \cos(90° + \phi)$ $= -\sin\phi$

将 l_1，m_1，n_1 值代入 (b) 式，并考虑到 A 点在自由表面上，那么，$\sigma_y = \tau_{xy} = \tau_{yz} = 0$，则 (b) 式可写为

$$\sigma_{x'} = \sigma_x \cos^2\phi + \sigma_z \sin^2\phi - \tau_{zx} \sin 2\phi, \tag{c}$$

再把 (c) 式代入 (a) 式得

$$\sigma_x \cos^2\phi + \sigma_z \sin^2\phi - \tau_{zx} \sin 2\phi = n_1 \frac{f \cos\phi}{d}. \tag{7.7}$$

最后，对此切片进行第二次斜射，见图 7.14(a)，光线的照射方向在 xOz 平面内的 3 方向，3 方向与 z 轴夹角也为 ϕ，但 1 与 3 方向分别在 z 轴两侧。同样，此时 $\sigma_{z''}$，$\tau_{x''z''}$ 不产生光效应，仅 $\sigma_{x''}$ 有光效应。根据斜射测出 A 点条纹级次 n_3，由(7.1)式得

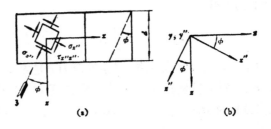

图 7.14 沿 3 方向对 xy 切片的斜射

$$\sigma_{x''} = n_3 \frac{f \cos \phi}{d}. \tag{d}$$

图 7.14(b) 所示的新坐标 x'' 轴对原坐标 x, y, z 系统的方向余弦见表 7.2.

表 7.2 新坐标轴 x'' 对原坐标轴的方向余弦

新坐标 \ 原坐标	x	y	z
x''	$l_1 = \cos\phi$	$m_1 = \cos 90° = 0$	$n_1 = \cos(90° - \phi)$ $= \sin\phi$

将 l_1, m_1, n_1 代入 (b) 式,同理可得

$$\sigma_{x''} = \sigma_x \cos^2\phi + \sigma_z \sin^2\phi + \tau_{zx} \sin 2\phi, \tag{e}$$

再把 (e) 式代入 (a) 式得

$$\sigma_x \cos^2\phi + \sigma_z \sin^2\phi + \tau_{zx} \sin 2\phi = n_3 \frac{f \cos \phi}{d}. \tag{7.8}$$

这样,通过对切片的一次正射和两次斜射得到 (7.6),(7.7),(7.8) 三个方程,其中包含三个未知数 σ_x, σ_z, τ_{zx}. 联立解这三个方程得

$$\left.\begin{aligned}
\sigma_x &= n_x \frac{f}{d}, \\
\sigma_z &= \frac{f}{d}\left[\frac{(n_1+n_3)\cos\phi - 2n_x\cos^2\phi}{1-\cos 2\phi}\right], \\
\tau_{zx} &= \frac{f}{d}\left[\frac{(n_3-n_1)}{4\sin\phi}\right].
\end{aligned}\right\} \tag{7.9}$$

其中 n_1，n_2，n_3 有正负之分。 使用库克补偿器或其他方法可以判断出边界应力 σ_x，$\sigma_{x'}$，$\sigma_{x''}$ 的拉压，于是可以相应地定出 n_1，n_2，n_3 的正负。如沿某方向对切片照射时，A 点的边界应力为拉应力，则对应的条纹级次 n 取为正值；如为压应力，则对应的条纹级次 n 取为负值。

根据(7.9)式，利用 (1.8) 和 (1.12) 式就可计算出 A 点的主应力大小和方向

$$\left.\begin{aligned}
\sigma_{1,2} &= \frac{\sigma_x+\sigma_z}{2} \pm \sqrt{\left(\frac{\sigma_x-\sigma_z}{2}\right)^2 + \tau_{zx}^2}, \\
\operatorname{tg} 2\theta_{1,2} &= -\frac{2\tau_{zx}}{\sigma_x-\sigma_z}.
\end{aligned}\right\} \tag{7.10}$$

虽然上面针对阶梯轴介绍了对切片作一次正射、两次斜射确定自由表面应力的方法，但其结果对在任意载荷作用下的任何三向模型的自由表面皆可使用。

还应当指出，对于模型表面具有法向分布载荷的情况（如活塞模型的顶部承受气体压力），虽然模型表面已不是自由表面，但在分布载荷已知的条件下，使用以上介绍的一次正射、两次斜射的方法，也可求解 σ_x，σ_z，τ_{zx}。有关公式的推导方法基本相同，其结果如下：

$$\left.\begin{aligned}
\sigma_x &= n_x \frac{f}{d} + q, \\
\sigma_z &= \frac{f}{d}\left[\frac{(n_1+n_3)\cos\phi - 2n_x\cos^2\phi}{1-\cos 2\phi}\right] + q, \\
\tau_{zx} &= \frac{f}{d}\left[\frac{n_3-n_1}{4\sin\phi}\right].
\end{aligned}\right\} \tag{7.11}$$

其中 q（公斤/厘米²）为模型表面的法向分布载荷,以代数值代人公式,如分布载荷为压力,则 q 取为负;如为拉力,则 q 取为正. n_1, n_2, n_3 有正负之分. 使用库克补偿器或其它方法判断边界应力 σ_x, $\sigma_{x'}$, $\sigma_{x''}$ 与 q 按代数值相比何者为大. 如沿某方向对切片照射时,A 点的边界应力大于分布载荷 q,则对应的条纹级次 n 取为正,反之,n 取为负.

应用斜射法时,应当注意到当光线从空气中以 ϕ 角倾斜照射切片时,由于空气的折射率与切片材料的折射率不相同,折射角 i 将不等于入射角 ϕ,见图 7.15(a) 所示. 由于入射光线进入切片后改变方向,使得条纹观测产生误差. 为了清除这种误差,将切片放入浸渍液中,使浸渍液的折射率和切片材料的折射率相等. 浸渍液盛于浸渍液盒中,见图 7.15(b) 所示,浸渍液盒用无色透明、无光效应的材料(如有机玻璃、光学玻璃)制成,其前、后面平行. 当光线垂直入射到浸渍液盒的前表面时,它不变方向地进入浸渍液中. 这时,虽然切片放置在与光线方向呈倾斜的位置,但因浸渍液的折射率与切片材料的折射率相等,光线从浸渍液进入切片后仍按原方向前进.

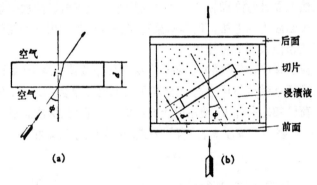

图 7.15 光线在折射率不等和相等的两种介质中的传播

通常使用的浸渍液系用液体石蜡（$N_1 = 1.4544$）和 α-溴代萘（$N_2 = 1.6548$）按下列公式配制而成:

$$VN = V_1N_1 + V_2N_2, \qquad (7.12)$$

其中，V_1，V_2 是两种折射液成分的体积；N_1，N_2 是两种折射液成分的折射率；N 是所需配制的浸渍液折射率，V 是所需配制的浸渍液体积．

通常使用的环氧树脂光弹性材料的折射率 $N = 1.5700$—1.5800．浸渍液及光弹性材料的折射率均可使用折射仪测量之．

从三向模型中截取的切片，其表面虽经磨光和抛光，但光洁度还不太高．所以，即使对切片作正射测量时，习惯上也把切片放入浸渍液中观测．

对切片的斜射，可以在偏光显微镜上的费氏旋转台上进行；也可以把切片装卡在简易斜射装置中(见图 7.16)，在一般的透射式光弹仪上进行测试．切片的中面应与转轴的轴线相重合，被测点应在转轴的轴线上．切片的厚度可以自行选择，但不能太大．

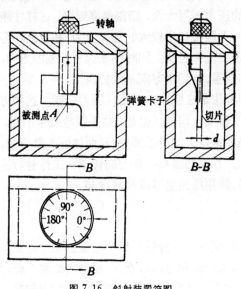

图 7.16 斜射装置简图

§7.4. 模 型 的 切 片

从冻结应力的模型中截取切片是一项重要的工作．要求细心

地进行,否则切片边界崩口,并产生较大的加工应力. 切片一般要经过划线、切割和磨光三个步骤:

一、划线

划线工作在机加工划线平台上使用划线用的游标高度卡尺进行. 模型或切片的分度可使用铣床用的分度头. 截取一个切片,一般需要在模型表面上划三条线——一条中线,两条边线. 划线时的压力不能太大,线条要细、要浅,否则在线条的周围将产生加工应力,甚至影响等差线条纹的连续性.

二、切割

简易的办法是用窄背、齿数不太密的手锯或钢丝锯,刃口要锋利,对模型的压力不可太大,切割速度要慢,这样才能使切割所产生的热量小,否则将产生较大的加工应力,甚至破坏等差线条纹的连续性,使条纹呈锯齿状. 同时要掌握准切割的方向,最好用一个简单的导向装置,使切割方向不致偏离.

另一种办法是在铣床上用锯片铣刀切割,这种方法能保证铣切方向,切片厚度也均匀. 但是,如果模型装卡不当,将使铣刀两个侧面与模型锯口之间产生摩擦,从而使发热量增加,所以模型的装卡要稳固. 在铣切过程中铣刀的转速、工作台行进速度和吃刀量要配合好,并用压缩空气或油液冷却.

三、磨光

先使用细板锉、什锦锉和粗砂布修整切片的锯口平面. 然后使用细砂布、水砂纸和金相砂纸,由粗磨到细磨. 磨片时手对切片的压力不需太大. 并且要尽量使切片与砂纸均匀着力. 要掌握住手劲不要把切片磨偏,也不要把切片边缘磨成圆角,最好按"8"字形磨片. 在磨片过程中,要随时检查切片的厚度. 对于大尺寸的切片,可以在粗磨成形后,把切片的一面粘在磨光厚玻璃上,然后手持玻璃上的手柄进行磨片. 待切片一面磨光后,再揭开粘口把切片另一面粘在玻璃上继续磨片。用这种方法磨出的切片方向准确、边缘不出圆角、不挠曲、光洁度也高。但粘口不要太牢,在揭开粘口的过程中要特别精心,否则切片开裂。

切片的厚度要根据模型尺寸、几何形状和载荷的大小而定,不能一概而论。在后面介绍的工程实例中将给出参考数据。

§7.5. 三向模型在任意载荷作用下内部应力的确定

用冻结法研究三向应力状态时,所有的数据都是从冻结模型中截取的切片上测量的。三向模型在任意载荷作用下,见图 7.17 (a) 所示,其内部任意一点 K 的应力状态如图 7.17(b) 所示。下面介绍测定 K 点六个应力分量的一些基本方法。

一、基本数据的测取和基本方程的建立

1. 对三个切片的正射法

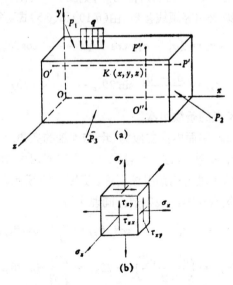

图 7.17　在任意载荷作用下的三向模型

对三个相同的模型施加相同的载荷进行冻结应力. 然后从三个模型中通过 K 点截取三个不同方向的切片, 对每个切片正射一次.

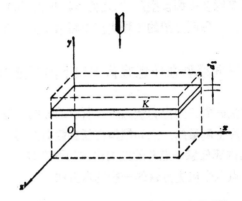

图 7.18　沿 y 轴方向对过 K 点的 xz 切片正射

在第一个模型上,过 K 点截取 xz 方向的切片,使 K 点在切片的中面上. 沿 y 轴方向照射该切片,见图 7.18 所示,测得 K 点的等差线条纹级次和等倾线参数,由(6.10)和(6.5)式可得

$$\sigma_z - \sigma_x = (\sigma_1' - \sigma_2') \cos 2\theta_{zx} = \frac{n'f}{d_1} \cos 2\theta_{zx}, \qquad (7.13)$$

$$\tau_{zx} = \frac{\sigma_1' - \sigma_2'}{2} \sin 2\theta_{zx} = \frac{n'f}{2d_1} \sin 2\theta_{zx}, \qquad (7.14)$$

其中 n' 是 K 点的条纹级次.

θ_{zx} 是 zx 平面内次主应力 σ_1' 与 z 轴的夹角.

在第二个模型上,过 K 点截取 xy 方向的切片,使 K 点在切片的中面上. 沿 z 轴方向照射该切片,见图 7.19 所示,测得 K 点的等差线条纹级次和等倾线参数. 同理可得

$$\sigma_x - \sigma_y = (\sigma_1'' - \sigma_2'') \cos 2\theta_{xy} = \frac{n''f}{d_2} \cos 2\theta_{xy}, \qquad (7.15)$$

$$\tau_{xy} = \left(\frac{\sigma_1'' - \sigma_2''}{2}\right) \sin 2\theta_{xy} = \frac{n''f}{2 d_2} \sin 2\theta_{xy}, \qquad (7.16)$$

其中 n'' 是 K 点的条纹级次,

θ_{xy} 是 xy 平面内次主应力 σ_1'' 与 x 轴的夹角.

在第三个模型上,过 K 点截取 yz 方向的切片,使 K 点在切片的中面上. 沿 x 轴方向照射该切片,见图 7.20 所示,测得 K 点的等差线条纹级次和等倾线参数. 同理可得

$$\sigma_y - \sigma_z = (\sigma_1''' - \sigma_2''') \cos 2\theta_{yz} = \frac{n'''f}{d_3} \cos 2\theta_{yz}, \quad (7.17)$$

$$\tau_{yz} = \left(\frac{\sigma_1''' - \sigma_2'''}{2}\right) \sin 2\theta_{yz} = \frac{n'''f}{2d_3} \sin 2\theta_{yz}, \quad (7.18)$$

其中 n''' 是 K 点的条纹级次; θ_{yz} 是 yz 平面内次主应力 σ_1''' 与 y 轴的夹角.

$\tau_{zx}, \tau_{xy}, \tau_{yz}$ 的方向按 §6.3 介绍的方法确定.

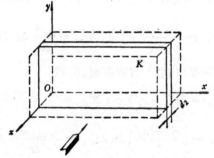

图 7.19　沿 z 轴方向对过 K 点的 xy 切片正射

由 (7.14),(7.16),(7.18) 式可以求出 K 点的三个剪应力分量 $\tau_{xy}, \tau_{yz}, \tau_{zx}$. 在 (7.13),(7.15),(7.17) 三个方程中,由其中任何两个方程之和都可以得到第三个方程,所以三个方程式中只有两个方程是独立的,要解出三个未知量 $\sigma_x, \sigma_y, \sigma_z$ 还需补充一个方程.

2. 对一个切片正射与斜射相结合的方法

从一个三向受力的冻结模型中,过 K 点截取一个切片,例如图 7.19 所示的 xy 切片,对这样一个切片进行正射和斜射就能得到某点的两个正应力差值以及三个剪应力分量.

沿 z 轴方向对图 7.21(a) 所示的切片正射,根据 (6.10),(6.5) 式得到

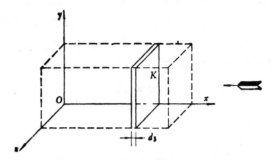

图 7.20 沿 x 轴方向对过 K 点的 yz 切片正射

$$\sigma_x - \sigma_y = (\sigma_1' - \sigma_2') \cos 2\theta_{xy} = \frac{n_x f}{d} \cos 2\theta_{xy}, \quad (7.19)$$

$$\tau_{xy} = \left(\frac{\sigma_1' - \sigma_2'}{2}\right) \sin 2\theta_{xy} = \frac{n_x f}{2d} \sin 2\theta_{xy}. \quad (7.20)$$

在 xz 平面内,沿 1 方向斜射,得到

$$\sigma_{x'} - \sigma_y = (\sigma_1'' - \sigma_2'') \cos 2\theta_{x'y} = \frac{n_{x'y} f \cos\phi}{d} \cos 2\theta_{x'y}, \quad (a)$$

$$\tau_{x'y} = \left(\frac{\sigma_1'' - \sigma_2''}{2}\right) \sin 2\theta_{x'y} = \frac{n_{x'y} f \cos\phi}{2d} \sin 2\theta_{x'y}, \quad (b)$$

其中 $\theta_{x'y}$ 为 σ_1'' 与 x' 轴的夹角。

$\sigma_{x'}$, $\tau_{x'y}$ 可由(1.19)式知

$$\left.\begin{aligned}\sigma_{x'} &= \sigma_x l_1^2 + \sigma_y m_1^2 + \sigma_z n_1^2 + 2\tau_{xy} l_1 m_1 + 2\tau_{yz} m_1 n_1 + 2\tau_{zx} n_1 l_1, \\ \tau_{x'y} &= \sigma_x l_1 l_2 + \sigma_y m_1 m_2 + \sigma_z n_1 n_2 + \tau_{xy}(l_1 m_2 + m_1 l_2) \\ &\quad + \tau_{yz}(m_1 n_2 + n_1 m_2) + \tau_{zx}(n_1 l_2 + l_1 n_2),\end{aligned}\right\} \quad (c)$$

式中的方向余弦值在表 7.4 中给出,坐标之间的关系见图7.21(b).

把表 7.3 中的方向余弦值代入 (c) 式,得到

$$\left.\begin{aligned}\sigma_{x'} &= \sigma_x \cos^2\phi + \sigma_z \sin^2\phi - \tau_{zx} \sin 2\phi, \\ \tau_{x'y} &= \tau_{xy} \cos\phi - \tau_{yz} \sin\phi,\end{aligned}\right\} \quad (d)$$

把 (d) 式代入 (a), (b) 式,得到

$$(\sigma_x - \sigma_y) \cos^2\phi - (\sigma_y - \sigma_z) \sin^2\phi - \tau_{zx} \sin 2\phi$$

表 7.3　新坐标 x', y' 对原坐标的方向余弦

原坐标 新坐标	x	y	z
x'	$l_1 = \cos\phi$	$m_1 = \cos 90° = 0$	$n_1 = \cos(90° + \phi)$ $= -\sin\phi$
y'	$l_2 = \cos 90° = 0$	$m_2 = \cos 0° = 1$	$n_2 = \cos 90° = 0$

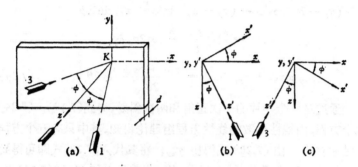

图 7.21　对 xy 切片的一次正射、两次斜射

$$= \frac{n_{x'y}f\cos\phi}{d}\cos 2\theta_{x'y}, \tag{7.21}$$

$$\tau_{xy}\cos\phi - \tau_{yz}\sin\phi = \frac{n_{x'y}f\cos\phi}{2d}\sin 2\theta_{x'y}, \tag{7.22}$$

在 xz 平面内沿 3 方向斜射,得到

$$\sigma_{x''} - \sigma_y = (\sigma_1''' - \sigma_2''')\cos 2\theta_{x''y} = \frac{n_{x''y}f\cos\phi}{d}\cos 2\theta_{x''y}, \quad \text{(e)}$$

$$\tau_{x''y} = \left(\frac{\sigma_1''' - \sigma_2'''}{2}\right)\sin 2\theta_{x''y} = \frac{n_{x''y}f\cos\phi}{2d}\sin 2\theta_{x''y}, \quad \text{(f)}$$

其中 $\theta_{x''y}$ 为 σ_1''' 与 x'' 轴的夹角,$\sigma_{x''}$,$\tau_{x''y}$ 见 (c) 式,方向余弦值在表 7.4 中给出,坐标之间的关系见图 7.21(c)。

把以上方向余弦值代入 (c) 式,再代入 (e),(f) 式中,可得到

表 7.4 新坐标 x', y' 对原坐标的方向余弦

新坐标　　　原坐标	x	y	z
x'	$l_1 = \cos\phi$	$m_1 = \cos 90° = 0$	$n_1 = \sin\phi$
y'	$l_2 = \cos 90° = 0$	$m_2 = \cos 0° = 1$	$n_2 = \cos 90° = 0$

$$(\sigma_x - \sigma_y)\cos^2\phi - (\sigma_y - \sigma_z)\sin^2\phi + \tau_{zx}\sin 2\phi$$

$$= \frac{n_{x''y}\, f\cos\phi}{d}\cos 2\theta_{x''\,y}, \qquad (7.23)$$

$$\tau_{xy}\cos\phi + \tau_{yz}\sin\phi = \frac{n_{x''y}\, f\cos\phi}{2d}\sin 2\theta_{x''y}. \qquad (7.24)$$

通过对一个切片的一次正射和两次斜射,得到(7.19)—(7.24)六个方程,由线性代数的线性方程组理论得知,其中只有五个方程式是独立的. 由 (7.20) 式得出 τ_{xy}, 将其代入(7.22)式即可得到 τ_{yz}. 由(7.19)式得出 $(\sigma_x - \sigma_y)$ 值, 将其代入(7.21)和(7.23)式,联立解这两个方程,就可得出 $(\sigma_y - \sigma_z)$ 和 τ_{zx}. 至此,K 点的应力分量 τ_{xy}, τ_{yz}, τ_{zx} 和 $(\sigma_x - \sigma_y)$, $(\sigma_y - \sigma_z)$ 已经得出. 利用 (7.24) 式可以检查 τ_{xy} 和 τ_{yz} 的实验准确度. 进一步要把三个正应力分离,还需补充一个方程式.

这种方法的特点是,对一个模型的一个切片进行测量就可以得到对三个模型中三个切片观测的结果. 在此还应当指出,对切片某点进行正射和斜射时,要求都是对同一个点的测量数据,否则产生实验误差.

3. 对一个切片的五次斜射法

见图 7.22(a) 所示,在 xz 平面内,光线沿 ϕ 角方向斜射,由(7.1)式得

$$(\sigma_1' - \sigma_2') = \frac{n_\phi f\cos\phi}{d},$$

将(1.8)式代入上式得

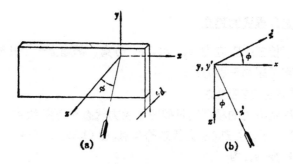

图 7.22 五次斜射法

$$\sqrt{(\sigma_{x'} - \sigma_y)^2 + 4\tau_{x'y}^2} = \frac{n_\phi f \cos\phi}{d},$$

将 (d) 式代入上式得

$$\sqrt{(\sigma_x \cos^2\phi + \sigma_z \sin^2\phi - \tau_{zx}\sin2\phi - \sigma_y)^2 + 4(\tau_{xy}\cos\phi - \tau_{yz}\sin\phi)^2} = \frac{n_\phi f \cos\phi}{d},$$

整理得

$$\sqrt{[(\sigma_x - \sigma_y)\cos^2\phi - (\sigma_y - \sigma_z)\sin^2\phi - \tau_{zx}\sin2\phi]^2 + 4(\tau_{xy}\cos\phi - \tau_{yz}\sin\phi)^2}$$
$$= \frac{n_\phi f \cos\phi}{d}.$$

$$(7.25)$$

于是，选择五个 ϕ 角进行斜射，得出五个二次方程，联立解这个方程组可得出 $(\sigma_x - \sigma_y)$, $(\sigma_y - \sigma_z)$, τ_{xy}, τ_{yz}, τ_{zx} 五个未知量. 进一步要把三个正应力分离，还需补充一个方程式. 但是，对于某些特例，如棱柱体的纯扭转问题，则不需建立补充方程式就可以求得未知的应力分量.

这种方法的特点在于不需测取等倾线参数. 而一般来说，等倾线参数的测量精度是比较差的. 但是，解五个非线性方程的工作也是比较复杂的，另外，在五次斜射中，要求始终对准被测点，必须保证五次斜射都是对同一个被测点的测量数据，否则将使测量精度大为降低.

二、补充方程式的建立

为了使三个正应力 σ_x，σ_y，σ_z 分离，需建立一个补充方程式. 通常可采用三种办法:

1. "解冻"测应变法

已冻结应力的模型同时保留了应力状态和应变状态. 见图 7.17 (a) 所示,对三向应力状态的 K 点,由 (1.29) 式知沿 z 轴方向保留的应变 ε_z 为

$$\varepsilon_z = \frac{1}{E} [\sigma_z - \mu(\sigma_x + \sigma_y)],$$

上式可改写为

$$\varepsilon_z = \frac{1}{E} [(1 - 2\mu)\sigma_z - \mu(\sigma_y - \sigma_z) + \mu(\sigma_z - \sigma_x)],$$

解出 σ_z 为

$$\sigma_z = \frac{E\varepsilon_z + \mu(\sigma_y - \sigma_z) - \mu(\sigma_z - \sigma_x)}{1 - 2\mu}, \qquad (7.26)$$

其中 E，μ 为冻结温度下材料的弹性模量和横向变形系数; $(\sigma_z - \sigma_x)$，$(\sigma_y - \sigma_z)$ 值可根据本节第一部分介绍的方法得出. 若再能测出 ε_z,根据(7.26)式就能求得 σ_z.

将第三个切片,即过 K 点的 xy 方向切片 (图 7.19) 加温使其退火,则其应力"解冻",把保留的应变释放出来. 用侧向应变仪量得切片在 K 点的厚度改变量 Δd_2 (为代数值), K 点沿 z 方向保留的应变为

$$\varepsilon_z = -\frac{\Delta d_2}{d_2}, \qquad (7.27)$$

将 ε_z 代入(7.26)式就可得到 σ_z. 然后把 σ_z 代入 (7.13)，(7.15) 和(7.17)式中的任意两式就可得到 σ_x 和 σ_y.

由于一般光弹性材料在冻结温度下的横向变形系数 μ 值接近 0.5,所以材料横向变形系数 μ 值测量的准确度对 σ_z 的影响很大. 如果使用 $\mu = 0.48$ 的材料,当 μ 值的测量误差 $\Delta\mu = 0.01$ 时,则对

σ_z 引起的误差 $\Delta\sigma_z = 0.50(\sigma_x + \sigma_y)$[18]. 如果 $\mu = 0.5$ 此法无效. 这种方法对于在冻结温度下横向变形系数 μ 较低的光弹性材料才是适用的.

2. 三向剪应力差法

与二向剪应力差法相同，也是借助于平衡微分方程式配合光测数据求三个正应力分量之一.

对于图 7.17 (b) 所示的单元体，沿 x 轴方向的平衡微分方程式由 (1.21b) 式知

$$\frac{\partial\sigma_x}{\partial x} + \frac{\partial\tau_{yx}}{\partial y} + \frac{\partial\tau_{zx}}{\partial z} = 0.$$

过 K 点作与 x 轴相平行的直线 $O'KP'$，如图 7.17 (a) 所示，并在 $O'KP'$ 线上从 O' 至 K 点对上式进行积分，得到下式

$$(\sigma_x)_K = (\sigma_x)_{O'} - \int_{O'}^{K}\frac{\partial\tau_{yx}}{\partial y}\,dx - \int_{O'}^{K}\frac{\partial\tau_{zx}}{\partial z}\,dx, \quad (7.28a)$$

其中 $\dfrac{\partial\tau_{yx}}{\partial y}$ 是 τ_{yx} 沿 y 轴方向的变化率，$\dfrac{\partial\tau_{zx}}{\partial z}$ 是 τ_{zx} 沿 z 轴方向的变化率.

用有限差分代替偏导数，并将积分用求和代替，于是 (7.28a) 可写成

$$(\sigma_x)_K = (\sigma_x)_{O'} - \sum_{O'}^{K}\frac{\Delta\tau_{yx}}{\Delta y}\Delta x - \sum_{O'}^{K}\frac{\Delta\tau_{zx}}{\Delta z}\Delta x, \quad (7.28b)$$

其中 $(\sigma_x)_{O'}$ 是 $O'KP'$ 线端点 O' (即模型的边界点)沿 x 方向的正应力分量，其数值可由模型的边界条件求出.

下面结合本节介绍的"对三个切片的正射法"(p.243)和"对一个切片正射与斜射相结的方法"(p.245)说明 (7.28b) 式中 $\displaystyle\sum_{O'}^{K}\frac{\Delta\tau_{yx}}{\Delta y}\Delta x$ 和 $\displaystyle\sum_{O'}^{K}\frac{\Delta\tau_{zx}}{\Delta z}\Delta x$ 的计算方法：

(1) 在三个切片的正射法中，$\displaystyle\sum_{O'}^{K}\frac{\Delta\tau_{yx}}{\Delta y}\Delta x$ 是根据过 K 点的 xy 切片，见图 7.19 所示，沿 z 轴方向正射求得. 其作法与平面应力问题的剪应力差法相同. 即在图 7.23 所示的 xy 切片上，过 K

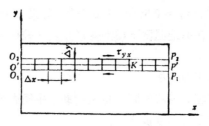

图 7.23 过 K 点的 xy 切片

点作与 x 轴平行的直线 $O'KP'$，并在其两侧画出与之等距的两条平行线 O_1P_1 和 O_2P_2，两平行线间的距离为 Δy，再将 $O'KP'$ 分成若干等份，使每份长为 Δx，找出各分点的剪应力从而求出

$$\sum_{O'}^{K} \frac{\Delta\tau_{yx}}{\Delta y} \Delta x.$$

$\sum\limits_{O'}^{K} \dfrac{\Delta\tau_{zx}}{\Delta z} \Delta x$ 是根据过 K 点的 xz 切片,见图 7.18 所示,沿 y 轴方向正射求得. 其作法与前相同,即在图 7.24 所示的 xz 切片上,过 K 点作与 x 轴平行的直线 $O'KP'$，并在其两侧画出与之等距的两条平行线 O_3P_3 和 O_4P_4，两平行线间的距离为 Δz. 与前同法可以求出 $\sum\limits_{O'}^{K} \dfrac{\Delta\tau_{zx}}{\Delta z} \Delta x$.

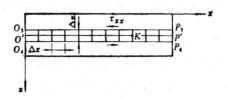

图 7.24 过 K 点的 xz 切片

在 (7.28b) 式中，各量都是代数值，如选取 $|\Delta x| = |\Delta y| = |\Delta z|$ 则 (7.28b) 可写成

$$(\sigma_x)_K = (\sigma_x)_{O'} \pm \sum_{O'}^{K} \Delta\tau_{yx} \pm \sum_{O'}^{K} \Delta\tau_{zx}. \qquad (7.28c)$$

K 点的 σ_x 求出以后，将其代入 (7.13)，(7.15)，(7.17) 式中的任意两式，即可得出 σ_z 和 σ_y。于是 K 点的六个应力分量全部求出。

应当指出，在 (7.13)，(7.15) 和 (7.17) 式中，仅使用了两个，其中另一个可用来检查所求得正应力的实验准确度。

另外，由图 7.20 和 (7.18) 式可以看出，过 K 点的 yz 切片是供测取 K 点 τ_{yz} 之用。如果要找 $O'KP'$ 线上若干点的 τ_{yz} 值，则需要过每一个点截取一个 yz 切片，显然，工作量是相当大的。下面介绍另一种方法，利用图 7.19 所示的过 K 点的 xy 切片，对它进行一次斜射，就可以求得 $O'KP'$ 线上各点的 τ_{yz}。

光线在 yz 平面内，沿与 z 轴成 ϕ 角方向照射 xy 切片，见图 7.25(a) 所示，由 (6.10) 和 (7.15) 式得

$$\sigma_{x'} - \sigma_{y'} = (\sigma_1' - \sigma_2') \cos 2\theta_{xy'} = \frac{n_\phi f \cos \phi}{d} \cos 2\theta_{xy'}, \qquad (g)$$

其中 $\theta_{xy'}$ 为 σ_1' 与 x' 轴（即 x 轴）的夹角。

由 (1.19) 式知 $\sigma_{x'}$（即 σ_x），$\sigma_{y'}$ 为

$$\begin{aligned}\sigma_{y'} = \sigma_x l_2^2 &+ \sigma_y m_2^2 + \sigma_z n_2^2 + 2\tau_{xy} l_2 m_2 \\ &+ 2\tau_{yz} m_2 n_2 + 2\tau_{zx} n_2 l_2,\end{aligned} \qquad (h)$$

新坐标轴 y' 对原坐标轴 x，y，z 系统的方向余弦见图 7.25 (b) 和表 7.5。

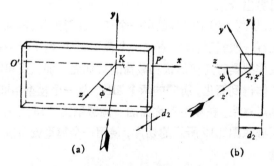

图 7.25　斜射法测 τ_{yz}

表 7.5　新坐标 x, y 对原坐标的方向余弦

新坐标 ＼ 原坐标	x	y	z
y'	$l_2 = \cos 90° = 0$	$m_2 = \cos\phi$	$n_2 = \sin\phi$

将方向余弦值代入（h）式得

$$\sigma_{y'} = \sigma_y \cos^2\phi + \sigma_z \sin^2\phi + \tau_{yz} \sin 2\phi,$$

将 $\sigma_{x'}$, $\sigma_{y'}$ 值代入（g）式得

$$\sigma_x - (\sigma_y \cos^2\phi + \sigma_z \sin^2\phi + \tau_{yz} \sin 2\phi) = \frac{n_\phi f \cos\phi}{d} \cos 2\theta_{xy'},$$

改写成

$$(\sigma_x - \sigma_y)\cos^2\phi - (\sigma_z - \sigma_x)\sin^2\phi - \tau_{yz} \sin 2\phi$$
$$= \frac{n_\phi f \cos\phi}{d} \cos 2\theta_{xy'},$$

解出

$$\tau_{yz} = \left[-\frac{n_\phi f \cos\phi}{d} \cos 2\theta_{xy'} + (\sigma_x - \sigma_y)\cos^2\phi \right.$$
$$\left. - (\sigma_z - \sigma_x)\sin^2\phi \right] \Big/ \sin 2\phi, \tag{7.29}$$

由(7.13),(7.15)式可以得出 $(\sigma_x - \sigma_y)$ 和 $(\sigma_z - \sigma_x)$，将其代入上式便可算出 τ_{yz}.

于是，从两个模型中各截出一个切片进行正射，再利用其中一个切片进行一次斜射，就能省去一个模型，只要两个模型就够了。

如果模型具有几何形状和载荷的对称面，那么还可以进一步使实验工作得到简化，所需的两个切片，从一个模型中即可截取，即利用其对称性，在模型对称面的一侧截取图 7.18 所示的切片，在另一侧截取图 7.19 所示的切片，使用一个模型就可以求解六个应力分量。

实际上，对三向模型在**任意载荷**作用下的一般问题，也可以使

用一个模型，采用截取副切片的办法来解决．例如，首先截取图 7.18 所示的 xz 切片（称主切片），然后从 xz 切片中截取图 7.19 所示的 xy 切片（称副切片），最后再从 xy 切片中截取图 7.20 所示的 yz 切片（也称副切片）．

（2）在一个切片正射与斜射相结合的方法中，$\Delta\tau_{yz}$ 值是对图 7.19 所示的 xy 切片正射的测量数据而算出．

为了计算 $\Delta\tau_{zx}$ 值，需要在过 K 点的 xy 切片的两侧等距离处，各截取一个切片 I 和 II，见图 7.26 (a) 所示．K_1，K_2 点分别在 I，II 切片的中面上，K_1KK_2 联线与 xy 平面垂直，$(\Delta\tau_{zx})_K = (\tau_{zx})_{K_2} - (\tau_{zx})_{K_1}$．$\tau_{zx}$ 的测量采用斜射法，见图 7.26 (b)，在 xz 平面内，沿 1 方向对切片 I 或 II 斜射，由(7.21)式知

$$(\sigma_x - \sigma_y)\cos^2\phi - (\sigma_y - \sigma_z)\sin^2\phi - \tau_{zx}\sin 2\phi$$

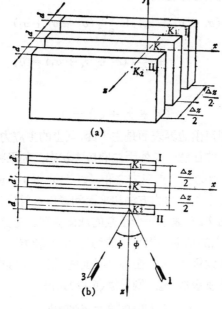

图 7.26 斜射法求 τ_{zx}

$$= \frac{n_{x'y} f \cos\phi}{d} \cos 2\theta_{x'y},$$

在 xz 平面内,沿 3 方向对切片 I 或 II 斜射,由(7.23)式知

$$(\sigma_x - \sigma_y) \cos^2\phi - (\sigma_y - \sigma_z) \sin^2\phi + \tau_{zx} \sin 2\phi$$

$$= \frac{n_{x''y} f \cos\phi}{d} \cos 2\theta_{x''y},$$

两式相减,得到

$$\tau_{zx} = \frac{f \cos\phi}{2d \sin 2\phi} (n_{x''y} \cos 2\theta_{x''y} - n_{x'y} \cos 2\theta_{x'y})$$

$$= \frac{f}{4d \sin\phi} (n_{x''y} \cos 2\theta_{x''y} - n_{x'y} \cos 2\theta_{x'y}). \tag{7.30}$$

3. 数解法

由弹性力学知道,在三向应力状态下,当体积力为常数时(如重力),模型任意一点的主应力和 $(\sigma_1 + \sigma_2 + \sigma_3)$ 是调和函数,它满足拉普拉斯微分方程式

$$\frac{\partial^2}{\partial x^2}(\sigma_1 + \sigma_2 + \sigma_3) + \frac{\partial^2}{\partial y^2}(\sigma_1 + \sigma_2 + \sigma_3)$$

$$+ \frac{\partial^2}{\partial z^2}(\sigma_1 + \sigma_2 + \sigma_3) = 0, \tag{7.31a}$$

它可简写成

$$\nabla^2(\sigma_1 + \sigma_2 + \sigma_3) = 0. \tag{7.31b}$$

因为模型自由边界表面是主平面,其上的主应力为零,所以自由边界表面上的任意一点处于二向应力状态. 如果将这两个主应力找出,则该点的三个主应力之和 $(\sigma_1 + \sigma_2 + \sigma_3)$ 便已知. 求自由表面点的二个主应力的方法和平面问题里斜射法分离主应力的方法相同. 图 7.27 表示一个承载的球体模型,在自由表面 K 点处,截取与 K 点的切平面相平行的切片,沿 z 轴方向对该切片正射测得 K 点的条纹级次 n_z,在 yz 平面内,沿与 z 轴成 ϕ 角方向斜射测得 K 点条纹级次 n_ϕ. 则根据(6.12)式得

$$\sigma_1 = \frac{f}{d} \left(\frac{n_z \cos^2\phi - n_\phi \cos\phi}{\cos^2\phi - 1} \right),$$

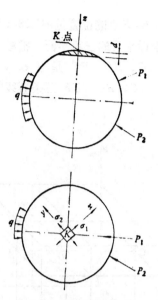

图 7.27 承载的球体模型

$$\sigma_2 = \frac{f}{d}\left(\frac{n_z - n_\phi \cos\phi}{\cos^2\phi - 1}\right),$$

于是 K 点的主应力和为

$$\sigma_1 + \sigma_2 + \sigma_3 = \frac{f}{d}\left[\frac{n_z(1 + \cos^2\phi) - 2n_\phi \cos\phi}{\cos^2\phi - 1}\right]. \quad (7.32)$$

对于模型的非自由边界的表面点，一般根据边界条件也能求出或近似求出其主应力和．如果利用这些数据作为边界条件来求解 (7.31a) 微分方程式，则模型内部任意一点的主应力便可求出．但是，在复杂边界条件下，解 (7.31a) 式是很困难的．为此，按照与平面问题数解法相似的方法，把 (7.31a) 式变为差分方程

$$\frac{\Sigma_A}{a(a+c)} + \frac{\Sigma_B}{b(b+d)} + \frac{\Sigma_C}{c(c+a)} + \frac{\Sigma_D}{d(d+b)}$$

$$+ \frac{\Sigma_E}{e(e+f)} + \frac{\Sigma_F}{f(f+e)} = \left(\frac{1}{ac} + \frac{1}{bd} + \frac{1}{ef}\right)\Sigma_0, \quad (7.33)$$

其中 Σ 表示模型任意一点的三个主应力之和 $(\sigma_1 + \sigma_2 + \sigma_3)$，

A，B，C，D，E，F 点的位置见图7.28所示，在模型中，用与直角坐标系的三个坐标平行的三组平面，把模型划分成若干正交型立体网格，直线 AC，BD，EF 是与 x，y，z 轴平行的立体网格的棱边，O 点是 AC，BD，EF 三条直线的交点。这六个点与 O 点的距离分别为

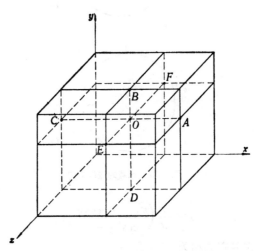

图 7.28　正交型立体网格

$$OA = a, \quad OB = b, \quad OC = c, \quad OD = d,$$
$$OE = e, \quad OF = f.$$

如果 $a = b = c = d = e = f$，则(7.33)式可写为

$$\Sigma_A + \Sigma_B + \Sigma_C + \Sigma_D + \Sigma_E + \Sigma_F = 6\Sigma_O. \tag{7.34}$$

对模型内部正六面体网格的每个交点都可按照(7.34)式列出一个差分方程，假如有 i 个内点，则可得出 i 个线性代数方程。把已知的边界点主应力和值代入这个方程组，则从 i 个代数方程可以解出其中 i 个待求的主应力和。其计算工作量是很繁重的，必须使用电子计算机。如网格较密，则还需大型计算机方可。

由弹性力学知道，一点的主应力和$(\sigma_1 + \sigma_2 + \sigma_3)$等于该点的三个正应力之和 $(\sigma_x + \sigma_y + \sigma_z)$，于是模型任意点的三个正应力

之和 $(\sigma_x + \sigma_y + \sigma_z)$ 成为已知量. 这就是得到的补充方程, 把它与(7.13), (7.15), (7.17)式中任意两个联立求解, 即可得到模型任意点的 σ_x, σ_y 和 σ_z.

§7.6.   偏光显微镜在光弹实验中的应用

一、偏光显微镜的构造[4]

偏光显微镜是研究岩石和矿物的最有效的工具之一. 它与透射式光弹仪的主要区别在于, 偏光显微镜的放大倍数大、分辨率高、球象差和色象差也小.   使用它测量冻结切片的数据是很方便的. 同时, 还附带有费德洛夫旋转台, 用它可以使冻结应力的切片围绕某定点转动以进行斜射测量.

偏光显微镜的型式较多, 但其基本构造相似.   图 7.29 是西德 Leitz 厂生产的 DIALUX-POL 偏光显微镜照片, 它由镜座、镜臂、镜筒、载物台、费氏旋转台和照明系统等六部分组成.

镜座: 它支撑显微镜的全部重量. 照明系统安装在镜座内部.

镜臂: 下端与镜座相联. 其上装有粗调和细调旋钮, 用它来调节载物台的升降位置.

镜筒: 是圆柱体中空的金属筒, 下端与镜臂相联. 光学零件如目镜、勃氏镜、检偏镜、物镜等都安装在镜筒上.

载物台: 是能做定心转动的圆盘, 边缘刻度360°, 由游标可读出 $\frac{1}{10}^{\circ}$. 切片放在载物台上观测.   载物台中央有一圆孔, 从照明系统射出的光通过圆孔射到切片上.   当使用费氏旋转台时, 则把它安装在载物台上.

费氏旋转台: 见图 7.30, 主要由两部分组成.

(1) 旋转轴   四轴费氏台具有两个铅垂轴, 一个东西转轴, 一个南北转轴.

(2) 玻璃半球   共有三对玻璃半球, 它的折射率分别为 $N = 1.516, 1.557, 1.648$. 下半球镶嵌在金属圆环上, 上半球嵌在长方

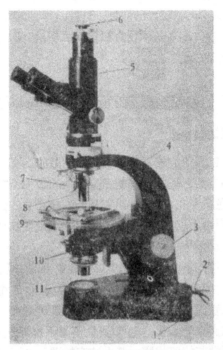

图 7.29 偏光显微镜

1.镜座;　2.光源;　3.调节旋钮;4.镜臂;　5.镜筒;　6.目镜;　7.贝瑞
克补偿器;　8.物镜;　9.载物台;　10.聚光镜;　11.保护玻璃.

图 7.30 费氏旋转台

形金属框内．下半球上方置有玻璃圆板，用以载放切片，其上就是上半球，见图7.31所示．四者构成一个圆球，接触面之间用浸渍液粘合之．浸渍液的折射率应与模型材料的折射率近似相等．

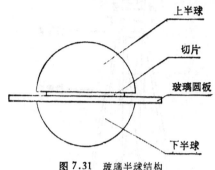

图 7.31　玻璃半球结构

照明系统：包括光源、反光镜、聚光镜、虹彩光圈等．自光源发出的光通过透镜水平地射到反光镜上，经过反光镜的反射变成铅垂方向．然后，通过保护玻璃再射向起偏镜上．光源包括白光和钠光两种．

二、偏光显微镜中像的形成

如图 7.32 所示，光经过反光镜进入偏光显微镜的光学系统，首先通过起偏镜（尼科尔棱镜或人造偏振片）而进入聚光镜的虹彩光圈（成为偏光显微镜的入射光瞳），调节光圈的大小可以控制进入光学系统的光的数量．光通过聚光镜会聚在切片上，通过切片的光又进入接物镜，透过接物镜的光本应成像于 $\overline{A'B'}$ 中，但由于光通过接目镜的聚敛透镜使光发生一定程度的收敛，因此成像平面由 $\overline{A'B'}$ 下移至 $\overline{A''B''}$，并且像也缩小一些，由图可知 $\overline{A''B''}$ 是原来切片 $\overline{AB}$ 的倒置实像．光通过接目镜的目透镜，便在接目镜的下方距离出射光瞳 250 毫米处产生放大的倒置虚像 $\overline{A'''B'''}$．使用单眼管观测的影像放大倍数等于物镜和目镜放大倍数的乘积．使用双眼管观测的影像放大倍数需再乘以 1.25．

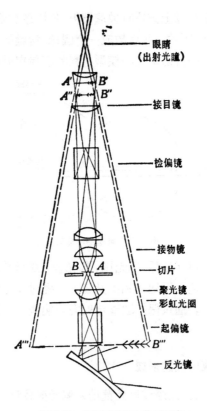

图 7.32 偏光显微镜中像的形成

三、等倾线参数的测量

在偏光显微镜上，起偏镜和检偏镜的零度位置是对应两者的偏振轴处于正交位置，因此呈现为暗场。

在白光下，将欲观察的切片置于载物台的中心，转动粗调旋钮，将镜筒下降到最低位置。从接目镜里观察，并转动粗调旋钮使镜筒缓缓上升，直到视域中物像基本上清楚为止。然后把切片被测点调至目镜十字丝的交点处，转动细调旋钮使物像最为清晰。这时，从目镜中看去，呈现出彩色的等差线和黑色的等倾线。当转动载物台使黑色等倾线正好通过目镜十字丝的交点处时，这时切片上被测点的次主应力方向一个为起偏镜的偏振轴方向，一个为检偏镜的偏振轴方向．根据这时载物台的圆周刻度和切片上的基准线就可得到切片被测点的等倾线参数．如果在转动载物台过程中,十字丝交点处的黑点不动位置,则说明切片在该点的等差线条纹级次为零．

四、贝瑞克（Berek）补偿器的原理与使用

在 §2.12 和 §2.13 中介绍了晶体方解石的双折射现象和晶体的折射率椭球．图 7.33 (a) 表示一个方解石（单轴负晶体）的折射率椭球．y 轴方向是其光轴方向，N_o 为寻常光的折射率．N_e 为非寻常光的折射率．当光线沿光轴方向通过晶体时，过 O 点作一个与光轴垂直的平面，截椭球为一个圆截面，这说明光线沿光轴方向通过晶体时不产生双折射现象．当光线在 xy 平面内，沿 R 方向通过晶体时，则该光线产生双折射．过 O 点作一个与 R 方向垂直的平面，截椭球为一个椭圆，其长轴半径 N'_e 和短轴半径 N_o 即为两列平面偏振光的折射率．N'_e 为非寻常光，N_o 为寻常光．N'_e 值的求法见图 7.33 (b) 所示,因为 R 方向线在 xy 平面内,所以作 xy 平面截椭球为一椭圆,该椭圆方程为

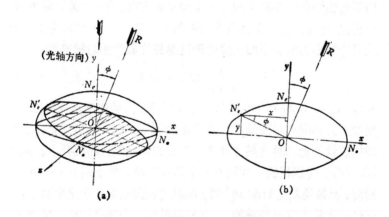

图 7.33　方解石晶体的折射率椭球

$$\frac{x^2}{N_o^2} + \frac{y^2}{N_e^2} = 1, \tag{a}$$

由于 N_e' 在此椭圆的轨迹上,则

$$x = N_e' \cos \phi, \quad y = N_e' \sin \phi, \tag{b}$$

把 (b) 代入 (a) 得

$$\frac{(N_e' \cos \phi)^2}{N_o^2} + \frac{(N_e' \sin \phi)^2}{N_e^2} = 1,$$

所以

$$N_e' = N_o N_e \sqrt{\frac{1}{N_o^2 \sin^2 \phi + N_e^2 \cos^2 \phi}}, \tag{7.35}$$

其中 $N_o = 1.6583$, $N_e = 1.4864$. 当 ϕ 在 $0°$ 和 $90°$ 之间改变时, N_e' 将在 N_o 和 N_e 值之间变化. 两列平面偏振光在方解石晶体中的折射率之差为 $(N_o - N_e')$.

贝瑞克补偿器就是依据上述原理设计的. 其实物照片如图 7.34 (a) 所示. 从方解石中与光轴垂直的方向截取一个厚度为 d 的薄晶片, 见图 7.34 (b) 所示, 当光线沿光轴方向通过薄晶片时, 该光不产生双折射. 如果使薄晶片绕 z 轴旋转 ϕ 角, 见图 7.34 (c) 所示, 当光线仍沿铅垂方向通过薄晶片时, 该光将产生双折射, 两列平面偏振光的振动方向: 一支为 x' 轴方向, 另一支为 z 轴方向. 那么, 根据这两支平面偏振光的折射率之差 $(N_o - N_e')$, 按 (2.12) 式可计算出这两支平面偏振光通过薄晶片后产生的程差为

$$R = \frac{d}{\cos \phi} (N_o - N_e') \tag{7.36}$$

其中 $N_o = 1.6583$, N_e' 由 (7.35) 式可得出. 故知薄晶片愈厚, 转角愈大, 则两列平面偏振光所产生的程差 R 愈大. 贝瑞克补偿器的构造就是把这种薄晶片嵌在一个长方体金属板的圆孔中, 见图 7.34 (d), 金属板的一端附有一个转动鼓轮, 轮上刻有 0—$60°$ 的刻度, 当鼓轮刻度对准 $30°$ 时, 薄晶片在圆孔中处于水平面位置, 这时其光轴方向是铅垂的. 如转动鼓轮, 则薄晶片绕 z 轴转动. 贝瑞克补偿器安装在偏光显微镜的接物镜和检偏镜之间, 薄晶片

(a)

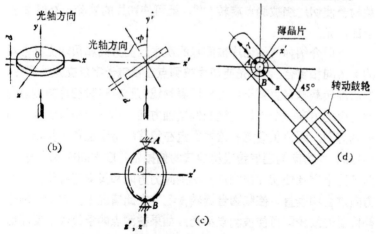

图 7.34 贝瑞克补偿器的构造

的转动轴 z 固定在水平面的位置并与起偏镜、检偏镜的偏振轴零度方向成 45° 角. 一般在贝瑞克补偿器的金属板上沿 z 轴方向刻有 γ 的字样,这表示在 z 轴方向的折射率最大,而与 z 轴相垂直的 x' 方向折射率较小,根据折射率定义可知,沿 z 方向是慢光,沿 x' 方向是快光. 由实验得知,由环氧树脂制成的模型,其切片的次主应力 σ_1' 方向是慢光,σ_2' 方向是快光. 所以在使用贝瑞克补偿器测量切片的条纹级次时,见图 7.35 所示,是使切片被测点的次主应力 σ_2' 方向与补偿器的 γ 方向重合,其道理和库克补偿器的补偿方法是一样的. 在白光下转动贝瑞克补偿器的鼓轮,使薄晶片绕 z 轴旋转 ϕ 角,则由于切片次主应力差所产生的程差被贝瑞克补偿器薄晶片所产生的程差抵消一部分,切片被测点的条纹级次减小,继续转动鼓轮增大 ϕ 角,直至切片被测点的彩色条纹全部消光. 根据鼓轮转角 ϕ,查阅贝瑞克补偿器说明书中的函数关系式就可计算出切片被测点的条纹级次(实际补偿时,是以鼓轮刻度 30° 为中点,使鼓轮逆转和顺转两次分别进行消光,然后以鼓轮两次转角的平均值作为被补偿点的条纹级次所对应的鼓轮转角). 如果鼓轮转动时,发现切片被测点的条纹级次增加,则说明贝瑞克补偿器的快光方向与切片被测点的快光方向重合,那么利用偏光显微镜的载物台使切片绕被测点旋转 90°,就可使切片的被测点补偿后被全部消光.

下面介绍如何使切片被测点的次主应力方向和贝瑞克补偿器的 γ 方向相重合. 首先使切片被测点在目镜十字丝交点处聚焦,然后旋转载物台直至十字丝出现等倾线为止,这时切片被测点的次主应力方向一个是起偏镜的偏振轴方向,另一个是检偏镜的偏振轴方向. 因为贝瑞克补偿器固定在镜臂的特定位置,贝瑞克补偿器的 γ 方向与起偏镜或检偏镜的偏振轴零度方向成 45° 夹角. 为了让十字丝处切片被测点的次主应力方向和贝瑞克补偿器的 γ 方向重合和垂直,使载物台旋转 45°. 在此情况下,转动贝瑞克补偿器的鼓轮即可使被测点消光. 如果被测点的条纹级次反而增加,则应将载物台再转 90° 进行补偿.

根据以上原理，使用贝瑞克补偿还可以找出切片被测点的次主应力在那个方向代数值最大．也可以判断切片自由边界的应力是拉还是压．

起偏镜或检偏镜的偏振轴方向

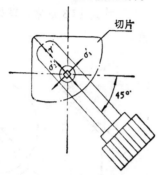

图 7.35　贝瑞克补偿器的使用

五、费氏旋转台的正确使用

见图 7.36(a) 所示，当光线对切片正射时，可测得切片中面 O 点的条纹级次．当对 O 点作斜射时，见图 7.36 (b) 所示，光线从空气进入切片界面后将产生折射，则光线不再通过切片中面的 O 点，这时所测得的条纹级次并非 O 点的数据．为了避免测点偏离，实验中把切片夹入一对玻璃半球中，见图 7.36 (c) 所示，使切片的中面 O 点位于玻璃半球的球心位置，切片和一对玻璃半球构成一个球体．如果球体以切片 O 点为球心绕垂直纸面的轴旋转 ϕ 角，这时从铅垂方向射向 O 点的光线沿球面法线进入下半球而不产生折射．由于切片材料和玻璃半球材料的折射率相等，则通过下半球的光线经切片 O 点后也不产生折射，最后光线从上半球的球面法线而进入空气．故知对于玻璃半球的入射线、射出线与通过玻璃半球的光线是共线的．

偏光显微镜上的费氏旋转台是为岩石和矿物分析而设计的．其切片厚度甚小，仅为 0.03 毫米，观测时切片被粘在两块玻璃之间，其上方为盖玻璃，其下方为载物玻璃．现以 LEITZ DIALUX-

POL 偏光显微镜旋转台为例,介绍玻璃球体的实际结构,见图7.37
所示,据旋转台说明书介绍,要求盖玻璃、切片和载物玻璃的总厚
度为 0.9—1.1 毫米. 它们被放在玻璃上半球和圆平板玻璃之间,
再下面是玻璃下半球. 玻璃半球曲率半径的名义尺寸是 13.5 毫
米,上半球的厚度的名义尺寸为 13.3 毫米,球体的中心在盖玻璃
的下表面和切片的上表面.

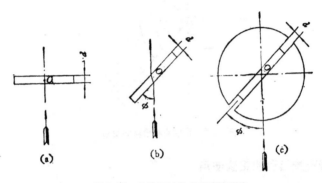

图 7.36 光线经过玻璃半球的路线

那么,在光弹性实验中如何使用费氏旋转台呢? 首先,要求冻
结切片的厚度控制在 0.90±0.03 毫米, 其上表面覆盖厚度约 0.17
毫米左右的无应力的模型材料薄片或折射率接近于模型材料的其
它透明薄片. 然后,如图 7.37 所示,把它们夹在玻璃上半球和圆
平板玻璃之间. 球体中心在冻结切片的上表面上. 作斜射测量以
前,首先应把切片的被测点移至目镜十字丝交点处,以切片上表面
点聚焦,然后调节球心的高低位置使之和费氏旋转台的四轴交点
重合. 这样,当球体旋转,光线对切片斜射时,目镜十字丝交点处
的切片被测点的位置不会移动.

见图 7.38 (a),对切片中面 O 点进行正射和斜射时,要求光线
都要通过 O 点. 但是,费氏旋转台是以切片表面点 A_3 为球心而旋
转的. 正射时,见图 7.38 (b) 所示,光线沿铅垂方向,切片表面为
水平面,光线既通过 A_3 点又通过 O 点,所测得的条纹级次即代表
切片中面 O 点的数据. 斜射时,见图 7.38 (c) 所示,光线仍为铅垂

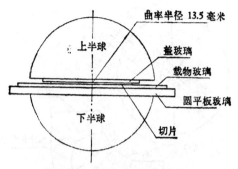

图 7.37 旋转台球体的实际结构

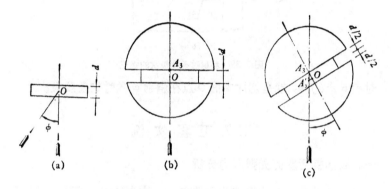

图 7.38 对切片正射和斜射

方向, 切片倾斜 ϕ 角, 光线仍通过 A_3 却偏离了 O 点, 所测得的条纹级次 n_3 代表切片中面 A_3' 点的数据. 因此, 必须对 n_3 进行修正. 其修正方法如下: 见图 7.39 (a), 把切片上表面沿圆弧边界分为 A_1, A_2, A_3, A_4, A_5 若干点. 斜射时, 是逐点将被测点调至十字丝的交点, 从而测得在 ϕ 角下斜射时对应各点的条纹级次 n_1, n_2, n_3, n_4, n_5, 然后画出沿各分点的条纹级次 n 的分布曲线, 见图 7.39(b) 所示, 在 ϕ 角斜射下切片中面 O 点的条纹级次 n_0 应该在分布曲线中的 n_3 与 n_4 之间. 由图 7.39 (a) 可知, $\overline{A_3'O} = \dfrac{d}{2} \operatorname{tg} \phi$, 所以在图 7.39(b) 中 A_3 与 A_4 之间, 量取 $\overline{A_3 B} = \overline{A_3'O} = \dfrac{d}{2} \operatorname{tg} \phi$, 则

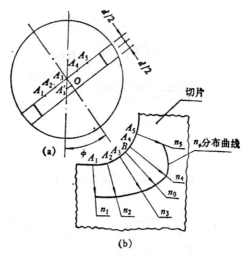

图 7.39 斜射时条纹级次的修正

对应 B 点的 n_0 就是切片中面 O 点在斜射 ϕ 角时的条纹级次.

§7.7. 工 程 实 例

一、柴油机活塞的光弹应力分析

活塞是发动机的重要运动件之一. 它在高温、高压气体作用下作高速往复运动,其工作条件是很恶劣的. 所以在设计发动机特别是设计高强化的发动机时,在选择活塞结构型式工作中,要做一系列的方案对比实验,而光弹性应力分析就是其中较重要的一种.

某系列柴油机活塞的第一种结构见图 7.40 (a) 所示,在活塞内腔里销座的两侧是楔形的,与此相应连杆小头的两侧面也作成楔形的,这种结构型式对于活塞销座和连杆小头的承载是合理的. 但这种型式的活塞和连杆的制造工艺性差. 为此提出第二种结构见图 7.40 (b) 所示,这种结构型式改进了连杆和活塞的工艺性,适合于大量生产. 在第二种结构的基础上,把活塞内腔销座上方的两根筋连成一根,这样一来活塞内腔模块的制作就更方便了,这便

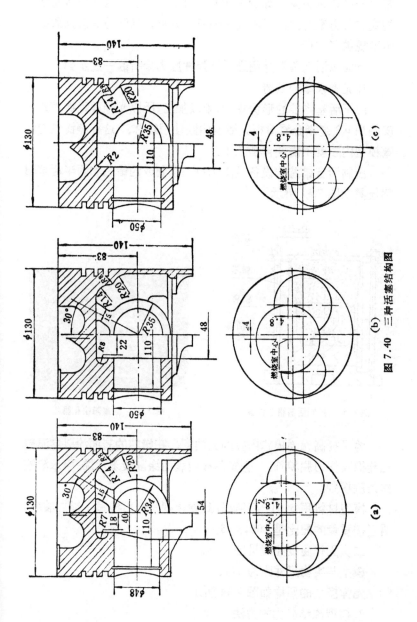

图 7.40 三种活塞结构图

是第三种结构方案，如图 7.40(c) 所示. 为了对这三种活塞结构型式进行方案对比作了静载光弹应力分析，从而为该系列活塞的定型提供了依据.

下面以活塞为例介绍进行光弹性应力分析的一般步骤.

1. 光弹模型的制造

由于活塞内腔的形状复杂，难以加工，所以光弹模型铸模的外皮使用 0.3 毫米金属薄板，活塞内腔使用蜡芯. 这样浇铸成的活塞模型内腔就不需要再加工了.

压制活塞蜡芯的设备见图 7.41. 压制成的蜡芯和两半活塞阳模模具如图 7.42 所示.

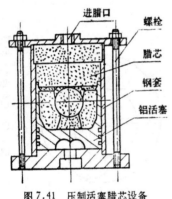

进腊口 螺栓
腊芯
钢套
铝活塞

图 7.41 压制活塞腊芯设备

图 7.42 活塞阳模和腊芯

为了提高光弹模芯内腔的光洁度，在蜡芯的表面涂以室温硫化硅橡胶作为脱模剂. 金属薄板内表面涂以聚苯乙烯-甲苯溶液作为脱模剂.

模型材料用 6101# 环氧树脂，硬化剂是分析纯顺丁烯二酸酐，两者按重量的配比是 100:32.5.

二次固化温度曲线见图 7.43.

模型与实物尺寸比为 1:1.

光弹模型的照片如图 7.44 所示.

2. 模型冻结应力的方法

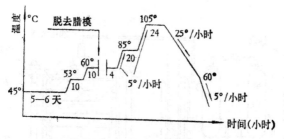

图 7.43 二次固化温度曲线

图 7.44 活塞光弹模型

通过空气压力来模拟燃烧压力对活塞顶部的作用. 活塞模型冻结加载设备见图 7.45 所示. 为了保证模型顶部气体压力的密封, 在活塞顶部蒙上两层塑料薄膜, 这样就可以在冻结应力的过程中保持良好的密封性. 虽然活塞顶部有 ω 型燃烧室, 但也不需要预先使密封膜充压成型. 在冻结温度下, 对模型充压后, 密封膜自然成为 ω 型.

冻结温度的控制曲线见图 7.46. 因为模型周围都是金属件,

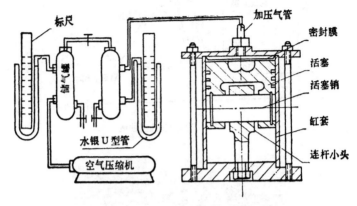

图 7.45 活塞模型冻结加载设备

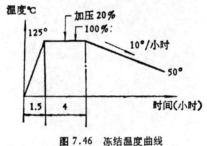

图 7.46 冻结温度曲线

降温时散热比较慢，所以降温速度比一般模型冻结应力时可稍快些.

3. 切片部位与分析方法

切片位置见图 7.47 所示，切片 1 和 2 都和活塞顶平面垂直. 活塞销中心线在切片1的中面上. 切片 2 和切片 1 平行,燃烧室中心在切片 2 的中面上.

切片 1 表示在图 7.48 (a),活塞内腔边界上任意一点 A 的应力状态见图 7.48(b) 所示，因为活塞内腔为自由表面，所以 $\sigma_n = 0$, $\tau_{n\theta} = \tau_{\theta n} = 0$, $\tau_{nm} = \tau_{mn} = 0$. 当光线沿 θ 方向对切片 1 正射时，可测出 A 点的条纹级次 n_θ，则 A 点与边界相切的正应力由

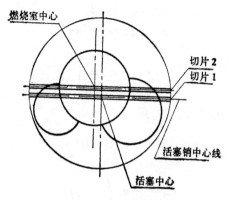

图 7.47 切片位置图

(7.1)式得

$$\sigma_m = \pm n_\theta f/d,$$

其中冻结的材料条纹值 $f = 0.351$ 公斤/厘米，$d = 2$ 毫米．

切片 2 表示在图 7.49 (a)，活塞燃烧室表面任意一点 B 的应力状态见图 7.49 (b) 所示，因为燃烧室表面有气压 $q = 0.713$ 公斤/厘米² 的作用，所以 $\sigma_n = q$，$\tau_{n\theta} = \tau_{\theta n} = 0$ $\tau_{nm} = \tau_{mn} = 0$．当光线沿 θ 方向对切片 2 正射时，可测出 B 点的条纹级次 n_θ，使用库

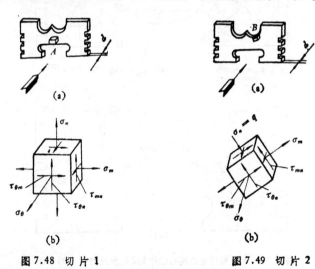

图 7.48 切片 1   图 7.49 切片 2

克补偿器如测得 $\sigma_m > \sigma_n(=q)$ 时,则
$$\sigma_m - \sigma_n = n_\theta f/d,$$
即
$$\sigma_m = n_\theta \frac{f}{d} - |q|.$$

如 $\sigma_n(=q) > \sigma_m$ 时,则
$$\sigma_n - \sigma_m = n_\theta f/d,$$
即
$$\sigma_m = -n_\theta \frac{f}{\theta} - |q|.$$

以上得出的都是模型应力,根据表 12.3 知实物应力等于模型应力乘以 $k_p \left(= \dfrac{p}{q}\right)$,其中 p 为实物的燃烧压力,其值为 100 公

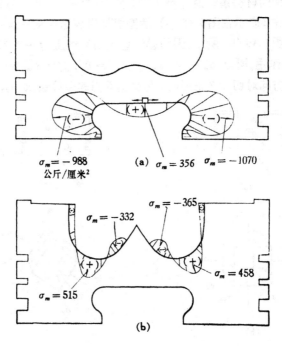

图 7.50   第一种活塞结构的切片 1,2 边界应力 σ_m 的分布

斤/厘米².

4. 沿燃烧室和活塞内腔边界实物应力的分布

图 7.50 (a) 绘出第一种活塞结构的切片 1 沿内腔边界 σ_m 的分布,图 7.50 (b) 给出切片 2 沿燃烧室边界 σ_m 的分布.

图 7.51 (a) 给出第二种活塞结构切片 1 沿内腔边界 σ_m 的分布,图 7.51(b) 给出切片 2 沿燃烧室边界 σ_m 的分布.

图 7.52 (a) 给出第三种活塞结构切片 1 沿内腔边界 σ_m 的分布,图 7.52(b) 给出切片 2 沿燃烧室边界 σ_m 的分布.

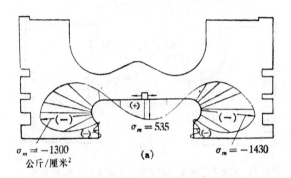

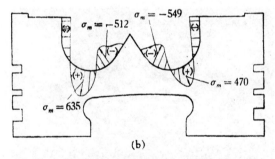

图 7.51 第二种活塞结构的切片 1,2 边界应力 σ_m 的分布

图 7.53,7.54,7.55 分别给出第一种活塞结构切片 1、第二种结构切片 2、第三种结构切片 1 的等差线条纹照片.

5. 分析与建议

将图 7.50 和图 7.51 加以比较可以看出,第二种活塞结构的应

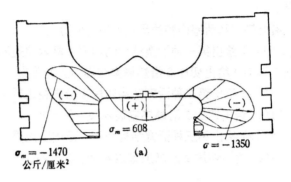

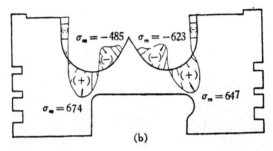

图 7.52　活塞第三种结构的切片 1，2 边界应力 σ_m 的分布

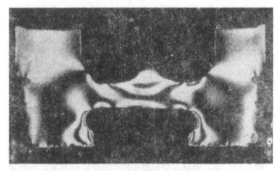

图 7.53　第一种结构的切片 1 的等差线

力比第一种结构大．比较图 7.53 和图 7.54 的等差线照片也可以看出，在活塞内腔的销孔上边缘处，第二种结构的接触应力情况也比第一种结构严重．

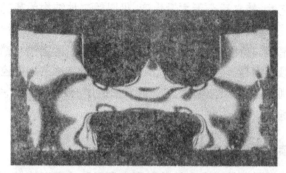

图 7.54　第二种结构的切片 2 的等差线

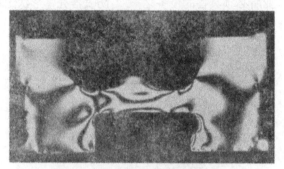

图 7.55　第三种结构的切片 1 的等差线

　　第三种活塞结构物的光弹模型与图 7.40（c）略有不同．见图 7.52 所示,在活塞内腔中销座与活塞顶部的联接处左侧是一根筋,右侧是两根筋(与第二种结构相同).由图 7.52（a）可以看出,一根筋连接的一侧,活塞内腔的边界应力比二根筋联接的一侧为大,尤其在销孔上边缘接触应力地方,这可由图 7.55 等差线照片明显地看出来．两侧之所以有区别是由于内腔中两侧的销座上方刚度不同．二根筋一侧销座上方的刚度小,这对于降低销座上方的边界应力尤其是降低销孔上边缘的接触应力是有效的．这种销座通常称为弹性销座.

　　综上所述,从强度分析的观点来看,虽然第二种活塞结构的应力大于第一种结构,而小于第三种结构．但是,为了改善活塞和连杆的工艺性,使之适合于大量生产,仍以第二种结构为基础进行改进. 于是,建议把第二种活塞结构所对应的活塞销内径适当减小,这样活塞销的弯曲刚度适当增加,这对于减小活塞销与销孔上边缘的接触应力是有益的. 同时,为了减小第二种结构内腔中销座上方的刚度,建议把销座上方过渡圆弧的中心距(见图 7.40 (b))加大 4 毫米.

二、防喷器壳体的光弹应力分析

防喷器是石油工业上钻井过程中用以防止高压油、气上喷,保证安全作业所必须具备的设备之一. 防喷器壳体形状比较复杂,要求它体积小、强度高、能承受高压作用.

图 7.56 防喷器壳体光弹模型

图 7.56 表示两用闸板式防喷器壳体的光弹模型. 该壳体分上、下两层,各有一个横向贯穿的长椭圆形窗孔,孔边沿孔深方向有导向筋,孔内装有闸板,孔的两个端面用螺钉与相应的侧盖相连

并加以密封．壳体另外的两个侧面为十字筋筋条结构．壳体自顶
到底开有一个贯穿的圆孔，用以通过钻具，上顶面与下底面分别与
相邻零件的法兰相连．闸板顺着窗孔可作水平运动，以达到打开
与封闭井口的目的．

对防喷器壳体进行光弹性应力分析的目的在于了解壳体承受
内压时的应力分布，特别是了解窗孔圆弧部分的应力集中状况，以
便为强度设计提供实验依据．

1. 模型及其冻结应力方法

实物与模型的尺寸比为3:1．环氧树脂模型采用蜡模模具，用
二次固化方法制成．蜡模由六个侧块及一个蜡芯组装而成，为了
提高光弹模型的光洁度，在蜡模表面涂以室温硫化硅橡胶作为脱
模剂．浇注环氧树脂混合液时是在烘箱内采用底浇法，并将蜡模预
先倾斜放置，以使混合液中的气泡可以顺着斜面自由溢出；待混合
液浇满后，再按另外三个方位依次将模型倾斜放置一段时间．为
了充分保证重点分析部位的几何尺寸，并去除模型表层的浇铸初
应力，在窗孔圆弧部分用成型刀具及样板修刮到最后尺寸．

根据实物出厂试压规范，光弹模型的边界条件是用环氧树脂
的矩形盲板代替壳体侧盖，用环氧树脂的圆形盲板代替上顶及下
底相邻零件的法兰来实现．

模型两侧面的四个窗孔和上、下面的二个圆孔按下述方法密
封并装配盲板；以氯丁胶浆加氯化列克钠的混合液作粘结剂，将约
1毫米厚的密封橡胶布粘贴在窗口，合上盲板后，用尼龙螺钉套以
钢丝弹簧固紧，各螺钉的预紧力用调整弹簧的压缩量保证一致，它
们都等于在螺钉中由于所加气压而产生的轴向力的二倍．装配后
的模型见图 7.57．

装配后的壳体模型重 12 公斤，厚薄又不均匀．为了减小由于
自重对模型冻结应力的影响，将整个模型浸没在比重与环氧树脂
材料比重相接近的甘油-变压器油的混合液中进行冻结．同时，预
先在模型最大厚度的内外表面的相应点埋置直径为 0.2 毫米的热
电偶丝，用来测取冻结过程中模型的内外温度，以控制升降温速度

图 7.57 装配后的防喷器壳体的光弹模型

和恒温、加载时间. 模型在冻结温度下,于降温前 2 小时施加上全部气压 q.

2. 切片及观测

图7.58表示冻结模型的切片位置. 沿与窗孔轴线相垂直的方向,切取九片纵向整切片,片厚 4 毫米,作初步观测;在此基础上,从各整切片中切出应力较大圆弧部分的局部切片,磨成 1—1.5 毫米厚,进一步作精确测量.

在窗孔内表面上任意一点 O 的应力状态,如图7.59所示. 其中 $\sigma_x = -|q|$ 为已知量;σ_y,σ_z,$\tau_{yz} = \tau_{zy}$ 为三个待求的未知量.

对切片沿 x 方向作一次正射,再在 yz 平面内对 O 点作两次

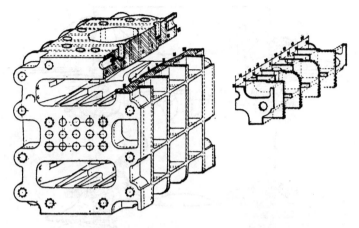

图 7.58　壳体模型切片位置

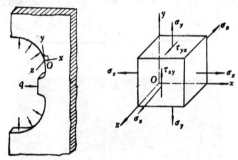

图 7.59　切片窗孔内表面上任意一点的应力状态

斜射，由(7.11)式即可求得 O 点的 σ_y, σ_z 及 $\tau_{yz} = \tau_{zy}$ 值．各切片的外侧边界均属自由边界，故 $\sigma_x = 0$，其它应力分量的求法与前述相同．

测量表明，在所求的上述三个应力分量中以 σ_y 为最大．图 7.60 为一个典型切片 #VI 内外边界的 σ_y 应力分布曲线，图 7.61 为其等差线照片．

可以看出，该切片在各窗孔的侧边导向筋的过渡圆弧处均存在应力集中，并以上窗孔右上角的 a 圆弧处的 σ_y 值为最大．在 a 圆弧沿窗孔轴线 z 方向的九片局部切片的 σ_y 应力分布曲线和

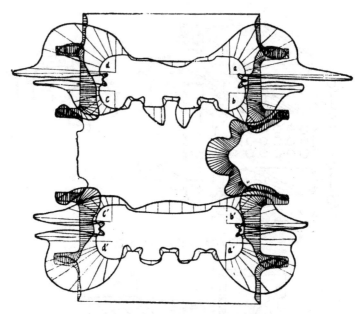

图 7.60　#Ⅵ 切片的 σ_y 应力分布曲线

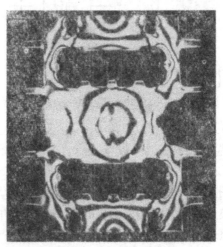

图 7.61　#Ⅵ 切片的等差线

等差线照片见图 7.62 所示.

　　为作全面比较,在试验中分别测出了上、下窗孔八个过渡圆弧

IV　　III　　II　　I　　𝟎　　V　　VI　　VII　　VII

(a) 暗场等差线

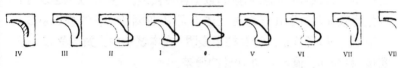

IV　　III　　II　　I　　𝟎　　V　　VI　　VII　　VII

(b) σ_y 应力分布

图 7.62　在 a 圆弧处,沿 z 方向各切片的 σ_y 分布曲线

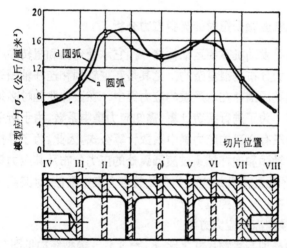

图 7.63　在 a, d 圆弧处,沿 z 方向各切片中的最大 σ_y 的分布曲线

处沿 z 方向各切片中的最大 σ_y 值, 得到了相应的 σ_y 分布曲线, 它们都呈 "双驼峰式" 分布, 图 7.63 表示在应力较大的 a, d 两圆弧处, 沿 z 方向各切片中的最大 σ_y 值分布曲线. 对于这两个圆弧, 除了原有的九片局部切片以外, 其间又加密了切片, 得出沿 z 方向各切片中的最大 σ_y 值详细分布曲线. 从上述这些曲线得到了壳体的最大应力点的数值及其位置, 并且为寻找防喷器壳体产品作系列设计时所需要的有限元法近似理论公式提供了试验数

据.

由光弹法测取的模型应力,通过模型律换算得到了实物应力.经测定,壳体实物材料的横向变形系数 $\mu = 0.277$,而光弹模型材料在冻结温度下的 $\mu \approx 0.5$;由于模型和实物材料的 μ 值不同,将使由光弹法得出的实物应力数据存在误差. 在作数据整理时,根据有限元法计算出了考虑上述不同 μ 值对于 σ_y 的修正系数,并对 σ_y 值作了修正. 计算结果表明,在本试验中,如不考虑 μ 值影响,将使 σ_y 值产生约 10% 的误差.

本试验最后计算出了实物壳体在额定工作压力下的安全系数.

三、柴油机曲轴受扭时的光弹应力分析

曲轴是发动机重要运动件之一. 它承受弯曲和扭转的联合作用,其应力分布是很复杂的. 尤其是在主轴颈和连杆轴颈的过渡圆弧和油孔周围存在着严重的应力集中. 在设计曲轴时必须给以高度重视. 为了进行疲劳计算,需知应力集中系数,由于所采用的曲轴结构没有合适的应力集中系数计算公式,因此,为了寻找曲轴受扭时主轴颈和连杆轴颈过渡圆弧处的应力分布及其应力集中系数、主轴颈油孔沿孔边应力分布及其应力集中系数,对某系列柴油机的曲轴进行了光弹应力分析.

1. 模型冻结应力方法

曲轴模型与实物尺寸之比 $K_l = 0.6$. 模型结构见图 7.64 所示. 由于曲轴形状比较复杂,采用块体加工是不经济的. 故利用蜡模浇铸模型,为了提高光弹模型的光洁度,在蜡模表面涂以室温硫化硅橡胶作为脱模剂. 除主轴颈、连杆轴颈和油孔外不需再进行机械加工. 曲轴光弹模型的照片见图 7.65.

模型受扭时的加载装置见图 7.66,模型扭矩(20×2.86 公斤·厘米)与实物扭矩(207 公斤·米)之比 $K_M = 2.76 \times 10^{-3}$.

冻结温度控制曲线见图 7.67.

2. 切片部位与分析方法

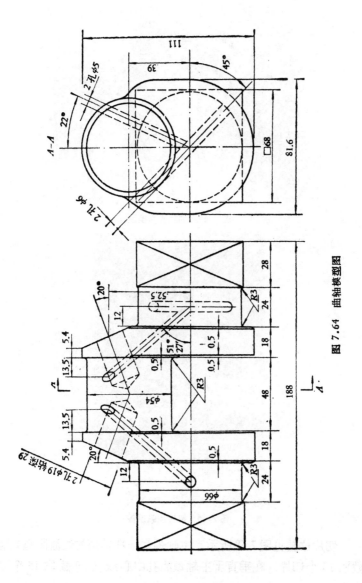

图 7.64 曲轴模型图

图 7.65　曲轴光弹模型

图 7.66　扭转加载设备

切片位置见图7.68所示。主轴颈和连杆轴颈的过渡圆弧处各截取 15 个切片. 在垂直于主轴颈油孔中心线方向截取 15 个切片.

在主轴颈和连杆轴颈的过渡圆弧处，自由表面上任意一点 O

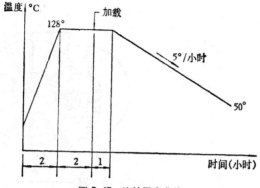

图 7.67 冻结温度曲线

的应力为 σ_x, σ_z, τ_{xz}, 见图 7.69 所示. 在 xOz 平面内, 对自由边界上切片中面的 O 点沿 z 轴方向进行一次正射和沿 ϕ 角方向进行两次斜射, 得到相应的条纹级次为 n_z, n_1 和 n_3. 则按(7.9)式便可得出三个应力分量.

对主轴颈油孔的切片进行正射, 测得孔边的条纹级次为 n, 则按(7.1)式得与孔边相切的正应力为

$$\sigma = \pm n \, f/d,$$

其中, 冻结的材料条纹值 $f = 0.375$ 公斤/厘米.

根据表 12.3 可知, 主轴颈和连杆轴颈过渡圆弧和主轴颈油孔边缘的实物应力等于模型应力乘以 (k_l^3/k_M). 条纹级次 n 的测量是在偏光显微镜上进行的, 斜射时的测量使用了费氏旋转台.

3. 主轴颈、连杆轴颈过渡圆弧 τ_{xz} 分布和主轴颈油孔的应力分布

曲轴模型在扭矩作用下, 主轴颈和连杆轴颈过渡圆弧的自由表面点的应力 τ_{xz} 远大于 σ_x, σ_z. 所以仅把 τ_{xz} 的应力分布表示在图 7.70 (主轴颈)和图 7.71 (连杆轴颈)中.

主轴颈和连杆轴颈过渡圆弧扭转应力集中系数为

$$\alpha_r = \frac{\tau_{\max}}{\tau_H},$$

其中 $\tau_{\max}$ 是模型的最大剪应力; τ_H 是主轴颈或连杆轴颈的名义

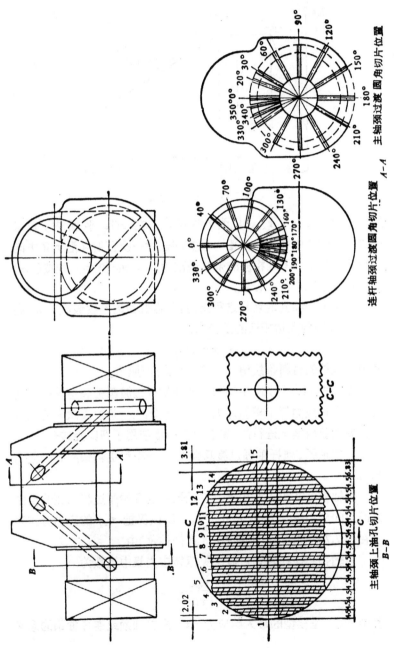

主轴颈过渡圆角切片位置

连杆轴颈过渡圆角切片位置

主轴颈上油孔切片位置

图 7.68 曲轴模型的切片位置

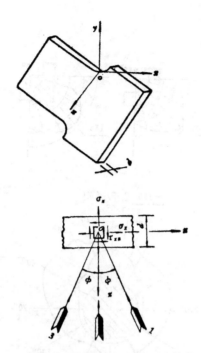

图 7.69 自由表面点的应力状态

剪应力；主轴颈 $\tau_H = 1.01$ 公斤/厘米^2，连杆轴颈 $\tau_H = 1.88$ 公斤/厘米^2.

最大扭转应力集中系数及 $(\tau_{xz})_{max}$ 点的切片位置见表 7.6.

表 7.6 主轴颈和连杆轴颈最大扭转应力集中系数

切 片 位 置	$(\alpha_\tau)_{max}$
主 轴 颈 350°	2.51
连杆轴颈 210°	1.86

主轴颈油孔各切片的孔边切向正应力 σ 分布曲线以及沿油孔轴线 σ_{max} 和 σ_{min} 的变化规律见图 7.72. 其中 1 和 15 切片是主轴颈表面切片. 为了求得轴颈表面的应力值，对这两个切片采用

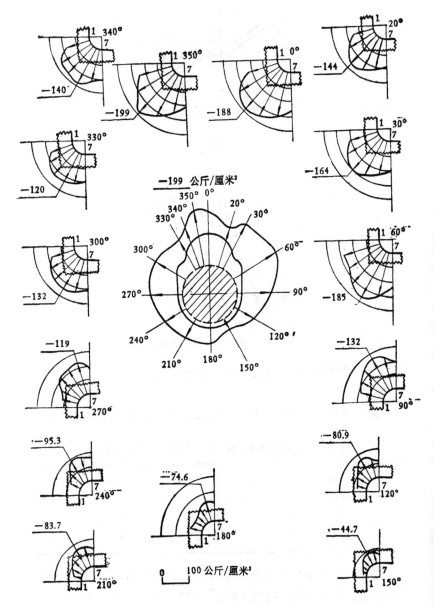

图 7.70　主轴颈过渡圆弧边界的 τ_{xz} 分布

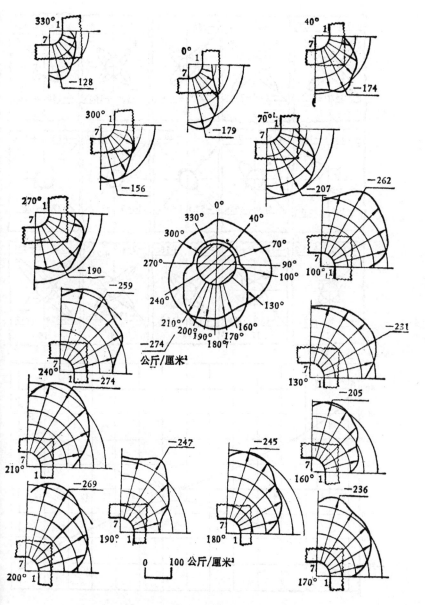

图 7.71 连杆轴颈过渡圆弧边界的 τ_{xz} 分布

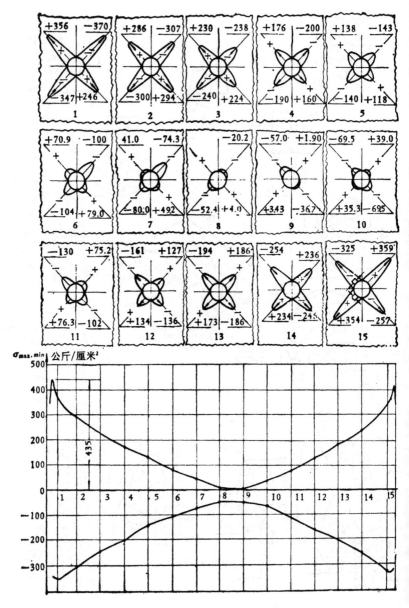

图 7.72   主轴颈油孔应力分布图

减薄法进行测量. 最大应力点距离轴颈表面约 1.86 毫米.

油孔边缘的应力集中系数

$$\alpha_{\tau} = \frac{|\sigma|_{\max}/2}{\tau_H} = 2.61,$$

其中 $|\sigma|_{\max}$ 为油孔边缘最大垂直应力; τ_H 为主轴颈的名义剪应力.

主轴颈油孔各切片等差线照片见图 7.73.

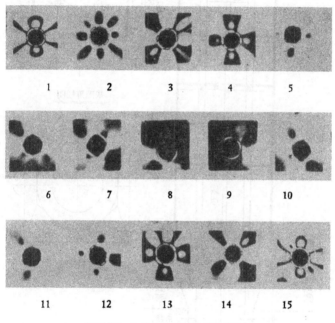

图 7.73 主轴颈油孔切片的等差线

四、煤矿井塔的倒锥台基础在自重载荷作用下的光弹应力分析

当采用多绳摩擦轮式矿井提升系统时, 需要建造高大的井塔. 如果井塔直接座落于天然基础上, 就会产生过大的不均匀沉降并影响正常的提升. 为解决这个问题, 拟采用悬臂式倒锥台基础, 井塔与倒锥台基础的结构如图 7.74 所示, 井塔基础上端与井

塔相连，下端与锁口及井壁相连，将载荷传至 100 米深处的基岩
上.

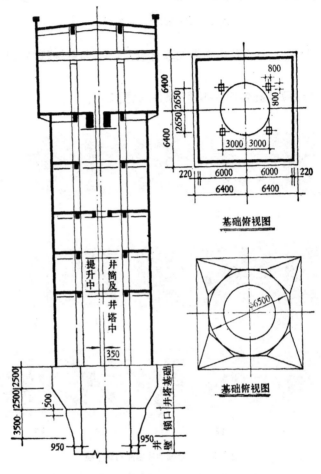

图 7.74　井塔与倒锥台基础的结构

倒锥台基础是钢筋混凝土结构. 它所承受的载荷除基础以上
的机械载荷、构件自重和风力等载荷外,倒锥台基础本身的自重也
是必须考虑的. 为了摸清倒锥台基础在本身自重载荷作用下的应
力分布情况,对其进行了光弹应力分析.

1. 模型冻结应力的方法

模型与实物尺寸比为1:100. 模型用铁皮模具浇铸成初型后，在车床和铣床上加工成型. 光弹模型照片见图7.75.

图7.75　倒锥台光弹模型

为了模拟自重载荷把模型安装在离心机上施加离心力. 见图7.76(a) 所示，离心机的旋转半径为1.8米，模型安装在旋转臂右端的空间 A 区，旋转臂的左端充当平衡重. 图7.76 (b) 为 A 区放大图，它表示出模型的安装方法，先将模型粘在环氧树脂板上，再把环氧树脂板固定到金属板上，并一起联接到旋转臂上. 升温装置有两种结构型式，一种结构是在 A 区内安装电热丝；另一种是在模型旋转的圆周范围内安装电热丝.

采用矩形截面直杆($10 \times 30 \times 100$毫米)试件测定材料条纹值，把它的一端粘在模型的附近，见图7.76(b) 所示，测得冻结的材料条纹值 $f = 0.39$ 公斤/厘米.

冻结温度控制曲线见图7.77.

离心机的转速为 $n = 300$ 转/分.

2. 切片部位与分析方法

见图7.78 所示，截取 A，B 和 C 切片与模型顶面垂直，三个切片的中面都通过井筒的轴线. D 切片为顶面切片.

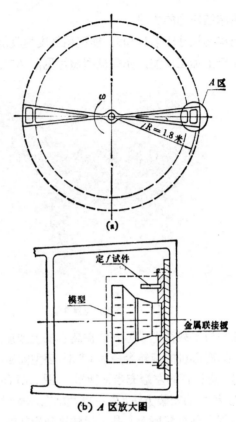

(a)

(b) A 区放大图

图 7.76 离心机结构图

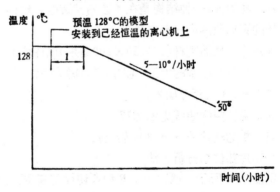

图 7.77 冻结温度曲线

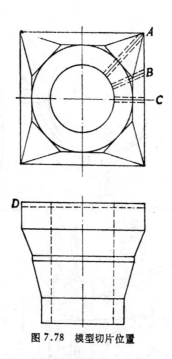

图 7.78   模型切片位置

当光线对切片正射时,可测得切片自由边界点的条纹级次 n,从而由(7.1)式得边界点与边界相切的正应力为

$$\sigma = \pm n \frac{f}{d}.$$

根据表12.3知在自重载荷作用下的实物应力等于模型应力乘以 $\frac{1}{k_\gamma k_l} = 1.12$,其中,$k_l = \frac{1}{100}$;$k_\gamma = \frac{\gamma'}{\gamma} = \frac{214}{2.40}$;$\gamma$ 为混凝土的重度 (2.4 克/厘米³);γ' 为模型单位体积质量所产生的离心力 $\left(= \frac{\gamma_0}{g} R' \omega^2 = 214 \text{ 克/厘米}^3 \right)$. 而光弹模型材料重度 $\gamma_0 = 1.24$ 克/厘米³,模型的旋转半径 $R' = 171$ 厘米,重力加速度 $g = 981$ 厘米/秒²,离心机旋转角速度 $\omega = 10\pi$.

图 7.79 给出 A, B, C, D 切片与边界相切的正应力分布. 图 7.80 给出 A, B, C, D 切片的等差线照片.

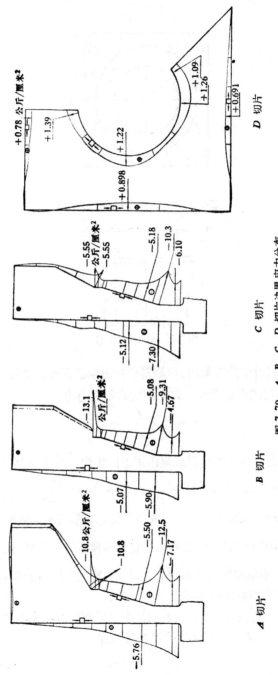

图 7.79 A, B, C, D 切片边界应力分布

A 切片

B 切片

C 切片

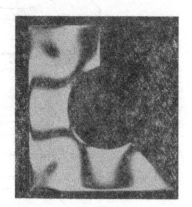

D 切片

图 7.80 *A, B, C, D* 切片等差线

倒锥台本身自重所产生的应力以及其它载荷作用下所引起的应力,为混凝土的合理布筋提供了参考依据.

五、超高压顶锤的光弹应力分析

硬质合金顶锤是合成人造金刚石超高压设备中最关键的零件．顶锤的强度直接影响其使用寿命，为了适应地质、冶金等科学技术的发展，提高顶锤的强度已成为一个突出的问题．于是对球底平顶的顶锤进行了光弹应力分析．

模型结构如图 7.81 所示．顶面均布载荷在铅垂方向的合力为100 公斤．该力通过杠杆系统由砝码加载来实现．现拟求模型内部沿 y 轴 $O_1 O_2$ 线上各点的 $\sigma_1, \sigma_2, \sigma_3$ 的分布．冻结温度 120℃，冻结的材料条纹值 $f = 0.398$ 公斤/厘米[17]．

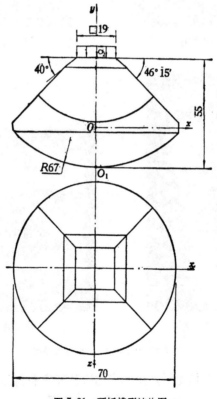

图 7.81 顶锤模型结构图

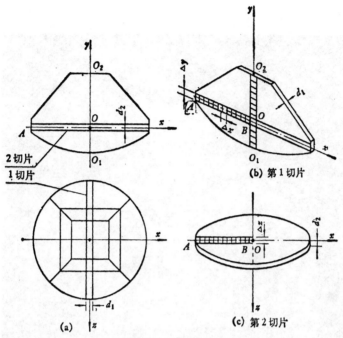

图 7.82 切片的位置

1. 分析的方法

由于模型的几何形状和载荷既对称于 xy 平面,也对称于 yz 平面;而且又因为顶锤的端面是一个正方形,所以 yz 切片的等差线和等倾线参数可用 xy 切片的数据来代替. 故当采用三个模型法,并配合三向剪应力差法求解 O_1O_2 线上各点的应力时,则只需要一个模型就可以解决.

首先截取 xy 切片,见图 7.82(a),(b) 所示,使 O_1O_2 线在该切片的中面上称为第 1 切片. 在应用三向剪应力差法求 O_1O_2 线上任意一点的正应力 $(\sigma_y)_i$ 时,需要知道非自由边界点 O_1 或 O_2 的正应力 σ_y 值,但是这两个边界条件的精确值是未知的. 如果知道 O_1O_2 线上任意一点 O 的 $(\sigma_y)_o$,则 O_1O_2 线上任意一点 $(\sigma_y)_i$ 便可求出. 所以过 O_1O_2 线上的 O 点截取一个与 O_1O_2 线垂直的 xz 切片,见图 7.82 (c) 所示,使 O 点在该切片的中面上,称为第 2

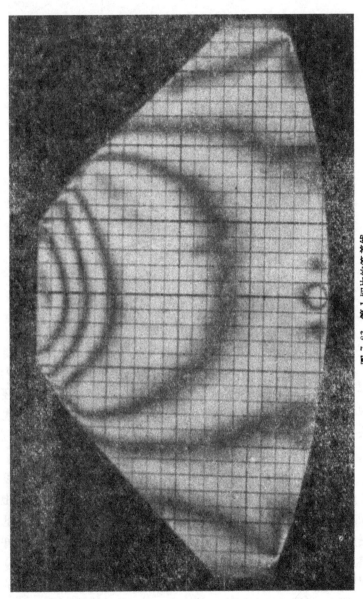

图 7.83　第 1 切片的等差线

切片. 由于 A 点在模型的自由边界上，所以 $(\sigma_x)_A = 0$，则由 (7.28b)式得 AB 线上任意一点的正应力为

$$(\sigma_x)_K = (\sigma_x)_A - \sum_A^K \frac{\Delta\tau_{yx}}{\Delta y} \Delta x - \sum_A^K \frac{\Delta\tau_{zx}}{\Delta z} \Delta x,$$

其中 $\Delta\tau_{yx}$ 可由第 1 切片被正射时的等差线和等倾线参数得出；$\Delta\tau_{zx}$ 可由第 2 切片被正射时的等差线和等倾线参数得出.

对第 1 切片正射时,利用(7.15)式可得 AB 线上任意一点的正应力

$$(\sigma_y)_K = (\sigma_x)_K - (\sigma_1' - \sigma_2')_K \cos 2\theta_{xy}.$$

根据 AB 线上各点 σ_y 的分布曲线，由外伸法可以求得 O_1O_2 线上 O 点的 $(\sigma_y)_0$ 值. 然后,以 $(\sigma_y)_0$ 为起始条件,采用三向剪应力差法,利用(7.28b)式可以求得 O_1O_2 线上各点的 $(\sigma_y)_K$.

对 OO_1 线段: $(\sigma_y)_{K_1} = (\sigma_y)_0$
$$- \sum_0^{K_1} \frac{\Delta\tau_{xy}}{\Delta x} \Delta y - \sum_0^{K_1} \frac{\Delta\tau_{zy}}{\Delta z} \Delta y,$$

对 OO_2 线段: $(\sigma_y)_{K_2} = (\sigma_y)_0$
$$- \sum_0^{K_2} \frac{\Delta\tau_{xy}}{\Delta x} \Delta y - \sum_0^{K_2} \frac{\Delta\tau_{zy}}{\Delta z} \Delta y,$$

其中 $\Delta\tau_{xy}$ 和 $\Delta\tau_{zy}$ 都可以从第 1 切片被正射时的等差线和等倾

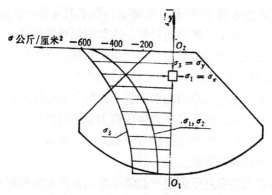

图 7.84 O_1O_2 线上的主应力分布

线参数求出.

根据 O_1O_2 线上各点的 $(\sigma_y)_K$, 利用(7.15)式便可得到 O_1O_2 线上各点的正应力

$$(\sigma_x)_K = (\sigma_y)_K + (\sigma_1'' - \sigma_2'') \cos 2\theta_{xy}.$$

根据模型的几何形状和载荷的对称性可知 O_1O_2 线上各点的 $\tau_{xy} = \tau_{yz} = \tau_{zx} = 0$, 所以 $\sigma_x, \sigma_x, \sigma_z$ 即是主应力, 而且 $\sigma_x = \sigma_z$.

图 7.83 给出第 1 切片的等差线照片.

图 7.84 给出模型 O_1O_2 线上各点的三个主应力的分布.

§7.8. 实验误差的来源与提高实验精度的措施

光测实验应力分析是一项技术环节多、影响因素多的实验研究工作. 其实验精度决定于模型材料的性能、模型的浇铸方法与加工方法、加载、冻结、切片测试技术及仪器、分析计算方法等方面. 目前有些问题尚待进一步解决. 下面仅就冻结切片法测试工作中的主要问题分述如下:

一、模型材料的加工应力和边缘时效

模型在机械加工过程中受到切削力的作用, 由于塑料传热慢, 冷却效果不好, 致使加工应力被冻结, 为了减小加工应力, 除应遵循机加工的技术要求外, 最好在模型精加工前安排一次退火.

边缘时效会干扰模型边界等差线和等倾线的规律, 尽管抓紧进行实验工作, 但边缘效应也难以完全避免. 为了把它减小至最低程度, 除需改进模型材料的性能外, 应在湿度较大的季节把加工后的模型或冻结应力模型的切片放入材料平衡湿度的环境中或放入干燥器中储存. 对于已经产生压应力边缘时效的模型或冻结切片, 可把它放入 40℃ 烘箱中烘干一段时间, 具体时间要根据边缘时效的大小和深度而定.

模型在冻结温度下因空气的氧化作用而产生的热时效应力表现为拉应力. 为了减小热时效, 除制作较低冻结温度的材料外, 应

尽量减少模型在冻结温度下停留的时间。如果把模型放在惰性气体中(如氮气)冻结应力,则对于消除热时效有明显的效果。

二、模型的尺寸精度

为了保证模型尺寸精度,应尽量采用机械加工成型的方法。对于无法用机加工方法的复杂模型,可使用腊模或硅橡胶模具进行精密浇铸,但对重要部位的尺寸要严格检查并修整。

如果应力集中区是分析的重点部位,则需使用成型刀具,成型刀具的尺寸精度应该使用精密仪器检查。

三、加载的准确度

对于平面应力模型而言,如果载荷沿模型厚度方向不是均匀分布,则等差线条纹级次表现为沿光路的积分值,所测取的条纹级次并不能代表模型中面的平均值。这时,模型除产生位于平面内的变形外,还产生侧方向的变形,因此平面应力问题的条件被破坏,从而得到不正确的结果。

对于具有几何形状和载荷对称面的平面应力模型,可根据等差线的对称性来调整载荷的作用方向或作用点。

对于三向问题的冻结应力模型,则需从加载方法的可靠性注意这个问题,测力的仪表要经过鉴定。

四、由于模型厚度或切片厚度过大产生的视差

虽然进入模型的光线预先经过准直透镜,但由于光源的尺寸和光学元件的精度,这种光线多少有些锥度,如果试件太厚,则其轮廓成像很难清楚。由于试件轮廓不清,会影响边界条纹级次测量的精度,尤其是对于应力集中的边界。为了减小这种影响,要求进入试件的光线应是良好的平行光束,同时模型的厚度要适当。

五、模型材料横向变形系数 μ 的影响

根据弹性力学,对于平面问题当体积力是常量时,如果是单连

体问题则应力与 μ 无关. 当体积力是变量时（如离心力作用下的模型），虽也是单连体问题但应力与 μ 有关. 对于多连体的平面问题，如不考虑体积力，当沿每一个封闭边界上外力的合力为零时（这些力的主矩并不须等于零），则应力与 μ 无关. 对于三向问题，应力与 μ 有关.

对于应力与 μ 有关的问题，在模型律的计算中（第十二章），从模型应力换算到实物应力时，需要满足模型材料 μ' 和实物材料 μ 相等的条件. 在室温下环氧树脂光弹性材料 $\mu' \approx 0.35$，而钢料 $\mu \approx 0.33$，因为 μ' 与 μ 相差较小，所以从模型应力换算到实物应力时产生的误差甚微. 但是，对于冻结应力模型，由于在冻结温度下，模型材料 $\mu' \approx 0.5$，μ' 与 μ 相差较大，因此从模型应力换算到实物应力时将会产生不可忽视的误差. 对于有理论解的问题，可以估算出由于 $\mu' \neq \mu$ 所引起的实物应力的测量误差. 但对于没有理论解的问题，μ 值不等究竟对主应力的那个影响比较大，要具体问题具体分析.

为了从实验上消除 μ 的影响，可以选择用三种不同 μ 值（例如 0.50，0.45，0.40）的材料制作的三个模型，在相同载荷条件下使模型冻结应力，然后从三种不同 μ 值的模型应力换算成三个实物应力，使用外伸法可求得对应于 $\mu' = \mu$ 时的实物应力[19]. 但是，有人仍认为光弹性其它方面的实验误差可能超过由于三个 μ 值不同所产生的差别，所以可不考虑 μ 值不同的影响，这个问题还需进一步探索.

六、材料蠕变的影响

在室温下进行模型实验时，条纹级次随着载荷作用时间的延长而逐渐增加，这样就难于测定条纹级次的精确值. 为了减小这种误差，需对模型加载后开始测取条纹级次的时间加以限制. 室温下材料的条纹值 f 正是在这种条件下测取的. 在第一次加载实验后，如果需要进行重复性实验，那么在卸载后应停留充分时间或者施加反向载荷，以便在消除前次加载时残留下的光效应以后才能重新加载.

七、克服大变形的影响

无论是平面问题还是三向问题,为了获得较大的条纹级次,可以增大载荷,但如果载荷过大、变形太大时,应力与应变的关系会超出弹性范围这必然对用光测法研究弹性构件的应力问题带来误差. 所以在光测法中,载荷要适当,变形不可太大,可以采用条纹倍增法增加条纹级次,并使用较高精度的补偿器提高测量精度.

八、采用减薄法测定三向模型表面上的应力

由于切片具有一定的厚度,所测取的条纹级次只能近似代表切片中面的数据. 对于应力梯度较大的切片边界部位,切片中面的条纹级次与切片表面点的数据相差甚大. 为了准确地测出切片表面点的条纹级次,常采用切片逐次减薄法. 即将切片的里侧表面逐次磨薄,测出每次磨薄后的切片厚度所对应的条纹级次,从而可计算出切片每次磨薄量所对应的条纹级次,借助于条纹级次外伸法就可得到比较准确的切片表面点所对应的条纹级次.

另外,例如在斜射法中斜射角度的校准、浸渍液的配制、切片的磨制以及加载方法等问题,都需要在工作中认真对待.

§7.9. 条纹倍增法

不论在平面或三向问题实验中,为了防止模型变形过大,对所施加的载荷应有一定限制,因此其条纹级次有时偏小. 为了增加等差线条纹的级次,提高读数精度,采用条纹倍增法是比较有效的.

条纹倍增法的基本原理见图 7.85 所示. 在透射式光弹性仪上,增加一对半反光镜 I 和 II,放在模型的前后. 设半反光镜 I 与入射的光线垂直,半反光镜 II 略向外倾斜 ϕ 角. 见图 7.86,当平行光束的一根光线垂直射入半反光镜 I 时,经模型到达半反光镜 II 的表面,其中一部分透过半反光镜 II 而进入 1/4 波片和检偏镜.

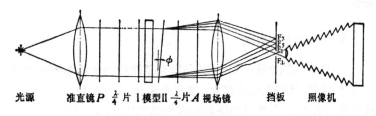

光源　　准直镜 P $\frac{\lambda}{4}$ 片 I 模型 II $\frac{\lambda}{4}$ 片 A 视场镜　　　挡板　照像机

图 7.85　条纹倍增光路图

这条光线经过模型一次，设对应的条纹级次为 n，另一部分经半反光镜 II 的表面反射又进入模型而到达半反光镜 I 的表面，再反射而又进入模型，它到达半反光镜 II 表面后，其中一部分又透过半反光镜 II，经 1/4 波片和检偏镜，这条光线经过模型三次，从而产生三倍的程差，对应的条纹级次为 $3n$。另一部分又经半反光镜 II 表面反射并第四次通过模型，至半反光镜 I 的表面反射并第五次通过模型，再透过半反光镜 II 而通过 1/4 波片和检偏镜，这条光线共经模型五次，从而产生五倍的程差，于是对应的条纹级次为

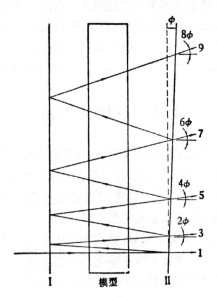

图 7.86　两个半反光镜之间的反射和透射

$5n$. 实际上, 由于 ϕ 角很小所以光线 1, 3, 5, 7, 9……通过模型中的很小范围. 为了分别呈现对应不同倍增的等差线图, 利用图 7.85 中的视场镜和挡板(其上面有小孔)来完成这个任务. 平行光线 1 经视场镜会聚于透镜主焦点 F_1, 光线 3 经视场镜会聚于透镜的副焦点 F_3, 同理光线 5 会聚于副焦点 F_5. 而 F_1, F_3, F_5, … 都在视场镜的焦平面上. 把挡板上的小孔分别对准副焦点 F_1, F_3, F_5, …用照相机对准挡板上的小孔就可拍照出相应条纹倍增的等差线图.

图 7.87(a) 给出图 7.78 中 B 位置薄切片条纹未倍增的等差线照片, 图 7.87 (b) 给出该切片条纹倍增三倍的等差线照片.

(a)   (b)

图 7.87　条纹倍增的等差线

在此还应当指出, 为了使光的强度损失最小, 对于不同的倍增因子, 应选择对应合适的反光镜的反射系数.

第八章　散　光　法

§8.1.　光　的　散　射

当光线通过透明的各向同性的材料介质时，它沿着与光线传播方向相垂直的所有方向散射．这种散射光是由悬浮于材料介质中的微小颗粒和材料的分子本身产生的．人们可以沿垂直于光传播方向的所有方向观察到散射光．散射光的基本特性在于它总是平面偏振光，其偏振方向总是与光的传播轴以及人们的观测方向相垂直．这一特性可以用检偏器在观测方向上很容易地得到验证．

散射光的光强和散射光的振幅平方成正比，它和入射光的偏振特性有关．当入射光为自然光时，散射光的光强在所有横向观察方向上都是相同的，见图 8.1 (a)．

当入射光为铅垂方向振动的平面偏振光时，见图 8.1(b)，在垂直于偏振方向，即水平 X 方向横观时，可看到最大的光强，而沿着和偏振方向一致的 Y 轴方向观测时，则光强几乎为零，从其它方向，如 M 方向横观时，则可见到较弱的平面偏振光．

当入射光为圆偏振光时，可观察到和自然光入射时相类似的情况，即沿所有横观方向观察时，都可得到光强相同的平面偏振光，见图 8.1(c)．

当入射光为椭圆偏振光，见图 8.1(d)，在垂直于椭圆长轴方向横观时，散射光强最大，而在垂直于椭圆短轴方向横观时，散射光强最小，在这两者之间横观时，其光强则在相应的最大值和最小值之间变化．

散射光的光强不仅和入射光的偏振特性有关，而且和产生散射光的悬浮于介质中的微小颗粒的大小有关，也和入射光的波长

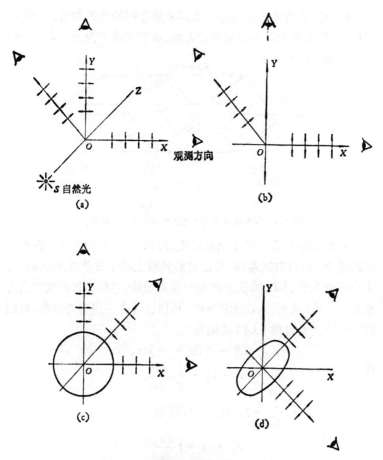

图 8.1 光的散射

(a) 自然光入射； (b) 平面偏振光入射； (c) 圆偏振光入射；
(d) 椭圆偏振光入射.

有关. 一般说来，对于直径较小的悬浮颗粒和较短的波长可以有较强的散射光.

§8.2. 散光法的应力-光性定律

上节讨论了光学各向同性材料的光的散射情况. 现在我们考

虑光线通过具有双折射效应的光弹性模型时的光的散射. 为简单起见,我们先考虑以平面偏振光入射、模型的次主应力方向沿光线不变的情况(图 8.2).

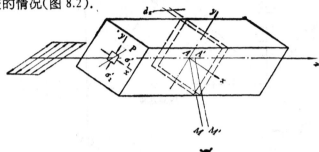

图 8.2 平面偏振光通过光弹性模型时光的散射.

平面偏振光进入模型后沿次主应力 σ'_1, σ'_2 方向分解,并产生光程差 R,沿 M 方向观察,可以看到光路上的干涉条纹. 令 dR 为两个分量在光程 dz 微段上产生的程差增量,它和该处的次主应力差 $(\sigma'_1 - \sigma'_2)$ 成正比,在光程 dz 上可以认为次主应力为常数,根据应力——光性定律(3.4)式则有

$$dR = C(\sigma'_1 - \sigma'_2)dz,$$

或

$$\sigma'_1 - \sigma'_2 = \frac{1}{C}\frac{dR}{dz},$$

由于 $R = n\lambda$ 和 $\dfrac{\lambda}{C} = f$,则上式可写为

$$\sigma'_1 - \sigma'_2 = f\frac{dn}{dz}. \tag{8.1}$$

可见,次主应力差和该处的条纹级次沿光线方向的变化率成正比.

上式一般只适用于次主应力方向不变的情况. 对于次主应力方向旋转的情况,上式中的条纹级次应当加以修正. 但如旋转缓慢,在单位条纹间隔内($\Delta n = 1$)次主应力旋转角 $\Delta\theta < \dfrac{\pi}{6}$ 时,可以不必修正,其误差不超过 1.5%,这一般是允许的[19].

§8.3. 平面偏振光入射的散光公式

当平面偏振光

$$E_P = a \sin \omega t$$

进入有应力的光弹性模型后,见图 8.3 所示,便沿着模型中入射点的次主应力方向 x, y 分解为两个分量,在模型中这两个分量可以表示为

$$E_x = a \cos \theta \sin (\omega t + \alpha),$$
$$E_y = a \sin \theta \sin \omega t,$$

式中 a 为入射平面偏振光的振幅;θ 为平面偏振光偏振轴和次主应力方向 x 轴的夹角;α 为平面偏振光进入模型后两个分量之间的位相差. 在一般情况下,上式所示的 E_x, E_y 合成为椭圆偏振

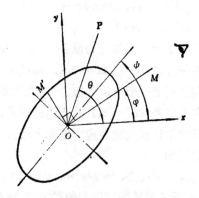

图 8.3　次主应力方向入射的平面偏振光的偏振方向以及观察方向之间的关系.

光.

令观测方向即散射方向 OM 和次主应力方向 x 的夹角为 φ,则分量 E_x, E_y 向 OM 方向散射的平面偏振光的合成为

$$E_M = E_y \cos \varphi - E_x \sin \varphi$$
$$= a \sin \theta \cos \varphi \sin \omega t - a \cos \theta \sin \varphi \sin (\omega t + \alpha),$$

上式经整理后,其振幅 A_M 为

$$A_M = [(a \sin \theta \cos \varphi - a \cos \theta \sin \varphi \cos \alpha)^2$$
$$+ (a \cos \theta \sin \varphi \sin \alpha)^2]^{1/2}$$
$$= \frac{a}{\sqrt{2}} (1 - \cos 2\theta \cos 2\varphi - \sin 2\theta \sin 2\varphi \cos \alpha)^{1/2},$$

则散光的光强为

$$I_M = ka^2(1 - \cos 2\theta \cos 2\varphi - \sin 2\theta \sin 2\varphi \cos \alpha), \quad (8.2)$$

分析上式可知，由模型的应力分布状况所决定的位相差 α 沿着入射光的光路是变化的，因此由 M 方向观测到的散光光强 I_M 也随着发生变化．当位相差 $\alpha = 2n\pi$，$n = 0, 1, 2, \cdots$，散光光强为最小

$$\begin{aligned} I_{M,\min} &= ka^2(1 - \cos 2\theta \cos 2\varphi - \sin 2\theta \sin 2\varphi) \\ &= ka^2[1 - \cos 2(\theta - \varphi)], \end{aligned}$$

当位相差 $\alpha = (2n-1)\pi$，$n = 0, 1, 2, \cdots$ 时，散光光强为最大

$$\begin{aligned} I_{M,\max} &= ka^2(1 - \cos 2\theta \cos 2\varphi + \sin 2\theta \sin 2\varphi) \\ &= ka^2[1 - \cos 2(\theta + \varphi)], \end{aligned}$$

可见，沿入射光光路上散光的光强就在 $I_{M,\max}$ 和 $I_{M,\min}$ 之间交替变化而显现出干涉条纹．当 $\alpha = 2n\pi$，即程差 $R = n\lambda$ 时，将出现暗条纹．联系到上一节所讲的应力-光性定律可知，这种条纹分布反映了次主应力差 $(\sigma_1' - \sigma_2')$ 沿光路的积累，条纹级次沿光路的变化率则反映了该点的次主应力差的大小．

由以上两式可知

$$I_{M,\max} - I_{M,\min} = 2ka^2 \sin 2\theta \sin 2\varphi, \quad (8.3)$$

此式表明，条纹的反差或清晰度还与偏振方向、观测方向有关．为了得到最好的条纹清晰度，也就是最大的光强变化，可以令

$$\varphi = \theta = 45° (\text{或} -45°),$$

则

$$I_{M,\max} - I_{M,\min} = 2ka^2$$

为最大值，这就要求入射的平面偏振光的偏振光轴方向 OP 和观测方向 OM 都应该和次主应力的方向成 $45°$．显然，这样所得到的最小光强 $I_{M,\min}$ 将等于零，最大光强 $I_{M,\max}$ 则为 $2ka^2$．

§8.4. 圆偏振光入射

如入射光为圆偏振光，则沿次主应力方向分解的两个分量可

表示为

$$E_x = \frac{a}{\sqrt{2}} \sin\left(\omega t + \frac{\pi}{2} + \alpha\right) = \frac{a}{\sqrt{2}} \cos(\omega t + \alpha),$$

$$E_y = \frac{a}{\sqrt{2}} \sin \omega t.$$

向 OM 方向散射的光，即沿 OM' 方向振动的偏振光分量可表示为

$$E_M = E_y \cos\varphi - E_x \sin\varphi,$$

$$E_M = \frac{a}{\sqrt{2}} \cos\varphi \sin \omega t - \frac{a}{\sqrt{2}} \sin\varphi \cos(\omega t + \alpha)$$

$$= \frac{a}{\sqrt{2}} (\sin\varphi \sin\alpha + \cos\varphi) \sin \omega t$$

$$- \frac{a}{\sqrt{2}} \sin\varphi \cos\alpha \cos \omega t,$$

与此偏振光分量相对应的散光光强为

$$I_M = ka^2 [(\sin\varphi \cos\alpha)^2 + (\sin\varphi \sin\alpha + \cos\varphi)^2]$$

$$= ka^2 (1 + \sin 2\varphi \sin\alpha). \tag{8.4}$$

由上式可知，当观测方向 OM 和次主应力方向 x 的夹角 $\varphi = 45°$ 时，可以得到最佳的清晰条纹。当 $\alpha = (4n + 3)\pi/2$ 时，

$$I_{M,\min} = 0,$$

当 $\alpha = (4n + 1)\pi/2$ 时，

$$I_{M,\max} = 2ka^2.$$

可见，由此形成的条纹级次和平面偏振光入射时有所不同，但由 (8.1) 式所表达的应力-光性定律并无变化，即仍可根据条纹级次的变化率确定次主应力差。

§8.5. 条纹级次的确定

现考虑平面偏振光入射的情形，当观测方向和偏振光偏振轴

一致时,零级条纹就出现在光入射的模型边界上. 进入边界以后,两个振动分量的位相差随着光程的增加而连续变化. 因而条纹级次也是连续变化的,并可以根据入射边界处的零级条纹推算得到.

在多数情况下,条纹级次是随着光程的增加而逐级上升的,如图 8.4 所示. 但如在光路中出现次主应力差为零的点,则在该处条纹级次的变化率应该为零,如图 8.4 中的 L 点,即在该点出现条纹的极值;经过该点后,条纹级次由原来逐级增加改为逐级减少,这意味着条纹级次的变化率经过该点后改变符号,亦即第一、二次主应力对调. 如果忽略了条纹中出现的极值,必将给实验带来不能允许的误差. 采用补偿器或其它改变程差的方法,观察条纹移动的情况可以判断在何处出现条纹极值. 如果在改变程差以后所有条纹朝一个方向移动,说明条纹级都是递增的. 如果有相邻两级条纹朝一处靠拢(如图 8.4 所示)或分开,就说明其间有极值存在.

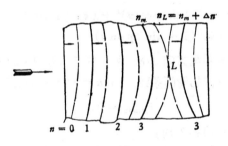

图 8.4 条纹级次的确定

为了增加光路中条纹的数量以提高实验精度,可以使偏振光的偏振轴旋转 90°,以得到半数级的条纹. 一般说来,有了整数和半数条纹,就可以描绘出精确的条纹分布曲线并求得各点的变化率以计算次主应力差. 有时遇到条纹比较稀疏,或者出现条纹极值的情况,需要测定分数条纹. 为此,可以在偏振片和模型之间置一补偿器,并使其偏振轴和次主应力方向一致,调节补偿器使暗条纹移动到待测点,即可测得所需的分数条纹级次,如图 8.4 所示.

§8.6.　次主应力方向的确定

如果在光传播轴通过的光程内，模型的次主应力方向不变或者旋转得很慢，根据方程 (8.2) 可知，当观测方向和次主应力方向一致时，

$$\varphi = 0 \text{ 或 } \varphi = 90°,$$

则散光的光强和位相差 α 无关，而没有干涉条纹出现，只能看到一均匀的光带．如果观测的方向又和偏振光的偏振轴的方向一致，

$$\theta = \varphi = 0 \text{ 或 } 90°$$

则均匀光带的光强为最小．据此，可以令偏振光的偏振轴和观测方向一致，并使模型绕光传播轴旋转直到均匀光带为最暗时为止，即可知次主应力方向就是偏振光偏振轴方向．

根据 (8.2) 式可知，如果令偏振光的偏振轴和次主应力方向一致，即

$$\theta = 0 \text{ 或 } 90°,$$

也可以观测到一均匀光带．因此，在旋转模型不太方便的情况下，也可以仅旋转偏振光的偏振轴以得到一均匀光带，即可由此确定次主应力方向．

采用通过补偿器改变位相和用光电倍增管测量光强的办法还可以更精确地测定主方向．如果观测方向是和主方向一致的，根据 (8.2) 式可知，用补偿器改变位相 α，该点的光强（通过光电倍增管测量）将不会有任何变化，根据这个道理可以准确地测定次主应力方向[20]．

§8.7.　散光光弹仪

散光光弹仪和普通透射式光弹仪具有不同的要求，因此需要有专用的散光光弹仪进行散光法实验．散光光弹仪应该能产生非常准直、光强集中，单色性好的细光束或薄光片的偏振光，以便测

定模型内一条轴线上或者一个截面上的应力分布.

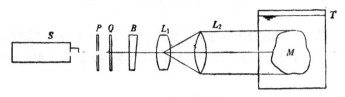

图 8.5　散光光弹仪光学系统简图

S 光源；　P 偏振片；　Q 1/4 波片；　B 补偿器；　L_1 柱面透镜；
L_2 球面透镜；　M 模型；　T 浸渍液缸

　　采用激光器(氧气激光器或氩离子激光器)作光源可以比较容易地满足上述要求,这是由激光器的高准直、高强度、高单色性的特点所决定的. 见图 8.5 所示,激光束经过偏振片 P、1/4 波片 Q、补偿器 B 后由柱面透镜 L_1 将激光束在一个平面内扩散开来,再经过球面透镜 L_2 将扩散的光片会聚成一个平行的光片,再穿过置于浸没液缸中的模型 M. 光片所穿过的模型的截面就是需要测量应力分布的截面. 补偿器是为了补偿小数条纹和确定条纹级次增减规律用的. 为了能均匀地改变光路里的程差,补偿器最好采用均匀场的,例如均匀场石英楔体(巴比涅-索利尔)补偿器或拉伸试件补偿器. 为了防止光线进入模型时产生光的折射现象,模型应置于浸渍液缸中,缸中的浸渍液是由 α-氯代萘和白油混合配制的, 两者的混合比例由光弹性模型材料的折射率所决定. 为了能够方便地观测模型上的任一截面或轴线,浸渍液缸应置于可以在垂直光路的平面内移动的台面上. 模型在缸内要能够围绕光路轴线旋转. 条纹分布规律可以用近拍照相机拍摄,也可以用读数显微镜读取. 为了获得模型上整个截面上的**条纹**分布图案,可以采用片光束入射直接拍摄,也可以采用点光束入射,并使光束沿所测截面均匀移动在底片上扫描曝光,得到一个截面完整的条纹图案. 产生片光束的柱面透镜和球面透镜的规格(如焦距和直径)可以根据不同的条件和需要 (如激光器的功率、光点大小、模型和所需光片的大小等)加以选择和组合而成,为了观测方便,要求柱面镜、补偿器、偏振片、1/4 波片都能围绕光传播轴旋转并带有旋转刻度. 读数显微镜的镜筒要能沿三个座标轴移动, 并要求在垂直观测方向的平面内移动时能在两个座标上读出镜筒的移动距离, 这样便能准确地测定条纹的位置和间距, 提高实验的精确度. 图 8.6 所示为用激光作光源的激光散光光弹仪[21]. 一米长的大功率氦氖激光器置于台面下的暗箱内, 激光束经双反射镜筒到达台面上.

图 8.6　激光散光光弹仪

§8.8.　用散光法解平面问题

对于两向应力状态的平面问题, 由于沿第三方向的主应力等于零, 所以可以在普通透射光弹法所取得的等差线的资料基础上, 加上散光法所取得的资料, 简便地分离主应力, 而无需求助于切力差法, 从而达到较高的精度. 运用散光法也可以得到主应力方向而无需一般的等倾线.

对于一般的平面应力状态,如图8.7所示,令入射光的传播轴和 x 轴一致,则相应的次主应力为

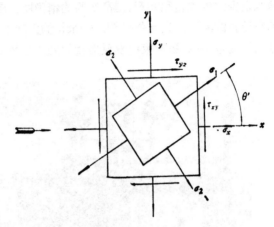

图 8.7 平面应力状态

$$\sigma_1' = \sigma_y, \quad \sigma_z = 0.$$

根据散光法应力-光性定律有

$$f \frac{dn_x}{dx} = \sigma_y = \sigma_1 - (\sigma_1 - \sigma_2)\cos^2\theta', \tag{8.5}$$

式中 n_x 为沿 x 轴入射的散光条纹级次, $(\sigma_1 - \sigma_2)$ 和倾角 θ' 可以从普通透射光弹法求得. 可见,在普通透射光弹法的基础上加上一次入射的散光法就可以求得平面应力状态的所有应力分量.

如果采用两个方向即 x 和 y 方向入射的散光法,则可以直接分解得到两个正应力 σ_x 和 σ_y

$$f \left(\frac{dn_x}{dx} \right) = \sigma_y,$$

$$f \left(\frac{dn_y}{dy} \right) = \sigma_x,$$

并可求得主应力和

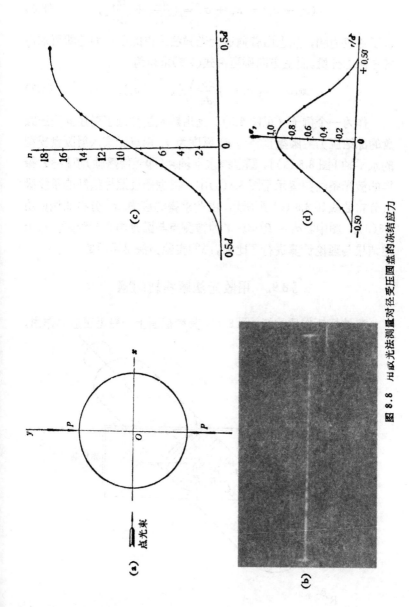

图 8.8 用敷光法测量对径受压圆盘的冻结应力

$$(\sigma_1 + \sigma_2) = \sigma_x + \sigma_y = f\left(\frac{dn_x}{dx} + \frac{dn_y}{dy}\right) \tag{8.6}$$

有了主应力和，加上由普通透射光弹法求得的主应力差即可求得各主应力分量，而主方向则可由式(8.5)求得为

$$\cos^2\theta' = \left(\sigma_1 - f\frac{dn_x}{dx}\right)\Big/(\sigma_1 - \sigma_2). \tag{8.7}$$

作为一个例子（见图8.8），运用散光法测量了对径向受压圆盘的冻结应力．圆盘直径为 d，厚度为 t．用点光束入射圆盘模型的水平轴[图8.8 (a)]，圆盘绕水平轴 x（即光传播轴）倾斜 $45°$ 摄得的散光条纹图案示于图8.8(b)中．根据条纹照片绘制的条纹级次分布曲线如8.8 (c)图所示，由此求得的应力 σ_y 分布曲线见图8.8(d)．图中，$\sigma_0 = P/td$；r 为被测点与圆盘中心的距离．将上述结果与理论计算进行了比较，说明实验方法是可行的．

§8.9. 用散光法解扭转问题

受纯扭矩作用的杆（图8.9），其横截面上一般无正应力作用，

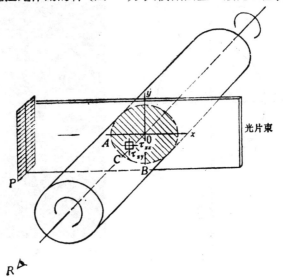

图 8.9 用散光法解扭转问题

因而可以用散光法比较简便地求得剪应力分布. 光的入射及观测也很简单,片光束直接穿过杆的横截面,平面偏振光的偏振轴和观测方向 R 一致,观测方向垂直于杆的横截面,所得条纹图如图 8.10 所示.

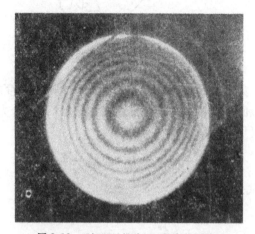

图 8.10 受扭圆轴横截面的散光条纹图案

根据散光法应力-光性定律,剪应力 τ_{zy} 与条纹分布 n_x 有如下关系:

$$\sigma_1' - \sigma_2' = 2\tau_{zy} = f\,\frac{dn_x}{dx},$$

即

$$\tau_{zy} = \frac{f}{2}\,\frac{dn_x}{dx},$$

或

$$dn_x = \frac{2}{f}\,\tau_{zy}\,dx,$$

对上式沿 x 方向由 A 到 O 点积分得

$$n_x = \frac{2}{f}\int_A^O \tau_{zy}dx, \tag{8.8}$$

从上式可知 O 点的条纹级次与边界 A 点到 O 点的剪应力 τ_{zy} 的积

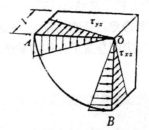

图 8.11　由受扭直杆中所截取的扇形体

分值有关. 如果我们沿 AO 和 BO 截取一个单位厚度的扇形体,由于在横截面 AOB 上不存在正应力,根据 z 方向合力为零的条件,因而有(见图 8.11)

$$\int_A^O \tau_{yz}\, dx - \int_B^O \tau_{xz}\, dy = 0.$$

把(8.8)式代入上式得

$$\frac{2}{f}\int_B^O \tau_{xz}\, dy = n_z.$$

根据散光法的原理, $\dfrac{2}{f}\displaystyle\int_B^O \tau_{xz}\, dy$ 正是在 y 方向传播的光束由 B 点入射到 O 点所得到的条纹级次 n_y,因而 $n_z = n_y$. 由此推论可知,对于纯扭转的直杆横截面,不管入射方向是什么,其条纹图都是一样的. 因此,只需要有一张横截面的条纹图就可以分析该截面上的剪应力分布. 此外,还应指出,截面上任意一点的剪应力的方向正是该点条纹轨迹的切线方向,而剪应力的数值则决定于沿该点条纹法线方向的条纹级数的变化率.

§8.10.　用散光法测定三向应力

对于一般的三向应力问题,如图 8.12 (a) 所示,需要从不同的方向入射求得次主应力差和次主应力方向,然后用切力差法求得各点的应力分量[20].

沿 y 方向入射[见图 8.12(b)],可以测得 xz 平面内的次主应

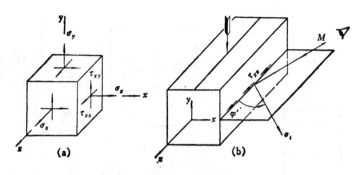

图 8.12 用散光法测定三向应力

力差 $(\sigma_1' - \sigma_2')$ 和次主应力方向 φ', φ' 为 σ_1' 与 z 轴间的夹角，则

$$\tau_{xz} = \frac{\sigma_1' - \sigma_2'}{2} \sin 2\varphi', \tag{8.9}$$

$$\sigma_z - \sigma_x = (\sigma_1' - \sigma_2') \cos 2\varphi'. \tag{8.10}$$

同理，分别沿 x, z 方向入射也可以测得 $(\sigma_y - \sigma_z)$, τ_{yz} 和 $(\sigma_x - \sigma_y)$, τ_{xy}. 和一般的三向应力问题一样，用切力差法可求得各点的应力分量 σ_z

$$(\sigma_z)_i = (\sigma_z)_i - \sum_i^j \left(\frac{\Delta \tau_{zx}}{\Delta x}\right) \Delta z - \sum_i^j \left(\frac{\Delta \tau_{zy}}{\Delta y}\right) \Delta z, \tag{8.11}$$

其它应力分量则可以按相应的公式求得．

只有在求模型内部应力分布的情况下才有必要用上述方法，对于很多只需求得边界应力的三向模型并不需要如此繁琐；由于在边界上一般来说某一主应力和主方向是已知的，这样原则上就可以按照平面问题的方法处理．此外，对于某些具有对称轴的三向问题或者轴对称的三向问题，实验程序也可进一步加以简化．

§8.11. 工程实例——高压缸的应力测定[21]

这里用散光法分析了由合成人造金钢石材料制造的两面顶高

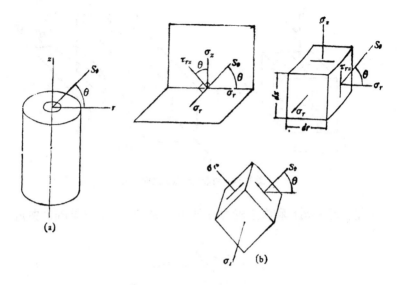

图 8.13　用散光法解轴对称问题

压缸的应力状况,并介绍了一般的轴对称三向问题的分析方法.

对于轴对称的三向问题,当入射光沿 z 轴方向入射时(见图 8.13),

$$\sigma_t - \sigma_r = f \frac{dn_z}{dz}, \tag{8.12}$$

当入射光沿 r 轴方向入射时

$$\sigma_t - \sigma_z = f \frac{dn_r}{dr}. \tag{8.13}$$

为了运用切力差法求截面的应力分布,可以采用斜入射的方法(可类比透射时的斜射法)求得剪应力.为此,在 rz 平面内,令入射方向 S_θ 和 r 轴成一 θ 角,则有

$$\sigma_t - \sigma_{rz} = f \frac{dn_\theta}{dS}, \tag{8.14}$$

式中 σ_{rz} 可由应力状态关系求得为

$$\sigma_{rz} = \sigma_r \sin^2\theta + \sigma_z \cos^2\theta + \tau_{rz} \sin 2\theta. \tag{8.15}$$

解以上四式可得

$$\tau_{rz} = \frac{f}{\sin 2\theta} \left(\frac{dn_z}{dz} \sin^2\theta + \frac{dn_r}{dr} \cos^2\theta - \frac{dn_\theta}{dS} \right). \qquad (8.16)$$

如令 $\theta = 45°$，则上式可简化为

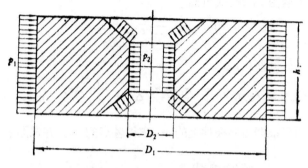

图 8.14　承受内外压的高压缸

（a）沿 r 方向入射　　　　　　（b）沿 z 方向入射

图 8.15　高压缸的散射条纹图

$$\tau_{rz} = \frac{f}{2}\left(\frac{dn_z}{dz} + \frac{dn_r}{dr} - 2\frac{dn_\theta}{dS}\right). \qquad (8.17)$$

根据三次入射的条纹图案,即可由上式求得所需的剪应力.

由于是轴对称问题,切力差方程还可进一步简化. 沿 r 轴的平衡方程由 (1.24) 式可知

$$\frac{\partial\sigma_r}{\partial r} = \frac{\sigma_t - \sigma_r}{r} + \frac{\partial\tau_{rz}}{\partial z},$$

采用差分近似

$$(\sigma_r)_i = (\sigma_r)_i + \sum_i \frac{\sigma_t - \sigma_r}{r}\Delta r + \sum_i \frac{\Delta\tau_{rz}}{\Delta z}\Delta r, \qquad (8.18)$$

由此即可根据边界条件上的 σ_r 求得各点的 σ_r,并进而求得其它

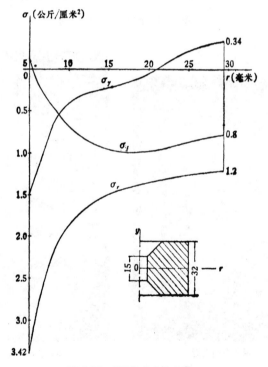

图 8.16　高压缸应力分布图

各应力分量 σ_t, σ_z.

对于某些轴对称问题,例如本节所分析的承受内、外压的高压缸（见图 8.14）, 在对称截面 S 的附近区域内 τ_{rz} 基本为零, 即 $\frac{\Delta \tau_{rz}}{\Delta z}$ 很小, 相对于(8.18)式中的前一项 $\left(\frac{\sigma_t - \sigma_r}{r}\right)$ 而言, 是可以忽略的,则平衡方程式可以简化为

$$(\sigma_r)_j = (\sigma_r)_i + \sum_i^j \frac{\sigma_t - \sigma_r}{r} \Delta r. \tag{8.19}$$

由上式可知,因为无需求剪应力,也就无需斜入射, 只要由 z 轴方向一次入射即可求得 σ_r 和 σ_t, 再由 r 轴方向入射一次即可求得 σ_z, 观测和计算程序大为简化. 两次入射的条纹图示于图 8.15 中, 所得对称面上的应力分布图示于图 8.16 中.

第九章 贴 片 法

光弹性贴片法是将光弹性薄片材料(通常约 1—3 毫米厚)粘贴在结构的反光表面(或涂有反光层的表面)上. 它随结构物表面的变形而变形,因而产生双折射效应. 当偏振光射入受载结构表面的光弹性贴片时,经反光面反射,再次通过光弹性贴片,即产生程差 R. 于是利用反射式光弹性仪可量测光弹性贴片的等差线和等倾线参数,然后通过分析计算便可得到结构表面上的主应力大小和方向.

§9.1. 反射式光弹性仪

进行贴片法试验,主要有两种仪器,一种是较大视场的反射式光弹性仪,可用于现场大面积的贴片测量;另一种是反射式的偏光显微镜,用于分析很小的局部区域.

图 9.1 为国产 441 型反射式光弹性仪的照片,仪器由观测和支撑两部分组成,支撑部分为一可灵活调节高低和方位的支架. 观测部分的光路组成见图9.2,可调节成 V 型光路或正交型光路进行测量. 镜片视场为 ϕ120 毫米. 使起偏镜与检偏镜同步迴转,用来测量主应变(即主应力)方向. 其读数精度为 1 度. 检偏镜还可单独旋转,用作补偿法测量小数级次条纹. 仪器带有斜射装置. 光源有白光和汞光两种,汞光配有滤色片可作为单色光光源.

§9.2. 基本原理和方法

见图 9.3 所示,光弹性贴片 c 牢固地贴在结构的表面上. 当结构受载后,贴片与结构物表面一起变形,由反射式光弹性仪测出

图 9.1　441 型反射光式光弹性仪

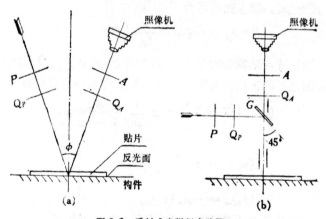

图 9.2　反射式光弹仪光路图

(a) V 型光路;　(b) 正交型光路

P 起偏镜;　*A* 检偏镜;　Q_P, Q_A 1/4 波片;　*G* 半反光镜

贴片上任意点的等差线条纹级次 *n*,由(3.10)式得出贴片上任意点的主应力差

$$(\sigma_1)_c - (\sigma_2)_c = n\frac{f}{2d_c}. \tag{9.1}$$

由(1.31)式得

$$(\varepsilon_1)_c - (\varepsilon_2)_c = \frac{1+\mu_c}{E_c}[(\sigma_1)_c - (\sigma_2)_c],$$

由于贴片与结构物的应变相等,故得

$$(\varepsilon_1)_m - (\varepsilon_2)_m = (\varepsilon_1)_c - (\varepsilon_2)_c$$
$$= \frac{1+\mu_c}{E_c}n\frac{f}{2d} = \frac{n}{2d}f_\varepsilon, \tag{9.2}$$

式中 $f_\varepsilon = \dfrac{1+\mu_c}{E_c}f$ 称为贴片材料的应变条纹值.

对结构物而言,可得

$$(\sigma_1)_m - (\sigma_2)_m = \frac{E_m}{1+\mu_m}[(\varepsilon_1)_m - (\varepsilon_2)_m]$$
$$= \frac{n}{2d_c}\frac{E_m}{1+\mu_m}f_\varepsilon, \tag{9.3a}$$

如 $\mu_c \approx \mu_m$,则上式可写为

$$(\sigma_1)_m - (\sigma_2)_m = \frac{n}{2d_c}\frac{E_m}{E_c}f. \tag{9.3b}$$

当贴片与结构物的自由边界(如孔边、外沿)一致时,由于垂直于自由边界的主应力为零,由 (9.3a) 式得另一主应力为

$$(\sigma_1)_m\,[\text{或}\,(\sigma_2)_m] = \pm\frac{n}{2d_c}\frac{E_m}{1+\mu_m}\cdot f_\varepsilon, \tag{9.4}$$

则

$$\left.\begin{aligned}(\varepsilon_1)_m &= \pm\frac{n}{2d_c}\frac{1}{1+\mu_m}f_\varepsilon,\\(\varepsilon_2)_m &= -\mu_m(\varepsilon_1)_m.\end{aligned}\right\} \tag{9.5}$$

对于非自由边界,则结构物表面的应力为[22]

$$\left.\begin{aligned}(\sigma_1)_m &= \frac{E_m}{E_c(1-\mu_m^2)}[(\sigma_1)_c(1-\mu_m\mu_c)+(\sigma_2)_c(\mu_m-\mu_c)],\\(\sigma_2)_m &= \frac{E_m}{E_c(1-\mu_m^2)}[(\sigma_2)_c(1-\mu_m\mu_c)+(\sigma_1)_c(\mu_m-\mu_c)].\end{aligned}\right\} \tag{9.6}$$

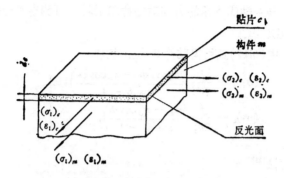

图9.3 贴片与构件表面点的应力和应变状态

§9.3. 结构物非自由边界点的主应力分离方法

一、对贴片一次正射、一次斜射的方法

假设贴片 O 点的应力状态如图 9.4 所示。把结构物安置在图 9.2 所示的光路上，当光线沿 z 轴方向对贴片正射时，可测出等差线条纹级次 n_z。根据等倾线参数 θ，可找出 O 点的主应力方向。

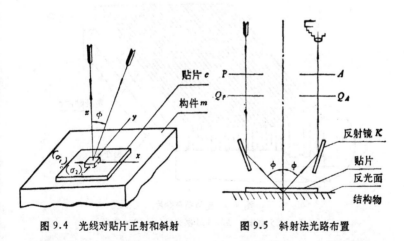

图9.4 光线对贴片正射和斜射　　　图9.5 斜射法光路布置

再把结构物安置在图 9.5 所示的斜射法光路上。当光线在 yz

平面内沿与 z 轴成 ϕ 角的方向对贴片斜射时，可测出对应的等差线条纹级次 n_ϕ。

于是由(6.12)式可得贴片 O 点主应力

$$\left.\begin{aligned}(\sigma_1)_c &= \frac{f}{2d_c}\left(\frac{n_z\cos^2\phi - n_\phi\cos\phi}{\cos^2\phi - 1}\right),\\(\sigma_2)_c &= \frac{f}{2d_c}\left(\frac{n_z - n_\phi\cos\phi}{\cos^2\phi - 1}\right).\end{aligned}\right\}\tag{9.7}$$

二、条带法[23]

条带法是利用一组平行的等间距的带状贴片来代替前述的连续贴片(见图 9.6 所示)，带的高度 d 与一般连续贴片的厚度相同，带宽 b 则远小于带高。很明显这样的贴片将只能传递与条带平行的应变 ε_x，而对 ε_y 和 γ_{xy} 不敏感，这一点已被实验证明。故根据条带得到的等差线条纹级次，就可确定条带长度方向的应变，由(9.2) 式得

$$(\varepsilon)_c = \frac{nf_\varepsilon}{2d_c}.\tag{9.8}$$

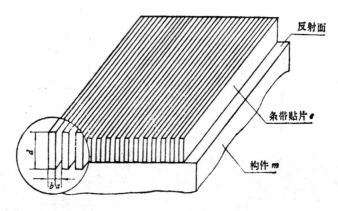

图 9.6 光弹条带贴片

$d = 2.5$ 毫米；$b = 1.0$ 毫米；$a = 0.4$ 毫米

为了分离主应力可以采用下述三种方法。

1. 采用三个不同方向的条带组对被测部位进行三次观测,如使用沿 x, y 和 45° 三个方向的条带贴片,根据 (9.2) 和 (1.26) 式即可得到

$$\left. \begin{array}{l} (\varepsilon_x)_c = \dfrac{n_x f_\varepsilon}{2d_c}, \\[3mm] (\varepsilon_y)_c = \dfrac{n_y f_\varepsilon}{2d_c}, \\[3mm] (\gamma_{xy})_c = \dfrac{f_\varepsilon}{2d_c} (2n_{45°} - n_x - n_y). \end{array} \right\} \qquad (9.9)$$

其中 n_x, n_y, $n_{45°}$ 是三组条带贴片的等差线条纹级次.

2. 采用一次连续贴片和一次条带贴片(例如沿 x),得到的实验数据有连续贴片时的条纹级数 n、主应变方向 θ 和条带贴片时的条纹级数 n_x.

根据连续贴片测得的条纹级次,由(9.2)式得

$$(\varepsilon_1)_c - (\varepsilon_2)_c = \frac{n f_\varepsilon}{2d_c},$$

由应变分析得

$$(\varepsilon_x)_c - (\varepsilon_y)_c = [(\varepsilon_1)_c - (\varepsilon_2)_c] \cos 2\theta = \frac{n f_\varepsilon}{2d_c} \cos 2\theta, \quad (9.10a)$$

$$\gamma_{xy} = [(\varepsilon_1)_c - (\varepsilon_2)_c] \sin 2\theta = \frac{n f_\varepsilon}{2d_c} \sin 2\theta. \quad (9.10b)$$

根据沿 x 方向的条带贴片,由(9.2)式得

$$(\varepsilon_x)_c = \frac{n_x f_\varepsilon}{2d_c}. \qquad (9.10c)$$

由 (9.10a),(9.10b) 和 (9.10c) 即可得到 $(\varepsilon_x)_c$, $(\varepsilon_y)_c$ 和 $(\gamma_{xy})_c$.

这种方式只需进行两次试验,而且可以采用把连续贴片直接加工成条带的方法来避免第二次贴片.

3. 采用一次连续贴片和一次沿主应变方向条带贴片的观测,来求载荷和几何形状对称面或贴片单独点的应变分量. 由于条带方向与主应变之一平行,故有

$$(\varepsilon_1)_c = \frac{n_1 f_\varepsilon}{2d_c}, \tag{9.11a}$$

$$(\varepsilon_1)_c - (\varepsilon_2)_c = \frac{n f_\varepsilon}{2d_c}, \tag{9.11b}$$

根据 (9.11a) 和 (9.11b) 即可得到 $(\varepsilon_1)_c$ 和 $(\varepsilon_2)_c$。

在图 9.7 中 (a) 表示在径向受压圆盘上粘贴整片贴片的等差线图,(b)是粘贴与载荷方向平行的条带贴片所产生的等差线,(c)是粘贴与载荷方向垂直的条带贴片的等差线.

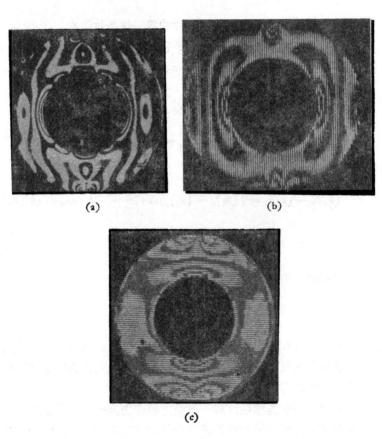

(a)

(b)

(c)

图　9.7

§9.4. 贴片材料的制作与粘接工艺

一、贴片材料的选用与制作

利用光弹贴片法进行应力分析时，贴片材料的好坏直接影响测试的精度．对贴片材料的性能提出以下要求：（1）应变光学灵敏度高，要求能用较薄的贴片获得较高的测量精度，这对变形小的金属结构物的测量尤为重要．通常用 $K = \dfrac{\lambda}{f_\varepsilon}$ 表示材料的灵敏度．（2）应力-应变比例极限和应变-光学比例极限高，可以测量较大的变形．（3）弹性模量低，这在测量非金属结构物时甚为重要．(4)初应力小．(5)蠕变小．(6)加工性能好．

目前主要采用环氧树脂为基体的材料．选用不同的固化剂和固化工艺可以得到不同性能的材料．

表 9.1 中 1# 材料性能最好，但须高温固化，且只能用于平面贴片．2#，3#，4#，5# 为室温固化材料，都能用作曲面贴片．

现以 4# 材料为例，将曲面贴片的制作过程简介如下．

按配比将 #618 树脂与苯二甲酸二丁脂混合均匀并加热到 80—100℃除去气泡，然后，冷至 40°—45℃ 并加入三乙烯四胺，仔细搅拌均匀后浇入敞模中．敞模底板为调好水平的磨光玻璃板，上面覆盖一层聚苯乙烯（或聚氯乙烯）薄膜，模框用厚纸折叠而成，见图9.8所示，材料在室温（20°—40℃）下固化，应注意观察，待材料开始胶凝而不能流动时起模．将薄膜连同贴片材料一并托起，剪成所需形状，轻覆在涂有一层薄油脂的被测结构物表面上，将薄膜取下，用吹风机略加温度，注意温度要均匀，以免引起初应力，使贴片软化并与被测表面吻合，停止吹风．在室温下经一天左右时间即完全固化，取下曲面贴片并用丙酮擦去油脂，这样得到的曲面贴片形状与结构物吻合而初应力小．

另外，根据实际需要也可采用较低弹性模量的材料．

表 9.1　环氧树脂贴片材料的配方与性能

种类	环氧树脂	增塑剂	固化剂	催化剂	固化温度时间 第一次	固化温度时间 第二次	反应速度	f (公斤/厘米)	K	E (公斤/厘米²)	μ	m_0 (级次/厘米)	线性应变 (%)	加工性能	备注
1*	#634 100份	苯二甲酸二丁脂 5 份	顺丁烯二酸酐 30 份	—			慢	13.2	0.124	39100	0.37	很小	1.3	好	1. m_0 为 1 厘米厚度的材料对应的初应力条纹级次。 2. 性能测量温度为 18°—20℃.
2*	#618 100份	苯二甲酸二丁脂 5 份	乙二胺 8 份	—	20—40℃ 24小时		快	17.1	0.107	43700	0.39	0.52	—	差	
3*	#618 100份	苯二甲酸二丁脂 5 份	二乙烯三胺 8 份	—	20—40℃ 24小时		较缓	18.5	0.104	46300	0.39	0.03	0.8	较好	
4*	#618 100份	苯二甲酸二丁脂 5 份	三乙烯四胺 11 份	—	20—40℃ 24小时		较缓	18.6	0.103	46000	0.38	0.05	0.7	较好	
5*	#618 100份	苯二甲酸二丁脂 5 份	顺丁烯二酸酐 40 份	N-N 二甲基苯胺 1 份	40℃ 16小时	60℃ 4 小时	慢	16.0	0.125	48000	0.37	0.17	1.2	好	

图 9.8 浇注贴片用的敞模

二、贴片的粘接和结构物表面的处理

对粘接的要求是：（1）粘接强度高，即胶层开始破坏时传递的应变值高．（2）能在室温下固化并形成薄而均匀的胶层．（3）粘接应力小．

为此，通常选择用胺类作固化剂的室温固化环氧树脂胶作为粘接剂．前述的按 2#、3#、4# 配方的贴片材料均可使用．这样的胶层强度与贴片材料本身的强度是相同的．

粘接强度还取决于结构物表面的处理，对于金属结构物，一般地可采用砂纸打光并用丙酮仔细清洗，如要求更高的粘接强度（在需要测量较大变形时）可对金属表面进行喷砂处理．经过打光或喷砂的金属表面都可作为贴片的反射面，其反射能力通常能满足测量要求．如结构物表面的反射能力很差或系非金属结构物（如水泥、塑料的结构物），则需在配制的粘接胶中加入 30% 的铝粉，使胶层本身具有反射能力．粘贴时，应将胶涂均匀．贴粘后将胶均匀地挤压，把气泡和多余的胶挤出．胶层应尽量地薄（胶层厚 0.01—0.05 毫米），因其粘结应力随胶层的增厚而增大．

贴片粘接时的温度应尽量与测量温度相近．因结构物材料与光弹贴片材料的热膨胀系数不同，温差将引起附加的应力，影响试验精度．对于金属结构物（金属热膨胀系数 $\alpha = 12.5 \times 10^{-6}$，环氧光弹贴片材料 $\alpha = 600—900 \times 10^{-6}$）其影响尤其明显．这时，对于自由边界可采用在加载前后两次读数的方法来解决.

§9.5. 光弹性贴片的增强效应及其修正[24]

由于贴片具有一定的厚度，对结构物本身有一定的加强作用，致使测得的应变值偏低. 而在弯曲负荷作用下，沿贴片厚度方向应变还会呈线性增长，致使测得的应变值偏高. 考虑到这些影响，为得到真正的没有贴片加强时的结构物表面应变，需对测量结果进行修正. 引入修正系数 c，则有

$$(\varepsilon_1)_c - (\varepsilon_2)_c = \frac{1}{c}(\varepsilon_1 - \varepsilon_2)_{测量} = \frac{1}{c} \cdot \frac{n}{2d} f_\varepsilon. \qquad (9.12)$$

一、对于平面应力问题

这时，修正系数 c_1 为

$$\frac{1}{c_1} = 1 + \frac{d_c}{d_m} \frac{E_c}{E_m} \frac{1 + \mu_m}{1 + \mu c}, \qquad (9.13)$$

对应不同材料的 c_1 值见图 9.9 所示. 对于不同金属结构物，由于

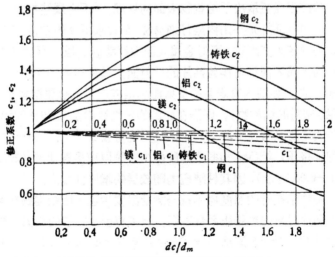

图 9.9 承受弯曲载荷的平板或梁的修正系数 c_2

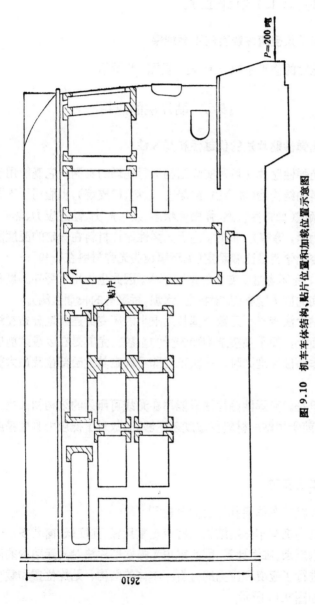

图 9.10　机车车体结构、贴片位置和加载位置示意图

$E_m \gg E_c$，一般可不进行修正．如系非金属结构物或塑料模型，就必须按式（9.13）考虑修正了．

二、对于承受弯曲载荷的平板或梁

这时的修正系数 $c = c_2$，见图 9.9 所示．

§9.6. 贴片法的应用

一、光弹性贴片法的优越性和局限性

光弹性贴片法可对实际结构进行现场的实测．它既能用于不同材料的结构物（如金属、混凝土、塑料、橡皮等），也能用于不同的研究领域（如弹性状态、弹塑性状态、残余应力、动态应力、热应力、断裂力学，等等）．同时，由于光弹性贴片材料在一定的温度范围内应变光学常数比较稳定（如环氧树脂光弹材料在−40°～＋40℃之间），受环境温度变化的影响不大，因此也能用于野外测量和较长时间的应力观察（如对机器、水坝、桥梁等的长期监测）．

贴片法相当于无数个基长无限小的应变计连续地分布在结构物表面上，便于观察结构物的受力全貌．尤其是在以最大剪应力理论作为破坏准则时，一次正射即可确定其危险部位及最大剪应力值．

但是，光弹性贴片法只能用在光线可照射的结构物部位．同时，目前所用贴片材料灵敏度还不够高，故对于低应力测量精度较低．

二、工程实例

1. 机车车体窗孔的应力分析[25]

电力机车车体新结构的特点是重量轻、高度低、窗孔多．由于其结构复杂，难于计算，因此采用光弹性贴片法对实际结构的窗孔边界进行了应变和应力的分析．车体的结构、贴片位置和载荷作用点如图 9.10 所示．

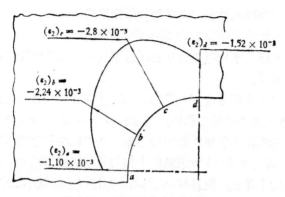

图 9.11　A 区边界 $(\varepsilon_2)_m$ 分布图

在车体各窗口拐角粘贴 3 毫米厚的贴片．当贴片与胶水完全固化后,给机车车体施加静载,用反射式光弹仪对贴片进行一次正射测量,从而得到各窗口边缘的应变分布曲线,其结果与电测基本相符．A 区的应变分布曲线见图 9.11 所示,A 区贴片的等差线见图 9.12 所示．由于电阻片测点有限,应变峰值点易被遗漏,而贴片法则显示了全面反映应变分布的优越性．

机车车体材料之屈服极限为 3600 公斤/厘米²,相应之屈服应变为 1.8×10^{-3} 微应变．故图 9.11 A 区的圆弧处有相当大的区域已进入屈服,这是不容许的．光弹贴片法所显示的这一结果给工

图 9.12　A 区贴片的等差线

图 9.13　水轮机实测的情景

厂提供了修改设计和采取局部补强措施的依据.

2. 水轮机主轴应力的实测(动态测量)

图9.13为水轮机主轴法兰间过渡段用光弹性贴片法进行应力实测的情景.

水轮机主轴是垂直安置的,主要受轴向拉力、离心力和扭矩的作用,故其受力是轴对称的. 主轴转速 $n = 134.6$ 转/分. 为了在这样低的频率下获得较稳定的图象,在主轴法兰过渡区的四个对称部位(即互为 90°)分别粘贴上相同的预制曲面贴片. 待完全固化后启动水轮机. 测量时,使闪频光源按 $4n$ 的频率工作,得到了稳定的等差线.

第十章　全息干涉法

§10.1.　引　言

　　自从 60 年代激光器问世以来,为科学技术及工业部门提供了**优良的光源**,激光技术也很快地得到了广泛的应用.激光光源的重要特点在于:**高单色性**,它比以前最好的单色光源——氪灯要纯上万倍;**高方向性**,几乎是一束平行光;**高强度**,它能把能量在空间和时间上高度集中起来,**亮度很高**;**高相干性**:是位相一致的光波被放大、振荡而输出,干涉性很好.另外能从激光光源直接获得偏振光.这些性质都正是光弹性技术所需要的.1966年开始把激光器用作光弹性仪的光源,并用于动荷及散光光测技术.将激光光源与光弹性常用的汞弧光源的性能加以比较,可看出激光光源的优点(见表10.1).

表 10.1　三种光源性能比较

性　　　能	汞　　　弧 (250 瓦)	氦氖气体激光器 (5×10^{-3}瓦)	红宝石固体激光器 (2 焦耳)
光强(瓦/厘米²)	0.12	0.1	12000
线　宽(埃)	100	0.01	0.1
偏振度	98	98	100
发射方式	连续波	连续波	脉冲波

　　由于激光光源的出现,使全息照相技术得到了迅速的发展,进而在光弹性实验中也引用了全息干涉法.

　　在光弹性实验中一般给出两组图案——等差线图和等倾线图.前几章给出了不同的分解主应力的方法.还有一个方法以前

未提过，就是光干涉法[26]. 光干涉法是利用光干涉原理测取主应力和值，它的主要缺点是对于光学元件的质量要求比较高，模型表面要达到光学平整，两个表面的平行度要求在几个波长之内，而全息干涉法在很大程度上可以消除这些困难. 因而使全息干涉术在光弹性中获得了较快的发展.

§10.2. 光的复数表示及光波的叠加

根据第二章知道，一列沿着正 x 轴方向传播的平面光波可表示为

$$E = a \cos\left[\omega\left(t - \frac{x}{v}\right) + \alpha\right], \tag{10.1}$$

式中

$$v = f\lambda,$$
$$\omega = 2\pi f,$$

所以

$$\frac{\omega}{v} = \frac{2\pi}{\lambda} = K, \tag{10.2}$$

K 常称为波数. 利用(10.2)式则可将(10.1)式改写为

$$E = a \cos(\omega t - Kx + \alpha). \tag{10.3}$$

利用数学中复数关系式

$$\left.\begin{aligned}
& e^{i\theta} = \cos\theta + i\sin\theta, \\
& e^{-i\theta} = \cos\theta - i\sin\theta, \\
& e^{i\theta} + e^{-i\theta} = 2\cos\theta, \\
& |e^{i\theta}| = \sqrt{\cos^2\theta + \sin^2\theta} = 1,
\end{aligned}\right\} \tag{10.4}$$

可使相干光波的迭加运算变得简便. 下面我们把以三角函数表示的光的波动方程改为用复数表示，先把(10.3)式写为

$$E = a\cos[\omega t + (\alpha - Kx)] = a\cos(\omega t + \delta), \tag{10.5}$$

式中 $\delta = \alpha - Kx$. 把(10.5)式看成为

$$E = ae^{i(\omega t + \delta)} \tag{10.6}$$

的实部,也就是我们限定只有 E 的实部才是有意义的. 这样,光的横向振动就可以用(10.6)式来表达. 把(10.6)式写为

$$E = ae^{i\delta} \cdot e^{i\omega t},$$

其中 $e^{i\omega t}$ 是时间因子, $ae^{i\delta}$ 称为复数振幅,它可写为

$$Z = ae^{i\delta} = a\cos\delta + ia\sin\delta. \tag{10.7}$$

由图 10.1 可以看出: 复数振幅的模给出所表示的光波的振幅,而复数振幅的幅角则给出所表达的光波的位相(这一位相显然不包括由于时间所引起的位相角 ωt).

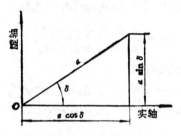

图 10.1 复数的图示

两个复数相加时,应当把它们的实部与实部、虚部与虚部分别相加,这实部的和即代表复数和的实部. 所以当寻找几个可以重迭的振动的合成时,可将代表它们的复数相加,然后取和的实部即得所求的合成振动. 例如两个相干波相加时, 由于它们的频率是相同的,将代表它们的复数相加时, $e^{i\omega t}$ 是一个公有因子,因之只要把两个相干波的复数振幅相加就得出合成振动的复数振幅.

我们首先用一般表示法来看一下两列相干光波在相遇时的叠加运算. 例如有两列相干光波

$$E_1 = a_1\cos(\omega t + \delta_1),$$
$$E_2 = a_2\cos(\omega t + \delta_2),$$

则相遇时的合成光波为

$$\begin{aligned}
E_1 + E_2 &= a_1\cos(\omega t + \delta_1) + a_2\cos(\omega t + \delta_2) \\
&= (a_1\cos\delta_1 + a_2\cos\delta_2)\cos\omega t \\
&\quad - (a_1\sin\delta_1 + a_2\sin\delta_2)\sin\omega t,
\end{aligned}$$

另一方面，合成振动可写为

$$E = E_1 + E_2 = A\cos(\omega t + \delta)$$
$$= A\cos\delta\cos\omega t - A\sin\delta\sin\omega t.$$

所以

$$\left.\begin{array}{l} A\cos\delta = a_1\cos\delta_1 + a_2\cos\delta_2, \\ A\sin\delta = a_1\sin\delta_1 + a_2\sin\delta_2. \end{array}\right\} \tag{a}$$

于是

$$A^2 = (a_1\cos\delta_1 + a_2\cos\delta_2)^2 + (a_1\sin\delta_1 + a_2\sin\delta_2)^2$$
$$= a_1^2 + a_2^2 + 2a_1a_2\cos(\delta_2 - \delta_1); \tag{10.8}$$

$$\text{tg}\,\delta = \frac{a_1\sin\delta_1 + a_2\sin\delta_2}{a_1\cos\delta_1 + a_2\cos\delta_2}. \tag{10.9}$$

若我们采用复数表示，则

$$E_1 = a_1 e^{i\delta_1} e^{i\omega t}, \quad E_2 = a_2 e^{i\delta_2} e^{i\omega t},$$
$$Z_1 = a_1 e^{i\delta_1}, \quad Z_2 = a_2 e^{i\delta_2}.$$

所以

$$Z_1 + Z_2 = a_1 e^{i\delta_1} + a_2 e^{i\delta_2}$$
$$= (a_1\cos\delta_1 + a_2\cos\delta_2) + i(a_1\sin\delta_1 + a_2\sin\delta_2), \tag{b}$$

合成振动的复数振幅是

$$Z = Z_1 + Z_2 = A e^{i\delta} = A\cos\delta + iA\sin\delta. \tag{c}$$

比较 (b)，(c) 两式即得到 (a) 式. 可见，利用复数表示可使计算简易. 另外，利用复数表示还可更加简捷求出合成光波的光强. 这时，光强 I 可以表示为

$$I = Z^* \cdot Z, \tag{10.10}$$

其中 Z^* 是复数 Z 的共轭复数，即

$$I = Z^* \cdot Z = (Z_1 + Z_2)^* \cdot (Z_1 + Z_2)$$
$$= (a_1 e^{-i\delta_1} + a_2 e^{-i\delta_2}) \cdot (a_1 e^{i\delta_1} + a_2 e^{i\delta_2})$$
$$= a_1^2 + a_2^2 + a_1a_2 e^{i(\delta_1 - \delta_2)} + a_1a_2 e^{i(\delta_2 - \delta_1)}$$
$$= a_1^2 + a_2^2 + 2a_1a_2\cos(\delta_2 - \delta_1). \tag{10.11}$$

这和(10.8)式结果相同. 这样我们得到两个结论：

1. 几个相干波相加时，只要把它们的复数振幅相加，即可得到

合成波的复数振幅;

2. 复数振幅与其共轭复数相乘即给出光强.

如果把(10.3)式写为

$$E = a\cos[\omega t - (Kx - \alpha)],$$

令 $\delta = Kx - \alpha$,则

$$E = a\cos(\omega t - \delta),$$

即

$$E = ae^{i(\omega t - \delta)} = ae^{-i\delta} \cdot e^{i\omega t}.$$

这时复数振幅为

$$Z = ae^{-i\delta}. \qquad (10.12)$$

所以复数振幅表示为 $ae^{i\delta}$ 或 $ae^{-i\delta}$ 均可. 实际上这两种表示法是相同的,因为它们都等于

$$Z = a \cdot e^{i\alpha} \cdot e^{-iKx}, \qquad (10.13)$$

其中 α 是初位相; $-Kx$ 是由于行程 x 而引起的位相角.

§10.3. 光的干涉和衍射

一、光的干涉现象

由上节的介绍可以看出,满足一定条件的两束光波在它们相遇的区域内各点的光强并不等于两束光波单独作用所产生的光强的和. 因为光强正比于振幅的平方,即 $I \propto a^2$,由式(10.11)可知,当 $\delta_2 - \delta_1 = 2n\pi$ $(n = 0, 1, 2, \cdots\cdots)$ 时,光强为最大;当 $\delta_2 - \delta_1 = (2n+1)\pi$ $(n = 0, 1, 2, \cdots\cdots)$ 时,光强为最小. 由于两束光波在不同相遇位置有不同位相差,它们合成后使得在有些地方光强相消,而在另一些地方光强相长,这种现象就称为光的干涉.

二、光的衍射现象

在几何光学里,我们假定光在均匀介质中是沿直线向前传播的,按照这个概念,见图10.2所示,自光源 S 发出的光线,穿过宽度

可以调节的窄缝 K 之后，在幕 M 上将呈现清晰的光斑 ab，在 $\dot{S}$，K，M 三者的位置已经固定的情况下，ab 的宽度决定于缝 K 的宽度．如果我们将缝 K 的宽度逐渐减小，则幕 M 上的光斑也随之缩小，当缝 K 足够宽时，我们所看见的正是这种情形．但是当缝 K 的宽度缩小到足够窄（与波长可以比较时），如果再继续缩小，情形就完全不同了．实验指出，这时幕上的光斑不但不缩小，反而增大，如图 10.2 中 $a'b'$ 所示；光斑的全部亮度也发生了变化，由原来均匀的分布变成一系列的明暗条纹．条纹近似等距，中心亮度最高，两侧逐渐依次减弱，这种现象称为光的衍射．凡光透过线性尺寸小到可以和光波波长相比时的窄缝时，便发生光的衍射．

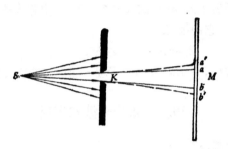

图 10.2　光的衍射现象

三、光栅及其衍射

　　普通光栅是用刻线机在玻璃上刻出许多平行的间距相等的刻痕制成的．精细的光栅上刻痕很密，每一毫米宽度范围内可达上千条．光栅的刻痕处不能透光，只在两刻痕之间的光滑部分才能透光，因而形成了很多等间距的平行狭缝．

　　我们也可以通过两束相干光照射在超微粒感光底片上形成干涉条纹的办法来获得光栅．如图 10.3 所示，当两列平面波 R 和 O 以夹角 θ 照射感光底片时，只要在底片相遇处两束光的位相差为 $2n\pi$ 或程差为波长 λ 的整数倍时，其合成光强就得到加强；如果程差为波长的奇数倍时，其合成光强则减弱．这样，感光底片的不同部位接受不同的曝光量，经过显影、定影处理后就可以得到很密的

等间距的平行狭缝. 由图 10.3 不难看出, 相邻两狭缝间的距离为

$$g = \frac{\lambda}{\sin \theta}.$$ (10.14)

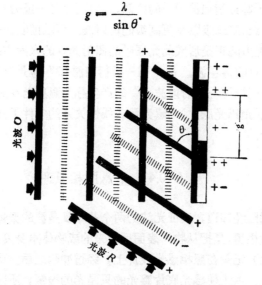

图 10.3   两束平面光波在感光底片上形成干涉条纹

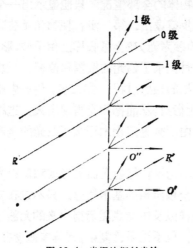

图 10.4   光栅的衍射光波

现在,如果我们单独用相干光 R 照射上述平行光栅,则在此光栅后面将透射出一系列衍射光波 R′, O′ 及 O″,如图 10.4 所示.

其中，R' 毫不偏离入射波 R 的原方向，称为零级衍射波；O' 及 O'' 分居于零级衍射波 R' 的两侧，称它们为第一级衍射波. 此外还有第二级、第三级以及更高级的衍射波. 可以证明，一级衍射波 O' 的前进方向正是形成此光栅时的照射光 O 的入射方向，而且它本身就是 O 的再生波. 另一列一级衍射波 O'' 也是 O 的再生波. 通常，我们把第一级衍射波 O' 的产生称为照射光 O 的再现. 在记录介质（指感光底片）与曝光量成线性关系的条件下并不出现高级次衍射.

§10.4. 全息照相原理

我们已经知道，表征光波的两个基本量是波的振幅及位相. 在普通照相里，是把从物体表面反射来的或物体本身发出的光（统称为物光）记录在照相感光底片上，经过冲晒之后，就得到原来物体的像. 由于使感光底片感光的只是光的振幅，所以普通照相就不能完全反映物体的全部情况，只能显示出一个平面像. 全息照相术是一个两步成像法. 第一步，使物光光波同另外一个与其相干的光波（称为参考光）在全息底片上相干涉，形成了干涉图样，这个干涉图样同时记录了物光的振幅和位相；故称之为全息图，这相当于普通照相的摄影过程. 第二步，用一束相干光照射在全息图上，使光发生衍射，从而把物光再现出来. 这相当于普通照相术的冲晒过程. 由于全息照相术记录了物光的全部信息，故再现的像是立体的.

上节所述的均匀平行衍射光栅的形成和照射光波的再现过程实际上就反映了全息照相的基本概念. 只不过在实际情况中，全息图中的干涉图样以及由全息图衍射出来的光波远比上节所说的情形要复杂得多. 但不论多么复杂，其基本概念并无什么差别.

为了进一步了解全息照相原理，下面我们用数学形式来进行分析[27].

见图 10.5 所示，假设投射到底片上的物光波为

$$Z_1 = a(x)e^{-ia(x)} = ae^{-ia}, \tag{10.15}$$

射到底片上的参考光为

$$Z_2 = e^{-i\psi x}. \tag{10.16}$$

这里假设参考光的振幅是1,在底片上 x 点参考光的行程比在 O 点的远 $x\sin\theta$,因此相对于 O 点的位相是

$$-x\sin\theta\frac{2\pi}{\lambda} = -\psi x,$$

$$-Kx\sin\theta = -\psi x$$

所以

$$\theta = \sin^{-1}\left(\frac{\psi}{K}\right), \tag{10.17}$$

故(10.16)式表示的是与底片法线成 θ 角入射的一列平面波. 由于物光和参考光是来自同一个激光光源,即它们是相干的,所以在底片上合成光波的复数振幅是

$$Z = Z_1 + Z_2 = ae^{-ia} + e^{-i\psi x},$$

所以

$$I = Z^* \cdot Z = (a^2 + 1) + ae^{i(\psi x - a)} + ae^{i(a - \psi x)}. \tag{10.18}$$

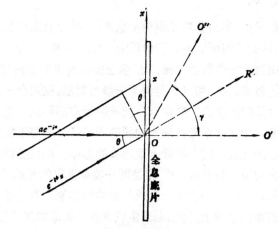

图 10.5 全息图的形成及物光再现

设曝光时间为 t,则底片上的曝光量 $E = It$,全息底片曝

光后经过显影、定影处理后成为全息图，以参考光波照射，从全息图后就有衍射光波射出。出射光波的复数振幅与入射光波的复数振幅之比称为全息底片的振幅透射率，记为 T_{am}，在一定的曝光范围内振幅透射率与曝光量成线性关系，即

$$T_{am} = \beta I t, \tag{10.19}$$

β 为一常数，这时只用参考光来照射全息底片，如同上节所述及的一样，就使得原始的物光波再现了。从全息底片上出射光波的复数振幅则是

$$T_{am} \cdot e^{-i\psi x} = \beta(1 + a^2)e^{-i\psi x} + \beta a e^{-i\alpha} + \beta a e^{i(\alpha - 2\psi x)} \tag{10.20}$$

上式的第一项代表通过全息底片未发生偏离的参考光 R'（强度与原来的不同）；第二项代表物光 O'；第三项表示的是物光的共轭光波 O''。这三个光波是彼此分离的，R' 和 O' 两个光波的分离是比较明显的。为了说明光波 O'' 的传播方向并不与 R'，O' 相重，可假设 $\alpha(x) = \alpha_0$（等于常数），这时光波 O'' 可写为 $\beta a e^{i\alpha} \cdot e^{-i2\psi x}$，这是一个平面光波，它的传播方向与法线的夹角 $\gamma = \sin^{-1}\left(\dfrac{2\psi}{K}\right)$.

由此可见，当用参考光照射全息图时，从全息图后就有三列光波射出，这就是前面所说的衍射现象。从这个意义上讲，全息图的作用就相当于一个衍射光栅。从全息图后射出的三列光波中，R' 是零级衍射波，O' 和 O'' 是两个一级衍射波，这两个一级衍射波构成了物体的再现像。其中 O' 就是物光波的再现，它构成了物体的虚像。如果这个光波被人的眼睛所接受，就等于接受了原来物体发出的光波，因而能看到原物体的虚像。如用透镜成像后就可显现出物像。衍射波 O'' 则是同一物体发出的光的共轭波，其位相与原物光的位相相反，形成原物体的实像。若把感光底片放在这个实像的位置上，则无需透镜成像就能摄取物体的像。

§10.5. 琼斯（Jones）向量[28]

一、椭圆偏振光的琼斯向量

在光弹性中采用全息照相，通常均利用偏振光，利用琼斯向量表示偏振光是一种比较好的方法。

设 xyz 为一右手坐标系，有一个沿 z 轴（从 O 点射向正 z 轴方向）传播的椭圆偏振光（图10.6），这个椭圆偏振光沿 x，y 两方向的电向量分别是

$$E_x = a_x e^{i(\alpha_x + \omega t)},$$
$$E_y = a_y e^{i(\alpha_y + \omega t)},$$

琼斯向量表示为下面的矩阵形式：

$$\begin{bmatrix} E_x \\ E_y \end{bmatrix} = \begin{bmatrix} a_x e^{i(\alpha_x + \omega t)} \\ a_y e^{i(\alpha_y + \omega t)} \end{bmatrix} = e^{i\omega t} \begin{bmatrix} a_x e^{i\alpha_x} \\ a_y e^{i\alpha_y} \end{bmatrix},$$

时间因子 $e^{i\omega t}$ 常可略去不写，于是

$$\begin{bmatrix} a_x e^{i\alpha_x} \\ a_y e^{i(\alpha_y - \alpha_x + \alpha_x)} \end{bmatrix} = \begin{bmatrix} a_x e^{i\alpha_x} \\ a_y e^{i\alpha_x} e^{i\gamma} \end{bmatrix} = e^{i\alpha_x} \begin{bmatrix} a_x \\ a_y e^{i\gamma} \end{bmatrix},$$

这里 $\gamma = \alpha_y - \alpha_x$ 是 y 方向的振动相对于 x 方向振动的相对位相，在上列表示法中 $e^{i\alpha_x}$ 也可略去不写，于是椭圆偏振光的琼斯向量为

$$\begin{bmatrix} a_x \\ a_y e^{i\gamma} \end{bmatrix}; \tag{10.21}$$

同理也可写为

$$\begin{bmatrix} a_x e^{-i\gamma} \\ a_y \end{bmatrix}. \tag{10.21a}$$

在(10.21)式中略去了公因子 $e^{i\alpha_x}$，在 (10.21a) 的表示法中略去了公因子 $e^{i\alpha_y}$。

把上列电向量表示的振动改写为

$$\left. \begin{array}{l} x = a_x \cos(\omega t + \alpha_x), \\ y = a_y \cos(\omega t + \alpha_x + \gamma), \end{array} \right\} \tag{10.22}$$

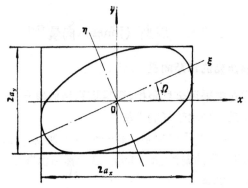

图 10.6 椭圆偏振光的图示

从上两式中消去 $(\omega t + \alpha_x)$，得到电向量端点的轨迹

$$\frac{x^2}{a_x^2} + \frac{y^2}{a_y^2} - \frac{2\cos\gamma}{a_x a_y}xy = \sin^2\gamma. \qquad (10.23)$$

由解析几何知，这是一个椭圆方程. 经过转轴可以转到椭圆的主轴 ξ 和 η，转角为 Ω，其大小由下列方程确定：

$$\mathrm{tg}\,2\Omega = \frac{2a_x a_y \cos\gamma}{a_x^2 - a_y^2}. \qquad (10.23a)$$

由上式可知，如果得出正号时，则表明从 x 反时针转 Ω 角到椭圆长轴 ξ（图 10.6）.

椭圆偏振光的琼斯[29]向量可以用（10.21）式或（10.21a）式表示，比较完全的表示式是

$$\bar{a} = \begin{bmatrix} a_x e^{i\alpha_x} \\ a_y e^{i\alpha_y} \end{bmatrix}, \qquad (10.24)$$

这种表示方法常称为复数振幅向量. 把（式10.24）的列向量改为行向量，并把每一元素换成它的共轭复数，这样得到

$$\bar{a}^+ = [\,a_x e^{-i\alpha_x},\ a_y e^{-i\alpha_y}\,], \qquad (10.25)$$

这里用符号"+"表示上述的转置共轭运算，这时

$$\bar{a}^+ \cdot \bar{a} = [\,a_x e^{-i\alpha_x},\ a_y e^{-i\alpha_y}\,] \cdot \begin{bmatrix} a_x e^{i\alpha_x} \\ a_y e^{i\alpha_y} \end{bmatrix} = a_x^2 + a_y^2. \qquad (10.26)$$

显然，$a_x^2 + a_y^2$ 代表椭圆偏振光的光强，即

$$l = \bar{a}^+ \cdot \bar{a} = |\bar{a}|^2. \qquad (10.27)$$

关于椭圆偏振光的转向，可按下述规则判断：当 $\sin\gamma > 0$，则为右旋椭圆偏振光；当 $\sin\gamma < 0$，则得左旋椭圆偏振光. 在观察时人站在正 z 轴处，面向着原点，也就是光是从远处射向人处，观察到的椭圆是顺时针转动时则为右旋，观察到的椭圆如是逆时针转动则为左旋.

二、线偏振光(即平面偏振光)的琼斯向量

见图 10.7 所示，沿 OP 方向振动的偏振光可表示为 $ae^{i\alpha}$. 所以线偏振光的复数振幅向量为

$$\bar{a} = \begin{bmatrix} a\cos\theta \cdot e^{i\alpha} \\ a\sin\theta \cdot e^{i\alpha} \end{bmatrix},$$

其琼斯向量是

$$\begin{bmatrix} \cos\theta \\ \sin\theta \end{bmatrix}. \qquad (10.28)$$

在与 OP 成正交方向振动的线偏振光 OP' 的复数振幅向量是

$$\begin{bmatrix} -a\sin\theta \cdot e^{i\alpha} \\ a\cos\theta \cdot e^{i\alpha} \end{bmatrix},$$

它的琼斯向量是

$$\begin{bmatrix} -\sin\theta \\ \cos\theta \end{bmatrix}. \qquad (10.28a)$$

(10.28) 和 (10.28a) 这两个线偏振光常称为正交线偏振光.

三、圆偏振光的琼斯向量

见图 10.8 所示，沿 OP 方向振动的线偏振光（振幅为 a）经过一个 1/4 波片后变为圆偏振光. 圆偏振光可以看成是两个线偏振光的合成，这两个线偏振光的位相差是 $\dfrac{\pi}{2}$，于是有

$$a_x e^{i\alpha_x} = \frac{a}{\sqrt{2}} e^{i\left(\alpha_y - \frac{\pi}{2}\right)},$$

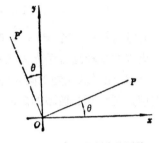

图 10.7 线偏振光的图示

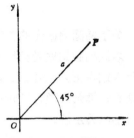

图 10.8 圆偏振光的图示

$$a_y e^{i\alpha_y} = \frac{a}{\sqrt{2}} e^{i\alpha_y},$$

所以

$$\bar{a} = \begin{bmatrix} \dfrac{a}{\sqrt{2}} e^{i\alpha_x} \\ \dfrac{a}{\sqrt{2}} e^{i\alpha_y} \end{bmatrix} = \frac{a}{\sqrt{2}} e^{i\alpha_y} \begin{bmatrix} e^{-i\frac{\pi}{2}} \\ 1 \end{bmatrix}$$

$$= \frac{a}{\sqrt{2}} e^{i\alpha_y} \begin{bmatrix} -i \\ 1 \end{bmatrix}, \tag{10.29}$$

这时 $\gamma = \alpha_y - \alpha_x = \dfrac{\pi}{2}$, $\sin\gamma = +1$, 故(10.29)式所表示的是右旋圆偏振光.

同理,左旋圆偏振光可表示为

$$\bar{a} = \begin{bmatrix} \dfrac{a}{\sqrt{2}} e^{i(\alpha_y + \frac{\pi}{2})} \\ \dfrac{a}{\sqrt{2}} e^{i\alpha_y} \end{bmatrix} = \frac{a}{\sqrt{2}} e^{i\alpha_y} \begin{bmatrix} i \\ 1 \end{bmatrix}, \tag{10.30}$$

此时 $\gamma = \alpha_y - \alpha_x = -\dfrac{\pi}{2}$, $\sin\gamma = -1$, 故为左旋. 式(10.29)和式(10.30)所表示的两个圆偏振光也常称为正交圆偏振光. 同理,也可定义出正交椭圆偏振光. 凡是两个正交的偏振光是不能发生干涉的. 这个概念在全息光弹中尤其重要.

§10.6. 全息光弹的两次曝光法[30]

一、两次曝光的基本方程

在光弹性中采用全息干涉法，最常用的是两次曝光法，即在模型不受力时通过模型的物光与参考光（两光束应来自同一光源）在全息底片上发生干涉，曝光一次，是为第一次曝光；然后给模型加载，再使通过受力模型的物光与参考光在全息底片上干涉，进行第二次曝光. 采用图 10.9 所示的全息照相光路简图，投射到全息底片上的物光光向量为

$$\hat{\varepsilon} = \varepsilon_x \cos(\omega t + \alpha_x - Kz)\hat{i} + \varepsilon_y \cos(\omega t + \alpha_y - Kz)\hat{j},$$

式中 $\hat{i}$ 和 $\hat{j}$ 是沿 x 和 y 轴的单位电向量；$-Kz$ 是由于行程而引入的位相角. 利用复数表示法，则

$$\hat{\varepsilon} = (\varepsilon_x e^{i\alpha_x}\hat{i} + \varepsilon_y e^{i\alpha_y}\hat{j})e^{i\omega t} \cdot e^{-iKz}. \tag{10.31}$$

引用琼斯向量（或复数振幅向量）

$$\bar{\varepsilon} = \begin{bmatrix} \varepsilon_x e^{i\alpha_x} \\ \varepsilon_y e^{i\alpha_y} \end{bmatrix}, \tag{10.32}$$

则光向量可写为

$$\hat{\varepsilon} = \bar{\varepsilon} e^{i\omega t} \cdot e^{-iKz}. \tag{10.33}$$

这里时间因子 $e^{i\omega t}$ 对于我们所讨论的问题没有作用，故照例将它略去. 又因为在图 10.9 的布置中，平面模型与全息底片互相平行，

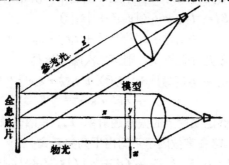

图 10.9 全息照相光路简图

故在整个全息底片上 e^{-iKz} 也是一个常量，所以对于射到底片上的物光也可将此项略去，于是

$$\hat{\varepsilon} = \varepsilon. \tag{10.34}$$

为了区别两次曝光，将第一次和第二次曝光下的物光分别写为

$$\hat{\varepsilon}_1 = \varepsilon_1; \tag{10.35}$$

$$\hat{\varepsilon}_2 = \varepsilon_2. \tag{10.36}$$

在这两次曝光中，由于模型受载后只是引起位相的改变，故穿过模型的光强是一样的，即

$$|\varepsilon_1|^2 = |\varepsilon_2|^2. \tag{10.37}$$

假设射到底片上的参考光为 $\hat{\varepsilon}_R = \bar{\varepsilon}_R e^{-iKz'}$，这里 $\bar{\varepsilon}_R$ 是参考光的复数振幅向量，z' 是参考光的路程. 对照图 10.10，在 O 点的参考光位相是 $-Kz'_0$，在底片上任意点 x 的位相是 $-Kz'$，于是相对于 O 点而言在 x 点参考光的位相是

$$-Kz' - (Kz'_0) = -K(z' - z'_0) = -Kx\sin\theta,$$

所以参考光可写为

$$\hat{\varepsilon}_R = \bar{\varepsilon}_R e^{-iKx\sin\theta}. \tag{10.38}$$

在第一次曝光时在全息底片上接受的总光向量 $\hat{\varepsilon}_{1T}$ 是

$$\hat{\varepsilon}_{1T} = \hat{\varepsilon}_R + \hat{\varepsilon}_1 = \bar{\varepsilon}_R e^{-iKx\sin\theta} + \bar{\varepsilon}_1, \tag{10.39}$$

底片上接受的光强 I 是

$$I = \hat{\varepsilon}_{1T}^+ \cdot \hat{\varepsilon}_{1T}.$$

设第一次曝光时间为 t_1，则底片上的第一次曝光量是

$$E_1 = I_1 t_1 = t_1 (|\bar{\varepsilon}_R|^2 + |\bar{\varepsilon}_1|^2)$$
$$+ t_1 \bar{\varepsilon}_R^+ \cdot \bar{\varepsilon}_1 e^{iKx\sin\theta} + t_1 \bar{\varepsilon}_1^+ \cdot \bar{\varepsilon}_R e^{-iKx\sin\theta}. \tag{10.40}$$

设第二次曝光时间为 t_2，则第二次曝光量是

$$E_2 = t_2 (|\bar{\varepsilon}_R|^2 + |\bar{\varepsilon}_2|^2) + t_2 \bar{\varepsilon}_R^+ \cdot \bar{\varepsilon}_2 e^{iKx\sin\theta}$$
$$+ t_2 \bar{\varepsilon}_2^+ \cdot \bar{\varepsilon}_R e^{-iKx\sin\theta}. \tag{10.41}$$

我们假定底片上的振幅透射率 T_{am} 是曝光量 $(E_1 + E_2)$ 的线性函数，略去常数因子可写出下列关系式：

$$T_{am} = E_1 + E_2 = (t_1 + t_2)(|\bar{\varepsilon}_R|^2 + |\bar{\varepsilon}_1|^2)$$
$$+ (t_1 \bar{\varepsilon}_R^+ \cdot \bar{\varepsilon}_1 + t_2 \bar{\varepsilon}_R^+ \cdot \bar{\varepsilon}_2) e^{iKx\sin\theta}$$

$$+ (t_1 \varepsilon_1^+ \cdot \varepsilon_R + t_2 \varepsilon_2^+ \cdot \varepsilon_R) e^{-iKx\sin\theta}. \qquad (10.42)$$

注意在把(10.40)和(10.41)两式相加时利用了关系式(10.37). 把两次曝光后的全息底片经过显影、定影处理便得到全息图,然后把全息图放于原先的位置,用参考光

$$\hat{R} = R e^{-iKx\sin\theta} \qquad (10.43)$$

照射,再现的光波为 $\hat{R}T_{am}$,其中沿原来物光方向再现的光波的复数振幅向量是

$$\overline{A}_R = R \,(t_1 \varepsilon_R^+ \cdot \varepsilon_1 + t_2 \varepsilon_R^+ \cdot \varepsilon_2). \qquad (10.44)$$

这样在干涉图上得到的光强是

$$I = \overline{A}_R^* \cdot \overline{A}_R = R^2 [t_1 \varepsilon_R^+ \cdot \varepsilon_1 + t_2 \varepsilon_R^+$$
$$\cdot \varepsilon_2]^* \cdot [t_1 \,\varepsilon_R^+ \cdot \varepsilon_1 + t_2 \,\varepsilon_R^+ \cdot \varepsilon_2]. \qquad (10.45)$$

(10.45)式即是全息照相中两次曝光的基本方程式.

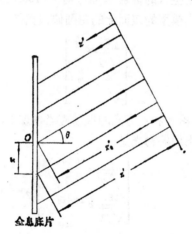

图 10.10   参考光的位相表示

二、圆偏振光

现在讨论采用圆偏振光时公式(10.45)的具体形式. 自然这时在全息干涉仪中应加入起偏镜和1/4波片,或采用外腔式激光器,只加入1/4波片,使物光和参考光是同方向的圆偏振光. 只有两个光束具有相同的转向时,在第一次曝光下物光与参考光才能

发生干涉.

我们假定两个光束都为左旋圆偏振光. 比照(10.30)式,参考光可写为

$$\bar{\varepsilon}_R = \frac{\varepsilon_R}{\sqrt{2}} \begin{bmatrix} i \\ 1 \end{bmatrix}, \tag{10.46}$$

第一次曝光时的物光为

$$\bar{\varepsilon}_1 = \frac{\varepsilon_1}{\sqrt{2}} e^{i\alpha} \begin{bmatrix} i \\ 1 \end{bmatrix}, \tag{10.47}$$

这里 α 是相对于参考光而言的物光的位相角. 设模型原厚度为 d,未受力时的折射率为 N_0,则

$$\alpha = K(N_0 d - 1 \times d) = \frac{2\pi}{\lambda}(N_0 - 1)d. \tag{10.48}$$

我们假定空气的折射率为1,对于(10.47)式可作如下的说明:刚射到未受力模型的表面上的左圆偏振光是

$$\begin{bmatrix} \dfrac{\varepsilon_1}{\sqrt{2}} e^{i\frac{\pi}{2}} \\ \dfrac{\varepsilon_1}{\sqrt{2}} e^{i0} \end{bmatrix},$$

穿出模型后,沿 x 和 y 方向的振动应当各加上一个位相 α 的改变,所以模型射出后的物光是

$$\begin{bmatrix} \dfrac{\varepsilon_1}{\sqrt{2}} e^{i(\frac{\pi}{2}+\alpha)} \\ \dfrac{\varepsilon_1}{\sqrt{2}} e^{i(0+\alpha)} \end{bmatrix},$$

此即是(10.47)式.

第二次曝光时的物光是

$$\bar{\varepsilon}_2 = \frac{\varepsilon_2}{\sqrt{2}} \begin{bmatrix} e^{i(\frac{\pi}{2}+\alpha_1)} \\ e^{i(0+\alpha_2)} \end{bmatrix} = \frac{\varepsilon_1}{\sqrt{2}} \begin{bmatrix} i e^{i\alpha_1} \\ e^{i\alpha_2} \end{bmatrix}. \tag{10.49}$$

这里利用了 $\varepsilon_1 = \varepsilon_2$,另外还假设应力 σ_1 和 σ_2 的方向和 x, y 轴分别平行,α_1 和 α_2 是通过受力模型后沿两个主方向引起的位

相改变. 考虑到受力后模型厚度改为 d'，所以

$$
\left.\begin{array}{l}
\alpha_1 = \dfrac{2\pi}{\lambda}(N_1 - 1)d', \\[2mm]
\alpha_2 = \dfrac{2\pi}{\lambda}(N_2 - 1)d',
\end{array}\right\} \tag{10.50}
$$

这里 N_1 和 N_2 为沿两个主方向的主折射率. 把(10.46), (10.47)
和(10.49)式代入(10.45)式, 经过化简得到

$$
\left.\begin{array}{l}
I_{CL} = R^2\,\varepsilon_R^2\,\varepsilon_1^2\,t_2\left\{K^2 + \dfrac{1}{4}\left[2 + 2\cos\left(\alpha_2 - \alpha_1\right)\right]\right. \\[2mm]
\qquad\qquad \left. + K\cos\left(\alpha_1 - \alpha\right) + K\cos\left(\alpha_2 - \alpha\right)\right\}, \\[3mm]
\text{或}\quad I_{CL} = \text{const}\left\{\dfrac{1}{2} + K^2 + K\cos\dfrac{2\pi}{\lambda}\delta_1 + K\cos\dfrac{2\pi}{\lambda}\delta_2\right. \\[2mm]
\qquad\qquad \left. + \dfrac{1}{2}\cos\dfrac{2\pi}{\lambda}\delta_3\right\},
\end{array}\right\} \tag{10.51}
$$

其中

$$
\left.\begin{array}{l}
K = \dfrac{t_1}{t_2}, \\[2mm]
(\alpha_1 - \alpha)\dfrac{\lambda}{2\pi} = \delta_1, \\[2mm]
(\alpha_2 - \alpha)\dfrac{\lambda}{2\pi} = \delta_2, \\[2mm]
(\alpha_1 - \alpha_2)\dfrac{\lambda}{2\pi} = \delta_1 - \delta_2 = \delta_3,
\end{array}\right\} \tag{10.52}
$$

这里 δ_1 和 δ_2 称为绝对减速; δ_3 称为相对减速. 上式中的常数
项 $(R^2\,\varepsilon_R^2\,\varepsilon_1^2\,t_2)$ 可以略去, 并不影响干涉条纹图的反差. 如果取
$K = 1$ (即两次曝光时间相等), 并利用三角公式

$$
\cos\alpha + \cos\beta = 2\cos\dfrac{1}{2}(\alpha + \beta)\cos\dfrac{1}{2}(\alpha - \beta),
$$

则(10.52)式变为

$$
I_{CL} = \dfrac{3}{2} + 2\cos\dfrac{2\pi}{\lambda}\cdot\dfrac{\delta_1 + \delta_2}{2}\cos\dfrac{2\pi}{\lambda}\cdot\dfrac{\delta_3}{2} + \dfrac{1}{2}\cos\dfrac{2\pi}{\lambda}\delta_3. \tag{10.53}
$$

三、等和线与等差线

在全息干涉中绝对减速与主应力之间的关系是[31]

$$\left.\begin{array}{l} \delta_1 = (A'\sigma_1 + B'\sigma_2)\,d, \\ \delta_2 = (A'\sigma_2 + B'\sigma_1)\,d, \end{array}\right\} \tag{10.54}$$

其中

$$\left.\begin{array}{l} A' = A - \dfrac{\mu}{E}\,(N_0 - 1), \\[2mm] B' = B - \dfrac{\mu}{E}\,(N_0 - 1), \end{array}\right\} \tag{10.55}$$

$$\left.\begin{array}{l} N_1 - N_0 = A\sigma_1 + B\sigma_2, \\ N_2 - N_0 = A\sigma_2 + B\sigma_1, \end{array}\right\} \tag{10.56}$$

这里 μ 是模型的横向变形系数；E 是弹性模量；A 和 B 是应力光性常数. 把(10.54)式代入(10.53)式并化简得到

$$\begin{aligned} I_{CL} = 1 &+ 2\cos\left[\frac{2\pi}{\lambda}\cdot\frac{1}{2}\,(A' + B')\,(\sigma_1 + \sigma_2)d\right] \\ &\cdot \cos\left[\frac{2\pi}{\lambda}\cdot\frac{1}{2}\,C(\sigma_1 - \sigma_2)d\right] \\ &+ \cos^2\left[\frac{2\pi}{\lambda}\cdot\frac{1}{2}\,C(\sigma_1 - \sigma_2)d\right], \end{aligned} \tag{10.57}$$

这里 $C = A - B = A' - B'$ 是相对应力光性常数. 这时在干涉图上可见到两组条纹，一组为等和线，一组为等差线. 设等和线条纹级数为 n_p，等差线条纹级数为 n_c，并按下列定义：

$$\left.\begin{array}{l} (\sigma_1 + \sigma_2)(A' + B')d\cdot\dfrac{1}{2\lambda} = n_p, \\[3mm] (\sigma_1 - \sigma_2)\,C\cdot d\cdot\dfrac{1}{\lambda} = n_C, \end{array}\right\} \tag{10.58}$$

把(10.58)代入(10.57)式得

$$I_{CL} = 1 + 2\cos 2\pi n_P \cos \pi n_C + \cos^2 \pi n_C. \tag{10.59}$$

现在我们对(10.59)式讨论如下：

1. 当 $n_C = \dfrac{1}{2}, \dfrac{3}{2}, \dfrac{5}{2}, \cdots\cdots, I = 1$，这时得到半明半暗条纹；

2. 当 $n_C = 1, 3, 5 \cdots\cdots, I = 2 - 2\cos 2\pi n_P$：

(1) 当 $n_P = 0, 1, 2, \cdots\cdots, I = 0$，得全暗条纹.

(2) 当 $n_P = \dfrac{1}{2}, \dfrac{3}{2}, \dfrac{5}{2}, \cdots\cdots, I = 4$，得全亮条纹.

3. 当 $n_C = 0, 2, 4, \cdots\cdots, I = 2 + 2\cos 2\pi n_P$：

(1) $n_P = 0, 1, 2, \cdots\cdots, I = 4$，得全亮条纹.

(2) $n_P = \dfrac{1}{2}, \dfrac{3}{2}, \dfrac{5}{2}, \cdots\cdots, I = 0$，得全暗条纹.

满足上述结论的组合条纹图如图 10.11 所示. 当 n_P 为负时，情况也相同. 这里可以得到以下两个结论：

1. 在组合条纹图上半亮半暗的条纹对应着半级次的等差线；

2. 当等和线穿越半级次等差线时发生明暗条纹的交替现象[26]. 当等差线与等和线接近平行时，区分等差线与等和线比较困难，甚至会造成比较严重的误差[32].

图 (10.12) 是圆环对径受压、两次曝光获得的等差、等和线组合条纹图.

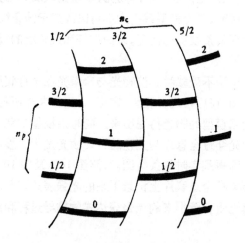

图 10.11　等和线及等差线的组合条纹图

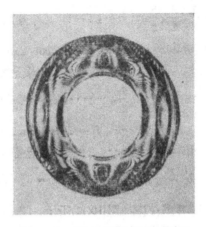

图 10.12　对径受压圆环的组合条纹图

§10.7.　全息光弹的实时法[33]

一、基本方程

　　两次曝光是将模型未受载和受载时两种状态的物光均记录下来,实时法则只是记录加载前的物光,模型受载后的物光的位相改变可以当时调整,改变模型载荷大小可以改变干涉条纹的图样,这样可以实时观察条纹变化情况,以确定等和线条纹的级次、符号和变化规律.

　　当平面模型不受载时, 使物光与参考光在全息底片上发生干涉得到全息图.在原位经过显影、定影后,用参考光照射此全息片,使通过未受载模型的物光再现出来. 同时给模型加载,通过模型受载后的物光穿过全息片与上述的再现物光发生干涉,把干涉图样记录下来即得到实时的条纹图,对照图 10.9 及图 10.10,实时法对未受载模型在全息底片上记录下来的光强表达式与两次曝光法中第一次曝光所记录下来的光强表达式的推导过程和结果完全相同,即

$$l_1 = \hat{\varepsilon}_{1T}^{+} \, \hat{\varepsilon}_{1T}, \qquad (10.60)$$

底片上接受的曝光量是 $E_1 = I_1 t_1$，t_1 为曝光时间. 全息底片经过显影、定影后，在曝光量的某一范围内，底片的振幅透射率 T 是曝光量 E_1 的线性函数，即

$$T = E_1 = I_1 t_1. \tag{10.61}$$

把(10.39)式，(10.60)式代入(10.61)式得到

$$T = |\bar{\varepsilon}_R|^2 t_1 + |\bar{\varepsilon}_1|^2 t_1 + t_1 \bar{\varepsilon}_R^+ \cdot \bar{\varepsilon}_1 e^{iKx\sin\theta}$$
$$+ t_1 \bar{\varepsilon}_1^+ \cdot \bar{\varepsilon}_R e^{-iKx\sin\theta}, \tag{10.62}$$

把全息底片用参考光(10.38)照射，从全息底片射出的光波是

$$T\hat{\varepsilon}_R = (|\bar{\varepsilon}_R|^2 t_1 + |\bar{\varepsilon}_1|^2 t_1) \bar{\varepsilon}_R e^{-iKx\sin\theta}$$
$$+ (t_1\bar{\varepsilon}_R^+ \cdot \bar{\varepsilon}_1)\bar{\varepsilon}_R + (t_1\bar{\varepsilon}_1^+ \cdot \bar{\varepsilon}_1)\bar{\varepsilon}_R e^{-iKx\sin\theta}, \tag{10.63}$$

其中第二项是再现的物光波 $\hat{\varepsilon}_{1r}$，即

$$\hat{\varepsilon}_{1r} = (t_1\bar{\varepsilon}_R^+ \cdot \bar{\varepsilon}_1)\,\bar{\varepsilon}_R; \tag{10.64}$$

同时给平面模型加载，通过它的物光波是

$$\hat{\varepsilon}_2 = \bar{\varepsilon}_2, \tag{10.65}$$

模型受载时的物光与未受载时的物光相比，只是位相有所改变，所以

$$|\bar{\varepsilon}_2|^2 = |\bar{\varepsilon}_1|^2. \tag{10.66}$$

从受载模型射出的物光照射到全息底片上，经过底片所透过的光波是

$$T\hat{\varepsilon}_2 = (|\bar{\varepsilon}_R|^2 t_1 + |\bar{\varepsilon}_1|^2 t_1)\bar{\varepsilon}_2 + (t_1\bar{\varepsilon}_R^+ \cdot \bar{\varepsilon}_1)\bar{\varepsilon}_2 e^{iKx\sin\theta}$$
$$+ (t_1\bar{\varepsilon}_1^+ \cdot \bar{\varepsilon}_R)\bar{\varepsilon}_2 e^{-iKx\sin\theta}, \tag{10.67}$$

其中被透过的光波 $\hat{\varepsilon}_t$ 是上式的第一项，即

$$\hat{\varepsilon}_t = (|\bar{\varepsilon}_R|^2 t_1 + |\bar{\varepsilon}_1|^2 t_1)\,\bar{\varepsilon}_2, \tag{10.68}$$

发生干涉的光向量是

$$\hat{\varepsilon}_t + \hat{\varepsilon}_{1r} = (|\bar{\varepsilon}_R|^2 t_1 + |\bar{\varepsilon}_1|^2 t_1)\bar{\varepsilon}_2 + (t_1\bar{\varepsilon}_R^+ \cdot \bar{\varepsilon}_1)\bar{\varepsilon}_R. \tag{10.69}$$

因此干涉图样的光强是

$$I = (\bar{\varepsilon}_t \cdot \bar{\varepsilon}_{1r})^+ \cdot (\bar{\varepsilon}_t + \bar{\varepsilon}_{1r}). \tag{10.70}$$

(10.70)式就是实时全息干涉图上光弹的基本方程. 下面就针对圆偏振光情况给出干涉图上光强的表达式.

二、圆偏振光情况

在模型未受载时，为了使物光与参考光在全息底片上能发生干涉，物光与参考光的光向量应采用相同的转向。我们假设两个光束都是左旋圆偏振光。

参考光的复数振幅向量是

$$\bar{\varepsilon}_R = \frac{\varepsilon_R}{\sqrt{2}} \begin{bmatrix} i \\ 1 \end{bmatrix}, \tag{10.71}$$

模型未受载时物光的复数振幅向量是

$$\bar{\varepsilon}_1 = \frac{\varepsilon_1}{\sqrt{2}} e^{i\alpha} \begin{bmatrix} i \\ 1 \end{bmatrix}, \tag{10.72}$$

其中 α 是由于未受载模型而引起的位相改变，即

$$\alpha = \frac{2\pi}{\lambda} (N_0 - 1) d, \tag{10.73}$$

这里 N_0 是模型未受力的折射率；d 是模型的原始厚度；空气的折射率认为等于 1。

当模型受力后，圆偏振光射到其上将沿主应力方向 1 和 2 分解为振幅相等的两个分量。这两个分量从模型射出，各带有位相改变 α_1 和 α_2，即

$$\left. \begin{array}{l} \alpha_1 = \dfrac{2\pi}{\lambda} (N_1 - 1)d', \\[2mm] \alpha_2 = \dfrac{2\pi}{\lambda} (N_2 - 1)d', \end{array} \right\} \tag{10.74}$$

这里 N_1 和 N_2 是模型沿主方向的主折射率；d' 是模型受力后的厚度。我们假设主方向 1 和 2 分别与 x 轴和 y 轴平行，这样从受载模型射出的物光的复数振幅向量是

$$\varepsilon_2 = \frac{\varepsilon_2}{\sqrt{2}} \begin{bmatrix} ie^{i\alpha_1} \\ e^{i\alpha_2} \end{bmatrix} = \frac{\varepsilon_1}{\sqrt{2}} \begin{bmatrix} ie^{i\alpha_1} \\ e^{i\alpha_2} \end{bmatrix}, \tag{10.75}$$

这里利用了(10.66)式，$\varepsilon_2 = \varepsilon_1$。把 (10.71)，(10.72)和(10.75)式代入(10.69)式，再利用(10.70)式即得到圆偏振光下实时法的光强公式

$$I_c = s \{ (1 + \beta)^2 + 1 + (1 + \beta) [\cos(\alpha_1 - \alpha)$$
$$+ \cos(\alpha_2 - \alpha)] \}, \tag{10.76}$$

其中

$$s = \varepsilon_R^4 \varepsilon_1^2 t_1^2, \tag{10.77}$$
$$\beta = \varepsilon_1^2 / \varepsilon_R^2, \tag{10.78}$$

这里 β 是物光光强与参考光光强的比值，在全息干涉中 β 值是可以调整的。在 (10.76) 式中，s 是一个常量，不影响干涉图样上光强的分布。所以在下面讨论中也可以略去，于是有

$$I_c = (1 + \beta)^2 + 1 + (1 + \beta) [\cos(\alpha_1 - \alpha)$$
$$+ \cos(\alpha_2 - \alpha)], \tag{10.79}$$

$$\left. \begin{array}{l} \alpha_1 - \alpha = \dfrac{2\pi}{\lambda} [N_1 d' - N_0 d - (d' - d)] = \dfrac{2\pi}{\lambda} \delta_1, \\[2mm] \alpha_2 - \alpha = \dfrac{2\pi}{\lambda} [N_2 d' - N_0 d - (d' - d)] = \dfrac{2\pi}{\lambda} \delta_2, \\[2mm] \alpha_1 - \alpha_2 = \dfrac{2\pi}{\lambda} (N_1 - N_2) d' = \dfrac{2\pi}{\lambda} (\delta_1 - \delta_2) = \dfrac{2\pi}{\lambda} \delta_3, \end{array} \right\} \tag{10.80}$$

这里 δ_1 和 δ_2 是与主应力 σ_1 和 σ_2 方向分别平行的偏振分量的光程绝对改变，即绝对减速；δ_3 是这两个光程绝对改变之差，即相对减速。

利用 (10.80) 式可把 (10.79) 式改为

$$I_c = (1 + \beta)^2 + 1 + (1 + \beta) \left(\cos \frac{2\pi}{\lambda} \delta_1 + \cos \frac{2\pi}{\lambda} \delta_2 \right), \tag{10.81}$$

或

$$I_c = (1 + \beta)^2 + 1 + (1 + \beta) 2 \cos \frac{2\pi}{\lambda} \cdot \frac{\delta_1 + \delta_2}{2} \cdot \cos \frac{2\pi}{\lambda} \cdot \frac{\delta_3}{2}, \tag{10.82}$$

将 (10.54) 式代入上式，化简后可得

$$I_c = (1 + \beta)^2 + 1 + (1 + \beta)$$
$$\cdot 2 \cos \frac{\pi d}{\lambda} (A' + B')(\sigma_1 + \sigma_2) \cdot \cos \frac{\pi d}{\lambda} C(\sigma_1 - \sigma_2), \tag{10.83}$$

这就是在左旋圆偏振光场下用实时观察法所看到的干涉图样的光

强表达式.

三、逆实时全息干涉

由于某种需要,上述实时全息干涉的作法也可以加以改换,即先使模型受载、进行曝光,把全息底片在原位显影、定影后,一方面用参考光照射,使模型受载时的物光再现,同时将模型载荷去掉,使通过不受载模型的物光透过全息底片上并与上述再现物光发生干涉,这就是逆实时法. 这时,我们把(10.69)式中的 ε_1 理解为模型受载时物光的复数振幅向量,把 ε_2 理解为不受载时物光的复数振幅向量,那么(10.70)式也可以作为逆实时法的基本方程.

当仍然采用同左旋圆偏振光时,逆实时法得到的干涉图样上的光强表达式为

$$I_{\mathrm{invc}} = (1 + \beta)^2 + \frac{1}{2} + \frac{1}{2} \cos (\alpha_1 - \alpha_2)$$
$$+ (1 + \beta)[\cos(\alpha_1 - \alpha) + \cos(\alpha_2 - \alpha)], \quad (10.84)$$

利用(10.80)式可将上式改写为

$$I_{\mathrm{invc}} = (1 + \beta)^2 + \frac{1}{2} + \frac{1}{2} \cos \frac{2\pi}{\lambda} \delta_3$$
$$+ 2(1 + \beta) \cos \frac{2\pi}{\lambda} \cdot \frac{\delta_1 + \delta_2}{2} \cdot \cos \frac{2\pi}{\lambda} \cdot \frac{\delta_3}{2}, \quad (10.85)$$

将(10.54)代入上式,化简后可得

$$I_{\mathrm{invc}} = (1 + \beta)^2 + 1 + (1 + \beta) \cdot 2 \cos \frac{\pi d}{\lambda} (A' + B') (\sigma_1$$
$$+ \sigma_2) \cdot \cos \frac{\pi d}{\lambda} C (\sigma_1 - \sigma_2) - \frac{1}{2} \left[1 - \cos \frac{2\pi d}{\lambda} C (\sigma_1 - \sigma_2) \right].$$
$$(10.86)$$

分析上式可看出,除最后一项外,前面的三项与实时法光强表达式(10.83)完全相同,所以可将(10.86)式写为

$$I_{\mathrm{invc}} = I_C - \frac{1}{2} \left[1 - \cos \frac{2\pi d}{\lambda} C (\sigma_1 - \sigma_2) \right]. \quad (10.87)$$

四、实时法的反差

实时法条纹图样中条纹的反差不像两次曝光法条纹反差那样大,且不易掌握. 关键问题是选取两束光适当的光强比,以使条纹反差最好,下面我们分析一下.

干涉条纹图的可见度 V 定义为

$$V = \frac{I_{max} - I_{min}}{I_{max} + I_{min}}, \tag{10.88}$$

I_{max} 为条纹图中最大光强, I_{min} 为最小光强. 已知条纹图上最小光强为零,则可见度 $V = 1$,这时条纹图的反差最好. 从(10.83)式可以得到,在圆偏振光条纹下条纹的最大光强为

$$I_{max} = (2 + \beta)^2, \tag{10.89}$$

而最小光强为

$$I_{min} = \beta^2, \tag{10.90}$$

所以

$$V = \frac{2 + 2\beta}{2 + 2\beta + \beta^2} \tag{10.91}$$

如 $\beta = 1$, 则 $V = \frac{4}{5}$; 如 $\beta = \frac{1}{5}$, 则 $V = \frac{60}{61} \approx 1$, 反差最好. 所以通过调整参考光和物光强可使实时法干涉条纹图的可见度接近于 1,即使在 $\beta = 1$ 的情况下、干涉条纹图案的明暗也是比较清晰的,对于测取条纹级次,进行定量计算没有什么影响.

§10.8. 图 像 全 息[38]

不论是两次曝光法还是实时法,为要获得等和条纹图都要在再现时进行观测或拍照,由于观察方向不同,条纹有明显的移动,这相当于一般光弹性中的斜射效应. 在计算时,只有沿着被测点的法线方向观测到的条纹数值才是有意义的. 因此,除了正确地运用拍照和直接观测以外,还可以将图像全息术应用于全息光弹.

在图 10.9 中, 模型和底片之间增加一组成像透镜, 将模型成像于底片上, 这样全息照相所记录的不再是模型本身的全部信息, 而是模型通过成像透镜在底片上所形成的像, 见图 10.13. 由于增加透镜并不引起基本光路系统的改变, 所以 §10.6 中推导的公式仍然适用. 等和线的拍摄步骤与两次曝光法完全相同.

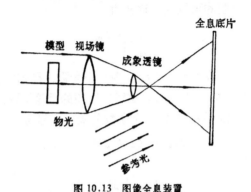

图 10.13　图像全息装置

这种方法所获得的条纹图实际上已经是记录在底片平面上的二维平面像, 所以观测时不存在斜射问题, 消除了视差所带来的误差.

这个平面像的再现是用白光(如日光)进行的. 只需将全息底片对着日光旋转适当的角度, 便可以在底片上看到清晰的干涉条纹图.

§10.9. 用两种模型材料法分离条纹

由以上几节的干涉条纹光强方程式可知, 不论是两次曝光法, 还是实时法, 或逆实时法, 模型材料采用光学灵敏材料时, 等差线与等和线都同时出现, 互相调制, 造成条纹分析的混乱和误差; 而且等和条纹过密, 等差条纹较稀, 这也不便于计算. 为了解决生产实际问题, 必须研究分离这两族条纹的方法. 比较方便易行的方法是使用光学不灵敏材料(如有机玻璃)单独获得等和线[34], 等差线仍用光学灵敏材料一次曝光测取.

光学不灵敏材料的应力光性常数 A 和 B 近似相等,则有 $C = A' - B' = A - B = 0$,所以方程(10.57)变为

$$I_{CL} = 2 + 2\cos\frac{\pi d}{\lambda}(A' + B')(\sigma_1 + \sigma_2), \quad (10.92)$$

即等差线不复存在,光强仅由 $(\sigma_1 + \sigma_2)$ 决定,由此可以单独测得等和线. 在这种情况下,(10.59)式变为

$$I_{CL} = 2 + 2\cos 2\pi n_P. \quad (10.93)$$

当 $n_P = 0, \pm 1, \pm 2, \cdots\cdots$ 时,$I_{CL} = 4$,出现全亮条纹;当 $n_P = \pm\frac{1}{2}, \pm\frac{3}{2}, \pm\frac{5}{2}, \cdots\cdots$ 时,$I_{CL} = 0$,出现全黑条纹. 即等和条纹图上的黑色条纹为半级次条纹,这与明场等差条纹图上的黑色条纹为半级次是一致的. 由(10.58)式可得 $\sigma_1 + \sigma_2 = \frac{2\lambda}{(A' + B')d} \cdot n_P$,式中 $\frac{2\lambda}{A' + B'}$ 与光波波长、材料性质有关,若以 f_P 表示,并称其为等和材料条纹值,则

$$\sigma_1 + \sigma_2 = \frac{f_P}{d}n_P, \quad (10.94)$$

同理可得到

$$\sigma_1 - \sigma_2 = \frac{f_C}{d}n_C, \quad (10.95)$$

f_C 称为等差材料条纹值.

如果材料条纹值 f_P,f_C 从简单受力模型的全息干涉图形中求得,则很容易由(10.94),(10.95)式确定各主应力的大小.

当用实时法观察等和条纹时,由(10.83)式所表达的光强方程式变为

$$I_C = (1 + \beta)^2 + 1 + (1 + \beta)$$
$$\cdot 2\cos\frac{\pi d}{\lambda}(A' + B')(\sigma_1 + \sigma_2). \quad (10.96)$$

若采用逆实时法,光强方程式(10.87)变为

$$I_{\text{invc}} = I_C. \quad (10.97)$$

可见,采用光学不灵敏材料测取等和线时,两次曝光法与实时观察法、逆实时法条纹图样的光强表达式基本是一样的.

§10.10. 旋光法分离条纹

一、石英旋光器法[35]

在定量计算中,用两种材料制作两个模型以分离等差线和等和线的方法是不理想的,尤其制作复杂形状模型时,会带来一些麻烦和误差. 而且,在三向应力分析时,不可能用光学不灵敏材料制作模型. 因此需要用同一个模型分离两族条纹.

采用石英旋光器可以达到这个目的. 所采用的光路如图10.14所示. 石英旋光器的光学元件为 4.813 毫米厚的石英片(对于6328埃波长的光源),其厚度方向与光轴相平行,偏振光通过一次其振动平面恰好旋转 $90°$.

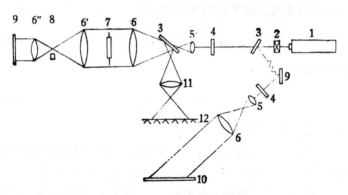

图 10.14 石英旋光器法分离条纹的光路布置

1.外腔激光器; 2.快门; 3.分光镜; 4. 1/4 波片; 5.扩束镜;
6, 6′, 6″.准直镜; 7.受力模型; 8.石英旋光器; 9.全反镜;
10.全息底片; 11.输出透镜; 12.漫射器

由激光器来的偏振光束经过受力模型以后,经准直镜 6′ 聚焦,在此焦点旁边放置一石英旋光器,当光从前表面反射镜返回时,使准直镜 6″ 的焦点稍稍偏离原来光路而通过石英旋光器.

当光第一次通过模型时，经过未受力模型的物光的位相变化由(10.48)式表示. 当光第二次通过时，物光的位相变化又增大一倍, 即 $\alpha' = 2\alpha$,

$$\alpha' = 2K(N_0 d - d) = \frac{4\pi}{\lambda}(N_0 - 1)\,d. \tag{10.98}$$

当物光第一次穿过受力模型时，沿两个主方向引起的位相改变由(10.50)式表示. 当物光返回、第二次穿过受力模型时，其快轴方向和慢轴方向的偏振光正好互换位置，因而两个偏振光的位相变化相等，即为

$$\alpha_1' = \alpha_2' = \alpha_1 + \alpha_2 = \frac{2\pi}{\lambda}(N_1 + N_2 - 2)d', \tag{10.99}$$

将(10.98),(10.99)代入(10.52), 得

$$\delta_1 = \delta_2 = (N_1 + N_2)\,d' - 2Nd - 2\,(d' - d),$$

以(10.56)式代入上式得

$$\begin{aligned}\delta_1 = \delta_2 &= (A + B)\,(\sigma_1 + \sigma_2)\,d' \\ &\quad + 2(N_0 - 1)\,(d' - d),\end{aligned} \tag{10.100}$$

将(10.100)式两边除以 d', 得到

$$\frac{\delta_1}{d'} = \frac{\delta_2}{d'} = (A + B)\,(\sigma_1 + \sigma_2) + 2(N_0 - 1)\frac{d' - d}{d'}.$$

在上式中，将 $\dfrac{\delta_1}{d'}$, $\dfrac{\delta_2}{d'}$ 及 $\dfrac{d' - d}{d'}$ 的分母改为 d, 并不带来误差. 所以

$$\frac{\delta_1}{d} = \frac{\delta_2}{d} = (A + B)\,(\sigma_1 + \sigma_2) + 2(N_0 - 1)\frac{d' - d}{d},$$

将广义虎克定律 $\dfrac{d' - d}{d} = -\dfrac{\mu}{E}\,(\sigma_1 + \sigma_2)$ 代入上式，经化简后，再运用(10.55)式便得到

$$\delta_1 = \delta_2 = d(A' + B')\,(\sigma_1 + \sigma_2), \quad \delta_3 = \delta_1 - \delta_2 = 0.$$

再将上两式代入(10.53)式，便得到经过旋光后两次曝光的干涉条纹的光强方程式

$$I = 2 + 2\cos\frac{2\pi d}{\lambda}(A' + B')(\sigma_1 + \sigma_2). \tag{10.101}$$

如果仍采用(10.58)式对等和线条纹定义,则(10.101)式变为

$$I = 2 + 2\cos 4\pi n_P. \tag{10.102}$$

当 $I = 0$ 时,$\cos 4\pi n_P = -1$,$n_P = \pm\frac{1}{4}$,$\pm\frac{3}{4}$,$\pm\frac{5}{4}$,$\pm\frac{7}{4}$,……为全暗条纹;当 $I = 4$ 时,$\cos 4\pi n_P = +1$,$n_P = 0$,$\pm\frac{1}{2}$,± 1,$\pm\frac{3}{2}$,……为全亮条纹.

由此可见,通过旋光获得的等和条纹,较一般两次曝光的等和条纹数倍增,即亮条纹出现在半级次和整级次;暗条纹则出现在四分之一级次的奇数倍上. 同理,当将旋光器撤走后对模型加载时,用一次曝光法将获得等差线的倍增条纹.

采用此法时由于返回光路与原来光路有一个偏离,所以在调光路时比较麻烦,而且在使用厚试件或应力梯度大的情况下还会带来一定的误差.如果采用磁光效应旋光器就可以克服这些缺点.

二、法拉第效应旋光法[36]

这种方法是将一根常磁性玻璃棒——铈玻璃放在一个法拉第线圈中,给线圈通以电流,使线圈内产生一定的磁场强度,当偏振光通过铈玻璃棒时,光的偏振方向便随磁场强度的大小而改变.

将这个磁光效应旋光器放入图 10.14 准直镜 6' 的焦点处,使其轴线与激光束完全重合,由反射镜反射回来的光线仍准确地通过这个焦点,不产生偏离.

偏振光通过这种旋光器时,其偏振面旋转方向只与磁场方向有关,而和光的传播方向无关. 因此,当偏振光返回后仍通过旋光器,每次通过只使其旋转 45°,往返共旋转 90°. 这样便可以得到和石英旋光器相同的旋光效果.

仍然采用不旋光一次曝光和旋光后两次曝光的方法,分别得到等差条纹图和等和条纹图,这些条纹都是倍增的,光强表达式与

采用石英旋光器推导的结果[见(10.101)式]完全相同.

采用铈玻璃作为旋光玻璃,这是一种偏磷酸盐材料,其透过率和旋光常数均要求较高的标准. 偏振光的偏振面旋转角度由下式给出[37]:

$$\theta = VHl. \tag{10.103}$$

式中 θ 的单位为分,在此实验中,要求 $\theta = 60 \times 45$ 分; V 是旋光

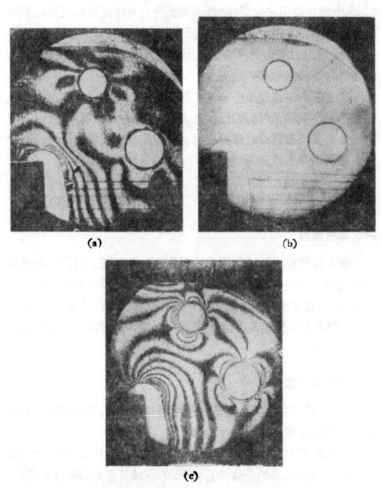

(a)　　　　　　　　　(b)

(c)

图 10.15　使用法拉第-铈玻璃旋光分离 350 吨快速镀机机架模型条纹图

玻璃的旋光常数,称为菲尔德常数,单位为分/奥斯特·厘米;H 为线圈内的磁场强度,单位为奥斯特;l 为光通过的玻璃棒的长度,单位为厘米.

　　与石英旋光法相比这种方法的优点是往返光线没有偏离,容易操作,免除了调光的麻烦,可以很容易地将等差线消除.但它需要一套产生大电流的直流装置和一个体积较小的法拉第线圈.图 10.15 所示是使用法拉第-铈玻璃旋光法分离快速锻机机架局部模型条纹所得的照片.其中 (a) 图为加载后等差线的倍增条纹图;(b) 图为旋光后等差线消除的情形;(c) 图则是旋光后两次曝光单独获得的等和线倍增条纹图.

　　除上述两种条纹的分离方法外,还可采用另外一些方法.一种是控制两次曝光时间的比例来减弱等差线,加强等和线;另一种方法是在模型表面涂以部分反射层,分别利用反射光信息及透射光信息获得等和线及等差线.

§10.11.　等和条纹的判别及小数条纹补偿

一、零级条纹

　　等和线零级条纹难于直接由等和条纹图判断,目前一般采用自由边界上等差线零级条纹来推断.在自由边界的奇点 ($\sigma_1 = \sigma_2 = 0$) 处,其等差线为零级条纹,同时在该点也必然满足 $\sigma_1 + \sigma_2 = 0$,即等和条纹也为零级.由此可以推知通过奇点的等和条纹为零级条纹.

二、正负级条纹

　　等差条纹均为正级,而等和条纹则有正有负,这在前面分析两次曝光的光强表达式时已经指出.

　　各点的等和条纹的正负,可大体由各点受力状况判断,受力后变薄的区域其各点的条纹为正,变厚的区域其各点的条纹为负.

　　还可采用类似库克补偿器的等和条纹拉力补偿器加以判别.

利用实时法,将补偿器放在条纹对顶区,即在对顶区迭加一个受拉试件,实时观察. 当补偿器加拉力时,若对顶区的条纹向对顶区方向移动,即为正等和条纹;若对顶区条纹向背离对顶区方向移动,即为负条纹;若将补偿器放在条纹正负连续变化的区域时,则条纹由正条纹向负条纹方向移动.

由此可见,当使用补偿器加拉力时,条纹总是由高级向低级或由正级向负级方向移动.

三、小数条纹补偿

等和线条纹比等差线条纹灵敏,即在同一模型加同样大的载荷时等和线比等差线要密得多,可以按照需要使等和条纹足够地多,所以并不都需要测取小数级条纹.

可是,对于某些情况,例如条纹比较稀疏或出现极值的区域,也有必要进行等和线小数条纹补偿.

利用实时法将事先已标定的拉力补偿器放入光路中,与模型一起曝光,记录第一种受力状态,经过就地显影、定影处理之后,于实时观察时对拉力补偿器施加拉力,所加拉力的大小就对应着所要补偿的等和线小数条纹数.

§10.12. 实验设备及实验技术

一、防震台

全息照相要求整个拍摄装置必须能够防震,这是因为全息法是利用光干涉原理,两相邻干涉条纹间距为光波波长的数量级,极为细密;如果两光束的程差因振动产生不规则的变化,就会使干涉图样模糊,甚至无法再现. 为了获得清晰的全息图,要求在曝光过程中光程变化必须小于 1/8 波长. 如果使用氦-氖激光器(波长 0.6328 微米),则光学系统和模型的相对移动就必须小于 0.08 微米. 但一般建筑物振动的振幅远超过此值,因此为减少振动,整个拍摄装置要求放在防震台上. 由于试验过程中要施加载荷,所以防震台既要防震，又要稳定，台面还要求有足够的刚度。这样，台子本身质量要大，防震层弹性系数又不可太小。

有一种自制防震台，它是将约 800 公斤的钢板放在两个机床床身上，共重 2 吨。机床的四腿放在四个 40×40 厘米² 的防震箱上，箱底铺有 5 厘米厚的细砂，细砂上再铺 10 厘米厚的微孔橡胶碎块（见图 10.16）。下面我们来计算一下这个防震台的防震效果。

图 10.16　全息防震台

设防震台总受压面积为 F，总压力为 P，则防震层单位面积所受压力为

$$p = \frac{P}{F} = \frac{2000}{4 \times 40 \times 40} = 0.312 \text{ 公斤/厘米}^2.$$

根据实验，当微孔橡胶承受的压力 $p < 0.5$ 公斤/厘米²时，其弹性模量 $E = 2.7$ 公斤/厘米²。那么，当 2000 公斤的台子压缩微孔橡胶时，橡胶层产生的总静力变形 δ_{st} 可根据拉压虎克定律算出

$$\delta_{st} = \frac{Pl}{EF} = \frac{pl}{E} = \frac{0.312 \times 10}{2.7} = 1.16 \text{厘米},$$

此处忽略了砂子的防震作用。根据振动理论中关于求一个自由度固有频率的公式，可求得该防震台的固有频率为

$$f_0 = \frac{1}{2\pi}\sqrt{\frac{g}{\delta_{st}}} = \frac{1}{2\pi}\sqrt{\frac{980}{1.16}} = 4.62 \text{ 赫芝.}$$

由实测可以知道,由于防震台所在的建筑物内人员走动、机床开动等因素影响所引起的地板振动的频率 f 在 10—60 赫芝之间. 可以算出,当 $\frac{f}{f_0} > \sqrt{2}$ 时,正好满足台子不发生共振的条件. 所以,上述防震台不会由于建筑物的振动而引起共振,合乎防震要求.

尽管各地条件不同,但可以根据上述计算原理对新的防震台进行设计.

以上的计算只说明了防震台不会发生共振,而在一般情况下还要测试一下已建好的防震台在使用条件下它自身振动振幅的大小是否小于 1/8 波长.

测试的方法很多,最方便简单的办法是只利用台面已有的光学元件组成一个有长臂的迈克尔逊干涉仪的结构形式,在预定的曝光时间内观察在其屏幕上的干涉条纹是否清晰. 干涉仪测试的

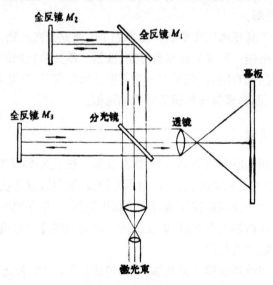

图 10.17 麦克尔逊干涉仪光路布置

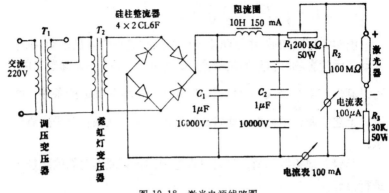

图 10.18 激光电源线路图

光路布置如图 10.17 所示.

二、激光电源

全息光弹实验室内使用的激光电源,可以自行制做,其线路图与元件参数可参考图 10.18. 这种电源虽然体积重量都大一些,但经久耐用,使用范围广,它可以很容易地启动 1 毫瓦至20毫瓦的氦-氖激光器.

由于高压电压表奇缺,图中的 100 微安表在此处用来监视激光器的电压. 可将表盘重行标定、改换. 激光管负端的可变电阻,要装在激光管附近,它可在一定程度上自行调节、启动功率不同的激光管,而毋须每次都调节限流电阻值.

三、激光器

常用的激光器是氦-氖气体激光器,波长为 6328 埃,单模输出,功率为 5—20 毫瓦,最好采用外腔式,它可以直接获得偏振光、并避免由于使用起偏振器而大大损失光强. 但在测取等倾线时,则须采用内腔式激光管,以便同步旋转起偏镜及检偏镜,从而获得各种参数的等倾线.

还可使用氩离子激光器,功率可达几瓦,为绿色光,波长主要是 4880 埃和 5145 埃. 对光弹性更为合适.

低功率激光器一般有很好的相干性，功率越大，相干长度越小，然而一张全息照片所能拍摄的物体的大小又受到相干长度的限制．图 10.17 所示装置可以用来测定激光的轴向相干长度．当两臂的光程相等时，屏上出现最大反差的干涉条纹，然后拉长另一个臂（如 M_3），直到干涉条纹消失，所移动的距离即为相干长度的一半．

此外，还要求激光器的横向相干性好．这通常可以通过直接观测激光束的横截面来确定，一般使它在单模（TEM_{00}）状态下工作．

四、准直镜与扩束镜

要采用通光直径大的透镜作为准直镜，焦距要尽量地短．透镜质量要高，尤其在旋光消除等差线的实验中，透镜要有准确的焦点．

要求扩束镜与准直镜匹配，以得到光强损失较小的平行光束．如图 10.19 所示，当放置扩束镜并使扩束镜的焦点与准直镜的焦点重合时，激光束经扩散后达到准直镜处的光覆盖面积应等于准直镜的通光面积．

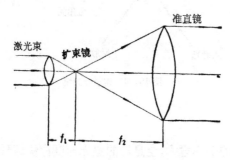

图 10.19　扩束镜与准直镜的匹配

扩束镜通常采用显微物镜，放大倍数在 15 至 100 之间，视具体要求选用．

也可采用超半球做扩束镜，它能使光场更为干净，而且使用简单、清洗容易.

五、分光镜

由于全息照相中物光与参考光的光强要求一定的比例,而在拍摄不同物体时往往由于物体透明度或反光率不同,光场大小也不一样,因此需要很方便的调节分光镜,以达到合适的光强比. 将透射率各为 20%,30%,40%,50%,60%,70%,80%,90%,98% 的几块分光镜装在一个旋转腔座上,可以简单易行地解决这个问题.

还可以将分光镜制成楔形,沿其表面渐变地镀上分光介质,这样既可达到左右调节光强比的目的,又可使分光镜内表面反射光束远离外表面反射光束,避免这两束光在光路中发生光干涉,保证光场的均匀性(图 10.20).

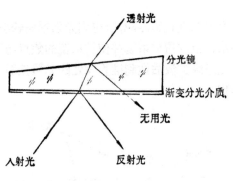

透射光

分光镜

渐变分光介质

无用光

入射光　　反射光

图 10.20　楔形分光镜

六、快门

激光器的功率愈大,全息片的感光速度愈快,照相曝光时间就愈短. 目前采用 18 毫瓦的氦-氖激光器和高反差全息片,曝光时间小于 1 秒钟. 因此准确曝光便成了问题. 尤其是两次曝光,掌握好曝光时间是很重要的. 为了便于准确曝光,利用一个时间继电器控制一个开关继电器,再由开关继电器拨动一个照相机快门,曝光时间便可准确地控制在 90 秒到 1/200 秒之间．这个时间范围是足够的．曝光时只须按动定时按钮，快门便自动开启和关闭．

七 曝光表

为了测取参考光与物光的光强比，并决定照相曝光时间，可以用一只硅光电池作为光接收器，将光能转换为电能，用一台 PZ 8 数字电压表读出电压大小，以测试光强大小．通过实验可以得到由给定实验装置决定的一系列曝光时间值．

PZ 8 数字电压表为八位数字自动显示仪器，所测光强范围较大，适于暗室使用．

物光再现后的反拍，由于衍射光很弱，通常的曝光表已不适用，因此用这种曝光表决定反拍曝光时间也是很合适的．

八、加载装置

全息光弹实验需要在加载前、后进行两次曝光以获得等和线．由于加载时引起的试件的微小振动或位移都可能破坏等和条纹的出现，因此它对稳定的要求比拍摄一般全息图还要苛刻．要求加载准确、可靠、不产生振动．加载杠杆的转动支点要由滚珠轴承支承，避免晃动．对试件加力应由一个滑动导向架传递．

若采用带有衡压机构和测力机构的液压或气压装置就更为理想．

九、实时架

底片复位的实时法要求定位机构精度较高，比较难于实现，就地冲洗的实时法较为方便，而它需要一套便于在暗室内可靠地进行操作的相应装置．用实时架冲洗时可以通过实时架将药盒升起．药盒用有机玻璃制成，显影盒、停显盒、定影盒以及清水盒轮流放在升降台上，升降可由齿轮、齿条传动，片夹用不锈钢制成．采用实时法时，为消除初始条纹，应将底片先用水浸透约 15 分钟，然后晾干．晾干后不要久放，最好随即使用．整个试验过程要尽量保持水温、室温及空气湿度不变.

十、光路

通常采用图 10.21 所示的光路测取等和线、等差线及等倾线.

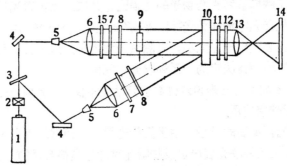

图 10.21　全息干涉法光路布置

1.激光器；　2.快门；　3.分光镜；　4.全反镜；　5.扩散镜；　6.准直镜；　7.起偏镜；　8.1/4 波片；　9.受力模型；　10.全息底片；　11.1/4 波片；　12.检偏镜；　13.成相透镜；　14.幕板；　15.毛玻璃

若直接在幕板 14 上观察放大的等差线或等倾线条纹,以及需要补偿等差小数条纹时,可遮闭参考光路并去掉毛玻璃 15.

当全息摄影时,物光与参考光的光程应基本相等. 两束光交于底片的夹角以 20° 左右为宜,夹角太小,再现时参考光耀眼,难于观看；夹角过大,对底片分辨率要求增高,否则再现物光光强较弱. 另一方面夹角过大还会引起较大的误差,下面我们简单讨论一下.

如图 10.22 所示,若物光直射到底片上,物光是圆偏振光,参考光沿 z' 斜射到底片 (xy 平面)上,y 轴平行于 y' 轴,y,y' 都垂直于纸面. 设参考光是圆偏振光

$$x' = a\cos\omega t, \quad y' = a\cos\left(\omega t - \frac{\pi}{2}\right),$$

射到 xy 平面上时变为

$$x = \frac{a}{\cos\theta}\cos\omega t, \quad y = a\cos\left(\omega t - \frac{\pi}{2}\right) = a\sin\omega t,$$

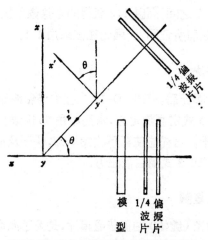

图 10.22　物光与参考光夹角对试验的影响

合并上两式可得

$$\frac{x^2}{\left(\dfrac{a}{\cos\theta}\right)^2} + \frac{y^2}{a^2} = 1.$$

上式描述了一个椭圆,即在底片上是椭圆偏振光.

设

$$\frac{a}{\cos\theta} - a = \frac{m}{100}a,$$

则

$$\cos\theta = \frac{100}{100 + m},$$

式中 $m\%$ 代表偏离圆的误差程度. 如果取

$$m = 4, \quad \cos\theta = 0.962, \quad \theta = 15°50';$$
$$m = 5, \quad \cos\theta = 0.953, \quad \theta = 17°38';$$
$$m = 6, \quad \cos\theta = 0.944, \quad \theta = 19°15'.$$

从这方面来看,参考光与物光夹角以限制在 20° 以内为好.

十一、光强比

拍摄全息照片时,一般将达到底片上物光与参考光的光强比取为 1:1 到 1:5 之间,而以 1:2 获得的全息像不发生畸变,但在实时法实验时,如前所证明,光强比往往采用 1:5.

十二、底片冲洗

全息底片曝光后,采用 D-19 式强力显影液显影,SB-1 式停显液停显,F-5 式定影液定影,水洗后用 50% 浓度的酒精浸泡 30 秒钟,然后晾干,这样能使药膜收缩均匀,快干及清洁. 有时需要漂白液,可用 EB-3 式漂白液配方.

十三、反拍及复制

对再现物光(虚像)拍摄普通相片,是为了测取条纹级次以便定量计算. 拍照时,可用普通照相机对虚像拍照,拍照角度要尽量对正. 感光胶片采用 21 DIN 全色胶片即可. 若使用 24 DIN I 型高速航空片,会得到反差更大的条纹图相片. 该型号胶片在ΥΠ-1 型显影液中显影,在 F-5 式定影液中定影.

由于再现物光较弱,照相曝光时间可用硅光电池与数字电压表组成的曝光表决定.

全息照片亦可复制. 将全息底片药面对药面贴紧全息照片,用激光照射曝光,冲洗后即得到与原全息图完全相同的全息照片. 该复制片亦称正片.

§10.13. 应用实例

一、径向受压圆环

圆环外径 $D = 40$ 毫米,内径 $d = 20$ 毫米,分别用有机玻璃和环氧树脂制成两个模型. 用两次曝光法拍摄等和线(图 10.23),载荷增量 $\Delta P = 32.2$ 公斤;用一次曝光法拍摄等差线(图 10.24),$P = 101.6$ 公斤.

对圆环的内边界分别由等和线及等差线分解了主应力. 由两种条纹图计算得到的沿内边界应力分布曲线的比较如图 10.25 所

图 10.23 用两次曝光拍摄的径向
受压圆环的等和线

图 10.24 用一次曝光拍摄的径向
受压圆环的等差线

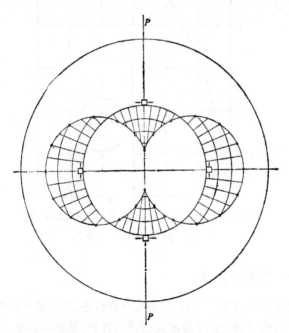

图 10.25 径向受压圆环内边界的应力分布

—— 得自环氧树脂模型;

—○— 得自有机玻璃模型.

示.

　　另外对沿水平半径截面的垂直应力进行了分析,由图10.23及图10.24的条纹图分解得到的主应力与铁摩辛柯(Timoshenko)的理论值的比较见图10.26. 上述结果均按单位厚度模型作用单位载荷进行计算.

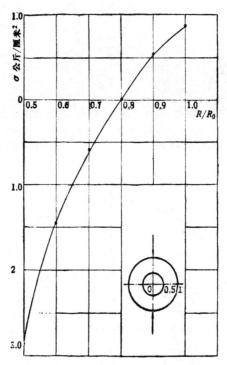

图 10.26　径向受压圆环沿水平截面的应力分布曲线

—— 理论值;　 —〇— 实验值.

二、地下铁道整体道床

　　在上例中只给了结果,未说明计算程序,现以地下铁道整体道床试验为例说明全息干涉法的应用与计算.道床横截面如图10.27所示,按平面问题分析机车载荷作用下各指定截面的应力分布.

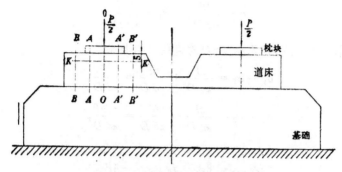

图 10.27　地下铁道整体道床横截面图

　　用环氧树脂及有机玻璃分别制成两个模型. 前者一次曝光测取等差线,其条纹图示于图 10.28 左半部分; 后者用两次曝光测取等和线,条纹图如图 10.28 右半部分所示. 根据这两组条纹,可求得各截面的条纹级次分布曲线. 例如,对于 O-O 截面,将其分为六等分,共有七个测点. 各测点的主应力差及主应力和可由公式 (10.94),(10.95)

$$\sigma_1 - \sigma_2 = \frac{f_C}{d_C}\, n_C, \quad \sigma_1 + \sigma_2 = \frac{f_P}{d_P}\, n_P,$$

求得. f_C, f_P 分别为等差及等和材料条纹值. 为了确定这两个常数需分别制作与模型材料相同的两个直径为 d 的圆盘,使其在和模型实验相同的条件下承受径向压力,测取圆盘中心点处的条纹级次 n_C, n_P.

图 10.28　地下铁道整体道床模型的等差线及等和线

　　由理论计算公式可算出该圆盘中心点处的主应力值

$$\sigma_1 = \frac{2P}{\pi d\,D}, \quad \sigma_2 = \frac{-6P}{\pi d\,D},$$

式中 P 为荷载; d 为厚度; D 为直径. 由上式

$$\sigma_1 - \sigma_2 = \frac{2P}{\pi d\,D} + \frac{6P}{\pi d\,D} = \frac{8P}{\pi d\,D},$$

$$\sigma_1 + \sigma_2 = \frac{2P}{\pi d\,D} - \frac{6P}{\pi d\,D} = \frac{-4P}{\pi d\,D},$$

则

$$\frac{f_C}{d_C} n_C = \frac{8P}{\pi d\,D}, \quad \frac{f_P}{d_P} n_P = \frac{-4P}{\pi d\,D},$$

这里 $d_C = d_P = d$, 并由 (10.94), (10.95) 式知, 只取绝对值, 不考虑正负号, 所以

$$f_C = \frac{8P}{\pi D} \cdot \frac{1}{n_C}, \quad f_P = \frac{4P}{\pi D} \cdot \frac{1}{n_P}.$$

求得了所用材料的等差条纹值和等和条纹值后, 进而便可求出图 10.27 所示之 $O\text{-}O$, $A\text{-}A$ 及 $B\text{-}B$ 等截面各点的主应力值 σ_1 及

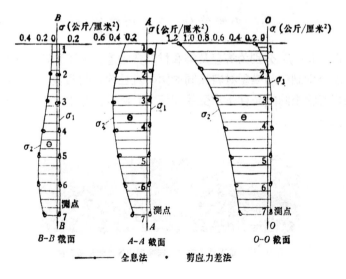

图 10.29 道床截面上的应力分布曲线

σ_2，其结果如图 10.29 所示．可以看出，此结果与剪应力差法的结果是很接近的．就分解主应力而言，全息法不需绘制等倾线，而且可以不用边界条件便可直接分解出模型内部的任意截面上的主应力，与剪应力差法相比，全息法计算工作大为简化．

尤其应该指出的是 $O\text{-}O$ 截面的计算．该截面为道床左半部分的对称截面，其上剪应力为零，因此用剪应力差法分解主应力十分困难，误差很大．但采用全息法则十分简单．

图 10.30 中所示的 $K\text{-}K$ 截面，为道床内部的任意一个截面，由该截面上主应力的分解也说明了全息法的优越性．它不像剪应力差法那样，需要由边界依次向内部逐点推算，使用全息法在各点均可单独完成主应力分解．图 10.30 画出了由此计算出的主应力分布曲线．

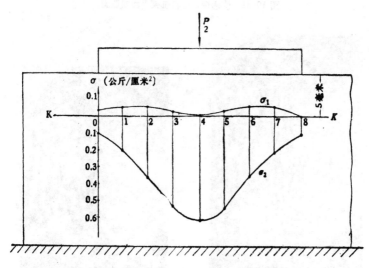

图 10.30　道床 $K\text{-}K$ 截面的应力分布曲线

三、快速锻水压机机架

图 10.31 所示为快速锻水压机机架的平面模型图，要求确定该机架的危险截面及危险点的主应力值．

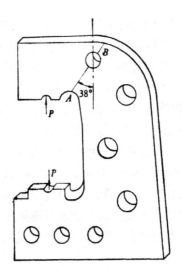

图 10.31　快速锻水压机机架平面模型图

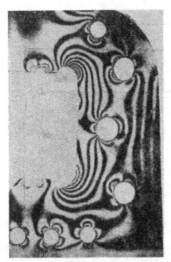

图 10.32　快速锻水压机机架模型等和线

图 10.33　快速锻水压机机架模型等差线

实验用两个模型法进行. 用有机玻璃平面模型(厚度 $d_P = 0.7$ 厘米),加载 $\Delta P = 10.2$ 公斤,两次曝光得等和条纹图如图 10.32 所示;再用环氧树脂平面模型(厚度 $d_C = 0.525$ 厘米),在标准圆

偏振光场中加载 $P = 13.6$ 公斤，得等差条纹图，并以检偏镜补偿被测点条纹，较大载荷下的等差条纹如图 10.33 所示.

分析条纹图可知，最大应力截面 A-B 发生在过上孔中心并与竖直线成 38° 角的方向上，见图 10.31.

由径向受压圆盘求得的材料常数 $f_C = 14.5$ 公斤/厘米，$f_P = 5.75$ 公斤/厘米.

由此求得的 A-B 截面上各测点的条纹级数、模型主应力以及实物主应力列入表 10.2 中. 实验误差在 4% 以内.

表 10.2 机架 A-B 截面主应力值

测 点	n_C （级）	n_P （级）	$\sigma_1 - \sigma_2$ （公斤/ 厘米²）	$\sigma_1 + \sigma_2$ （公斤/ 厘米²）	模型应力 （公斤/厘米²）		实物应力 （公斤/厘米²）	
					σ_1	σ_2	σ_1	σ_2
0	4.5	8.5	4.80	4.80	4.80	0	1440	0
1	1.0	2.6	1.07	1.47	1.27	0.20	380	61
2	1.0	0.1	1.07	0.06	0.56	−0.50	168	−151
3	1.5	−3.0	1.60	−1.69	−0.05	−1.65	−15	−484
4	2.5	−5.0	2.66	−2.82	−0.11	−2.74	−33	−820
5	1.6	−3.0	1.71	−1.69	−0.01	−1.70	−3	−508

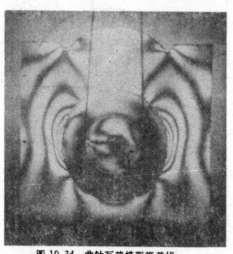

图 10.34 曲轴瓦盖模型等差线

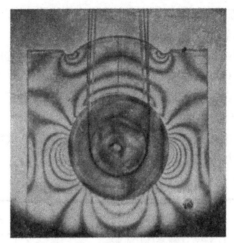

图 10.35 曲轴瓦盖模型等和线

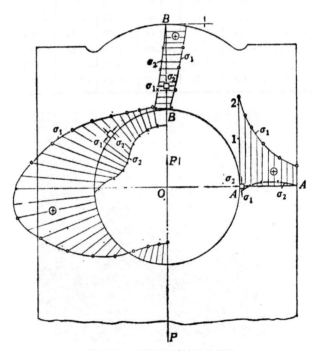

图 10.36 曲轴瓦盖应力分布曲线

四、曲轴瓦盖[38]

　　另一个反映全息光弹特点的实例是瓦盖孔边接触应力的测定，这是普通光弹性方法难以准确解决的．轴和孔的配合为滑动配合．制作两个模型后，用全息干涉法分别得到等差线和等和线（见图 10.34 及图 10.35）． 由此得到的孔边应力分布曲线及断面 A-A，B-B 的应力分布曲线表示于图 10.36、

第十一章　光弹性摄影技术

§11.1.　照 相 器 材

为要掌握摄影技术,首先要懂得基本原理,这些基本原理在一般摄影知识丛书中均有介绍. 本章将着重介绍在光弹性实验室的一些实践情况.

一、照相机

光弹性实验室应当备有两种照相机. 一种是座机,这在一般光弹仪上都有. 它的照相机镜头焦距一般较长,大约在 360 毫米左右,相对孔径一般不大,为 1∶5.5 左右. 相机装有毛玻璃观察屏. 这种相机应当附有 12×16 厘米左右的照相底片盒,在实际拍摄时,可嵌入 12×16 厘米或 8×12 厘米及 6×8 厘米的底片.

还要再备一架 135 单镜头反光式相机,用来拍摄试验现场设备布置情况,反拍条纹图及文字图表、资料等. 可以连续拍摄,较座机效率高. 单镜头反光式相机便于取景及调焦,还可以加镜头接管拍摄 1∶1 的照片,甚至可以拍摄放大的照片.

二、感光片

感光片在感色性能上分为以下几种:

1. 色盲片——只能感受蓝紫色光,对于红橙色光则根本不能感受. 色盲片大都是低速度的感光片,银粒极为细微,反差表现较大,色调对比鲜明. 在翻拍黑白条纹图或黑白文字图表工作中常使用它. 色盲片可在红色安全灯光下进行装片及显影工作,暗室工作较方便.

2. 分色片——感光的范围扩展到黄绿色光部分，但对红色光仍然难以感受．分色片亦称正色片，适用于一般风景、人象、新闻记录等摄影工作．可以在暗红色安全灯光下进行装片及显影工作．

3. 全色片——感光的范围扩展到橙红光范围处，它适用于各种摄影工作，尤其是适宜拍摄多颜色的物体．全色片的感色性能对于绿色光稍欠灵敏；可以在暗绿色安全灯下装片及显影，但要十分小心．

此外还有超全色片、红外线片、彩色片等，但光弹性实验室最常使用的是全色片、色盲片和分色片．

感光片在感光速度上有灵敏与迟钝的分别．感光速度的高低用数字表示，我国采用定制（DIN 单位制），光弹室一般常用从 8 DIN 到 24 DIN 的感光片．

DIN 单位数字越小，感光速度越低，银盐颗粒越小，反差表现越大．低速度的感光片（8 ～14 DIN）适于科学上摄影，或用于翻拍及作高倍率放大的摄影．中高速度感光片适用于一般摄影或迅速摄影．光弹条纹图拍摄，宜用 14 DIN—21 DIN 感光片．

各种感光片都有正、背两面，涂有乳剂膜的一面称为正面．摄影时，感光片的正面应对着镜头．一般在感光片上有一缺口，见图 11.1，当缺口在右上方时，朝向我们的一面为正面．

图 11.1　感光片

若感光片没有剪口,可用手指触摸感光片的两面,感觉不太光滑的一面为正面. 注意,在摸片和装片时不能用不洁净的或有汗液的手去触摸,以免沾污感光片.

此外,还常使用页片或 135 卷的文献片,用于翻拍条纹图及文献. 该片属色盲片,感光速度在 8 DIN 左右. 若拍摄实验设备等,则要使用全色胶卷,才能得到层次分明、反差正常的相片.

三、显影液

通常使用市售 D-72 或 D-76 式显影粉. D-72 显影较快,银粒较粗,适用于各种软片、干片、放大及印相纸,称为通用显影粉. D-76 为微粒显影粉,只适用于软片、干片显影. 需要放大的胶片常使用 D-76 显影粉,胶片银粒较细微时,影像清晰. 在拍摄条纹图或翻拍工作中,往往需要大的反差,可采用最大反差表现显影液 D-11 式配方. 若还需加大反差,可在放大及印相中使用瓶装"高反差显影粉".

最大反差表现显影液 D-11 式配方如下:

温水 (50℃)	500 毫升
米吐尔	1 克
无水亚硫酸钠	75 克
对苯二酚	9 克
无水炭酸钠	25 克
溴化钾	5 克
加冷水至	1000 毫升

将药品照配方上所列次序一一溶化. 20℃ 显影 4—6 分钟.

四、定影液

通常使用"酸性定影粉",它适用于各种软片、干片、印相及放大纸. 感光片定影时间约 15 分钟,相纸约 30 分钟,如果自行配制,可按下列 F-5 定影液配方.

温水（50℃）	600 毫升
硫代硫酸钠（海波、大苏打）	240 克
无水亚硫酸钠（硫氧）	15 克
醋酸（28%）	48 毫升
硼酸	7.5 克
钾矾	15 克
加水至	1000 毫升

感光片定影时间约 15 分钟,感光纸约 10 分钟。

五、减薄剂及加厚剂

曝光过度或显影过度的底片,银粒密度过大,使用各种减薄的方法可以降低底片的密度,调整底片的反差;而感光不足或显影不足的底片,可以用加厚处理,增加底片的密度和反差。

减薄剂及加厚剂均有现成的商品出售。

六、印相纸及放大纸

由于景物本身所表现的明暗反差,感光片的特性,感光的情况及显影处理的过程（显影条件）等等关系,所得的底片的密度差也会大小不同。所以不论在放大或印相时都需要按底片的密度差选用适当性能的感光纸来调节反差的强弱,以使反差过强或反差过弱的底片能够得到正常的图像。

相纸根据其软硬程度分为若干号,最常用的是 1 号、2 号、3 号、4 号。号数越大越硬。反差小的底片宜用硬性相纸。底片反差正常,需要获得层次分明的照片,要采用中性相纸。

对于光弹性条纹图照相,使用 3 号或 4 号印相纸和 4 号放大纸较好,所得照片虽然层次较少,表现生硬,但条纹清晰,便于计算。对于设备、模型等景物照相,一般使用 2 号、3 号印相纸、放大纸为宜。

七、感光箱及放大机

由于光弹性摄影采用的座机可拍摄 12×10 厘米的底片,所以印相感光箱不可太小，感光箱内要装四至六个 40 瓦乳白灯泡，必须注意使光很好地散射，以使感光面受光均匀．为使感光时间准确，最好配备一台暗室曝光定时器．它能控制由 1/10 秒至 1.5 分钟之间的定时曝光．

放大机在光弹性实验室中是必备的．一般备有一台中型放大机即可，其上装有焦距为 7.5 厘米的放大机镜头，当然最好还备有焦距为 5 厘米及 10.5 厘米的放大机镜头．其中 7.5 厘米焦距镜头用于放大 6 × 6 厘米底片，5 厘米焦距镜头用于放大 135 底片，而 10.5 厘米焦距镜头用于放大大于 6 × 8 厘米的底片．若常用 135 相机拍照，则必须备有焦距为 5 厘米的 135 放大镜头．

八、曝光表及设备照明

光弹性试验拍摄条纹图时，由于加上了滤光镜，所以到达底片上的光已十分微弱，通常的曝光表远远不能测量其光强．为使照相曝光时间准确，可以组装一台低标读数的光电曝光表，它是由硅光电池与数字电压表（或光点检流计）组成的．其灵敏度很高，可以相对地测得弱光的强度，从而能正确决定曝光时间．

光弹性实验设备的照相；需要很好的照明，利用闪光灯或碘钨灯均可．使用若干个 300 瓦磨砂照相灯泡组成的灯架光线更加柔和．灯光布置要均匀，物光层次要分明，防止强光反射破坏画面．

§11.2. 摄 影

一、光弹性模型条纹图的拍摄

光弹仪使用水银灯光源．要求光波波长为 5461 埃，但水银光频谱范围较宽，需加波长为 5461 埃的绿色滤光片才能获得较好的单色光，从而能清楚地辨别较高级次的条纹．在实验中还常将一绿一橙两个滤光片迭在一起使用，这可使应力集中处的细部高级次条纹辨认度增加不少，从而提高了照片的清晰度．但加上滤光片后，曝光时间相应增加，使用两块滤光片较单独使用绿色滤光片曝光时间要增加很多. 在圆偏振场拍摄等差条纹时, 暗场要比明场增加约一倍的曝光时间.

照相时首先将光圈开到最大进行调焦, 直到相机毛玻璃屏上得到清晰的像为止. 由于光弱, 可借助手执放大镜放大细部条纹进行观察, 反复调节, 直到影像真切为止.

由于感光页片装入暗盒后翘曲不平, 不能保证底片平面与毛玻璃屏重合. 加之光线较弱, 调焦不易准确, 因此需要增大景深, 消除上述因素带来的偏差. 光圈越小, 景深越长, 常选用光圈 $f24$, $f16$, $f11$, 再大的光圈应避免使用. 光圈太小虽景深增长但曝光时间过长, 一般也不常用.

拍摄条纹图所需的曝光时间与许多因素有关, 例如, 光源的强度、像的放大率、摄影胶片的感光速度、模型的透明度以及光圈的大小, 等等, 因此不能一般规定出曝光时间, 必须经过试验以求得在特定条件下的正确的曝光时间. 使用自制的低标读数的光电曝光表是有帮助的. 我们应该能够根据一些经验而无须每次经过试验即可定出正确的曝光时间.

对于拍照 CR-39 材料的等差线, 可使用 21 DIN 全色胶片, 光源为 ДРШ-250 瓦水银点光源, 镜片直径 $\phi100$, 像的放大率是 1(即原大), 暗场采用橙、绿两种滤光片, $f8$, 曝光时间 9 秒, 这样得到的底片反差正常、图像清晰. 若只用绿色滤光片, 曝光时间可用 1/4 秒, 采用明场, 时间相应缩短一半.

通常曝光时间稍欠些, 而显影时间稍过些, 可得反差较大的像片. 若曝光过度显影正常或显影过度、曝光正常, 可用减薄处理加以纠正. 但反差基本不变, 甚至反差缩小. 所以, 正确曝光和准确显影是获得良好摄影效果的关键.

二、试验装置照相

将实验装置拍摄下来往往可以更真实更清楚地反映实验进行的条件, 在模型实验中是不可少的.

使用 135 或 120 相机拍摄室内装置较为方便, 可从不同方位并连续地进行拍照.

　　设备照明要注意用光,要使设备反差表现适当,既要清晰又要有立体感,磨砂灯泡和碘钨灯均可. 而使用闪光灯效果则较差.

　　由于设备装置占有一定的空间,需要一定的景深,所以使用光圈要小. 景深范围与光圈大小及拍摄距离都有关系,一般来说,距离越近,景深越短;距离越远,景深越长.

　　曝光时间可利用一般曝光表测定. 因室内灯光的光谱成分不同于太阳光,所以实际曝光时间要比曝光表读值约增大一倍.

　　在拍摄一些较小的物体时,如装置细部或小模型等,为了要把它们拍成与原物同等大小, 需要把原有镜头的像距延长. 延长镜头像距的办法有两种. 一种是把镜箱的皮腔延长;另一种则是在镜头后面加上延长管,以便拍摄时增加成相面与镜头之间的距离. 这时相应地要增加曝光时间,所增加的倍数 K 由下式计算:

$$K = \frac{l^2}{f^2}, \tag{11.1}$$

式中 l 为镜头伸出的长度, f 为镜头焦距.

　　所使用的感光片应为全色片. 感光速度选 21 DIN, 19 DIN 或 17 DIN 均可.

　　上述原则,对于翻拍图片、文字、图表等也适用. 翻拍黑白文字图表时最好采用色盲片.

　　例如,在拍摄模型的细部时,原有镜头焦距是 5 厘米,加镜头接长管后,当在镜箱的磨砂玻璃上对清楚被摄物时,镜头到底片的距离若是 10 厘米,则

$$K = \frac{10^2}{5^2} = 4.$$

即曝光时间应乘以 4 . 若拍摄照相不是自然光而采用灯光,则曝光时间要再乘以 2 . 即

　　实际曝光时间 = 曝光表读数 × 4 × 2.

§11.3. 底 片 冲 洗

一、显影、停影、定影液的配置

要严格按照每种药物的说明进行配置. 药液配好后，置于密封的棕色瓶中，尽量少与空气接触，以免氧化，同时放于阴暗处，避免日光及受热. 储存液宜配以较浓的溶液以便保存，待使用时再按照比例用洁净的清水冲淡. 保存得当可以保存几个月. 但用过的药液切勿倒回. 使用过程中若药液效力减低，要重换新液，不能将新旧液混合使用.

二、底片冲洗

冲洗底片要在暗室中进行，冲洗页片一般用盘中显影法. 冲洗胶卷，尤其是 135 卷要在罐中显影. 步骤如下：

1. 水浸

在暗室中将底片取出置于清水盆中，使底片各部浸水务须均匀，不可使之折迭以免粘合起来. 水温不可高于显影液温度，相同最好（若冲片已有经验或冲洗少量页片，此步可省去）.

2. 显影

自清水盆中取出底片，均匀地浸入显影液中，同时注意开始计时. 底片在显影液中要不停地移动，以使显影均匀.

显影的最初数分钟，最好在完全黑暗中进行. 如感光片感光正确时，则显影时间在规定显影总时间的 1/4—1/8 时，感光片上即应有淡薄的影像现出，此后，即可以每隔 1—2 分钟在安全灯下检查一次，检查显影程度时最好距离安全灯 1 米以外，检视数秒钟.

另一种比较可靠的办法是检视感光片的背面，若感光片的背面已呈隐约的影像轮廓时，即可以认为显影已至适当程度，而停止显影.

显影液一般均为无色透明或微呈浅黄色，如变成棕色或红色时则表示显影液败坏不能使用.

显影中要特别注意药液的温度不可升高或降低，尤其在夏季或冬季．使用 D-72 显影时间短、银粒粗、反差表现大，使用 D-76 微粒显影，时间长，银粒细，但反差表现较小，容易发灰，影象表现柔和．

对于每种显影液都规定了一个显影温度和显影时间，在曝光正常的情况下，显影短于正常时间时，所得底片影像柔和，反差表现小；显影长于正常时间时，底片影像生硬，反差表现大．所以拍摄应力条纹图底片，显影要稍长一点就是这个道理．

若显影时间一定，显影温度对底片的效果也有影响．温度低于正常温度时，显影的效果是，其反差表现弱小，影像平淡无力；温度高于正常温度时，显影的效果是，其反差表现强烈，影像浓厚．所以，原则上说，温度低的时候，显影时间须延长，温度高时，显影时间须缩短．

当然，只有在正常的温度下才能保证优良的显影效果．但在特殊情况下，显影温度无法调节到标准的温度时，可以利用表11-1求取对应新温度下的新的显影时间，计算公式为

$$t_1 = \frac{t_0 K_1}{K_0}, \tag{11.2}$$

式中 t_0 为正常温度下的显影时间，K_0 为正常温度下显影时间系数，K_1 为新温度下显影时间系数．

表 11.1 不同温度下显影时间变化表

温 度(℃)	15	16	17	18	19	20	21	22	23	24	25	26	27	28
系数K	1.15	1.10	1.05	1.00	0.95	0.91	0.87	0.83	0.80	0.77	0.74	0.71	0.68	0.65

3. 停显

显影业已完成的底片，再移入停显液中仍然照显影的方式进行 20 秒钟的停显．所用 SB-1 式停显液配方为

清水　　　　　　　　　　　　1000 毫升

醋酸（28 %）　　　　　　　　　　48 毫升

SB-1 式停显液的停显能力为，每 1000 毫升可以停显 8×10 英寸照片 20 张或 135 胶卷 15 卷．

4. 坚膜

停显后的底片，由于长久浸入在各种药液里面或者由于炎热气温的影响，其乳剂膜的胶质很容易发生松软或脱落现象．因此，在停显后或定影后应施行坚膜．尤其在夏季，坚膜时间不宜短于 3—5 分钟．坚膜液 SB-2 式配方如下：

水	1000 毫升
钾铬矾	30 克
醋酸（28%）	48 毫升

5. 定影

将坚膜后的底片置于定影液中．定影开始时必须注意不断搅动底片，使新鲜药液接触底片．定影时间要充分，不可急于求成．一般规定使用新鲜的定影液时，在正常状况下，感光片的定影时间不宜少于 15 分钟，感光纸不宜少于10分钟．低感光速度底片乳剂膜厚度较小，定影时间只需三、五分钟．感光片置入定影液中相当时间以后，乳剂膜的乳白色即逐渐地消失，而呈透明状态．一般人大都认为此时定影工作已经完成，但事实上，这不过仅仅完成全部定影工作的一半而已，若在此时即停止定影，底片就不能长久保存．

定影液有一定的寿命，当定影能力将近枯竭的时候，常常会有一些征象，如：

（1）定影液的表面起泡沫；

（2）定影液的表面漂浮油类的膜层；

（3）定影液发生混浊或变色现象；

（4）定影进行速度迟缓等．

当出现以上这些现象时，须另换新液代替．

定影液的定影能力，在一般情形下，如果在显影之后使用停显液停显时，每 1000 毫升的定影液约可定影的感光片为 9×12 厘米 60 张，或 6×9 厘米 100 张，或 4.5×6 厘米 200 张，或 120（或

135 卷片) 20 卷. 感光纸可按上列数字增加 2 倍.

6. 水洗

定影后的底片,胶膜中含藏有大苏打杂质,所以须用水洗. 在水流情况下,水洗时间不少于 15 分钟;在盘中进行水洗,每隔4—5分钟换水一次,至少须换水 12 次以上.

7. 干燥

将水洗过的底片浸入 50% 浓度的酒精中 1—2 分钟,然后取出,再置于风扇前吹干,或挂于干燥通风的地方自然晾干. 但须注意空气要干净.

§11.4. 底片的鉴别

底片冲洗完后,应当鉴别一下这些底片的质量. 一张正常的底片,主要是依靠正确的感光和正确的显影两个条件来达到的. 感光不足、显影过度的底片,景物的阴暗部分不能显示出来,反差强烈并有雾翳;感光过度、显影不足的底片会失之于反差低弱,影像平淡无力. 如何判别各种情况是我们力求掌握的一种技术.

在没有鉴别仪器的情况下,可以将底片紧密地覆盖在一张平滑洁白的纸上,在日光或强烈的灯光直接照射下,利用它的反射光线来对它进行检查.

光线照射到底片上以后,会透射过底片达到白纸上,由于白纸的表面有反射光线的能力,我们的视觉就可以看出底片上的各种浓淡等级的部位来. 现在把各种情况分述如下,以供参考.

1. 感光正常,显影正常

影像淡薄的部分,密度虽然不大,但却可以分辨出影纹层次. 影像浓厚的部位一般也应有勉强可以分辨出来的影纹层次. 总之,影像的等级很多、层次也很分明的底片,在一般情况下都可以认为是感光正确、显影正常的良好底片.

2. 感光不足,显影正常

影像的阴暗部位只有微弱淡薄的影纹存在，而影像的强光部分在底片上所形成的影纹层次却很容易看出，同时整个底片上所表现的影像也都显得淡薄无力。

3. 感光正常,显影过度

影像阴暗部位在底片上表现得比较正常,有适当的影纹层次,但强光部位的密度很大，不能分辨影纹层次。底片影像反差表现也很大。

4. 感光不足,显影不足

影像的阴暗部位在底片上没有丝毫可以辨认的影纹层次,强光部位在底片上所呈现的密度也极薄弱,整个底片透明而淡薄。

5. 感光不足,显影过度

影像的阴暗部位在底片上没有充分的影纹层次,而强光部位却有较大的密度,形成极大的反差。有时产生雾翳现象。

6. 感光过度,显影不足

影像的阴暗部位及强光部位在底片上都有影纹表现,但层次不够鲜明,整个底片上影像密度不大,同时也显得不够均匀。

7. 感光过度,显影过度

影像的阴暗部位及强光部位的影纹层次都不能辨认出来,底片全部浓黑。

§11.5. 底 片 处 理

一、减薄处理

对于感光过度或显影过度的底片,一般可进行减薄处理,以降低密度,调整反差,改变局部密度。

减薄方法分为等量减薄,比例减薄,超比例减薄,局部和细部减薄等。

对于感光过度、显影过度的底片,应施以比例减薄或等量减薄,减薄后底片密度降低,反差基本不变。药液浓度愈大,等量减薄效果愈好,浓度愈小,等量效果愈差。

对于曝光正确、显影过度的底片，可施以比例减薄，以降低密度，缩小反差。

对于显影过度、感光不足的底片，反差很大，可施以超比例减薄。

对拍摄的应力条纹图底片，在高级次条纹区或应力集中区，底片密度往往较大，可施以局部减薄。这样在印相或放大时能较快地出现条纹。而且经减薄后的部分银粒变细，局部放大时可得到条纹清晰的照片。

二、加厚处理

对于感光正常、显影不足的底片，可以施加厚处理，增加底片密度和反差。对于感光过度、显影不足的底片，也施行加厚处理。但加厚手续较减薄复杂，因此，曝光和显影的时候，尽量避免显影不足。对于感光不足、显影也不足的底片，无法施行加厚处理，因此，尤其要注意避免这种情况出现。

三、底片修整

在拍照时，常常由于仪器光场不均匀、模型本身有划痕等毛病或景物照相照射光线不够均匀等，需要在底片上进行加工修整，以使拍照时带来的缺点获得适当的补救。

底片修整方法很多，最常使用而且容易施行的有以下几种。

1. 铅笔修整

适用于修整底片上细致的条纹、斑点及小部分光线不均或表现不足之处，主要作用是：

（1）用铅笔修整底片上密度较淡薄的条纹、斑点，使之增浓而使斑痕消失。

（2）用铅笔修整底片上局部密度不足之处，以使底片药膜凸凹不平之处得以消失。

（3）用铅笔修整影像的强光部位，以增强影像强光部位的表现。

2. 涂红修整

用毛笔蘸红色颜料对底片中较大区域进行修整，它的主要作用是：

（1）增加底片上的局部密度，把画面中的某个部分突出；

（2）调整底片反差；

（3）增加底片上阴暗部分的层次；

（4）整修底片上的花斑等.

在印制或放大明场条纹图时，将亮背景涂红，能得到清新、明快的应力条纹图像片.

§11.6. 印 相 及 放 大

一、印相

印相步骤及注意事项如下：

1. 按照底片的密度差选用适当性能的感光纸，以调节反差的强弱. 反差正常的底片配用中性感光纸；反差弱的底片须配用硬性感光纸；反差强的底片须配用软性感光纸. 应力条纹图一般要求反差大、条纹清晰，所以往往采用硬性纸.

2. 将底片与印相纸叠合起来置于印相框中，底片上有药膜的一面须与相纸的药膜面相对. 如果底片影像清楚，印出像片总不清楚，尤其是高级次条纹区，这往往是由于把底片放反了的缘故.

底片与印相纸接触面需十分紧密，不可留有空隙. 印相箱里的玻璃需十分洁净. 印相过程中亦要及时检查，清除尘砂、纸屑等.

若底片密度不均匀，感光时可以用纸片局部遮挡光线，使光线不均匀，以尽量调整整个画面正常感光.

3. 启开曝光箱白灯电门，施以适当时间的感光，一般应感光 8 秒左右. 若 8 秒感光过度或不足，一般不应以调节感光时间纠正，原则上应调节光强度以达到 8 秒左右时间获得正常感光. 调节光强的最简单办法是在散光毛玻璃上加盖硫酸纸. 若光强不便继续调节,当然只好增减曝光时间.

4. 将照片药面朝下均匀地放入药液中. 在规定温度下显影 1—2 分钟. 显影过程中要不断搅动相纸使显影均匀、充分. 在标准时间内(1—2 分钟)影像没有出齐说明感光不足. 若影像已经阴暗过重甚至画面灰黑,说明感光过度. 应调节感光光强或者适当调整感光时间.

显影中有时像片不均匀,甚至应力条纹图中的应力集中区或高级次条纹区显示不出来,可用手指或用药棉蘸热水局部加热,加速局部化学反应,缩小不均匀程度.

在红光下判断照片的显影程度时,在视觉印象上应该较在白光之下感觉略重一些.

5. 在停显液中停显 20 秒钟. 停显液可用 SB-1 式配方.

6. 在定影液中定影 10 分钟,定影过程中要不断翻动照片,防止照片与照片贴合而定影不足、出现黄褐斑块.

7. 在流动清水中漂洗 20 分钟.

8. 从清水中取出,若为光泽面感光纸时,可置于加光板上加光干燥,以使照片表面获得更大的光泽效果. 加光时要迅速地用压辊赶出水滴与空气. 完全干燥后取下并切去纸边.

二、放大

放大的步骤与印相基本相同, 只不过放大技术中使用放大机及放大纸,放大技巧较多. 在光弹性照相中常常使用局部控制法, 即用手或物体作成种种形状进行局部遮挡,以补救底片的缺点,从而获得良好的照片. 但需注意:

(1) 遮挡光线的物体要按情况不停地移动, 以免照片上现出遮挡痕迹.

(2) 对局部应增加的感光时间需十分准确.

(3) 控制的部位应相当准确,不可超越界限.

一般因为底片上有伤痕、指纹、尘埃等在放大的照片上呈现出许多细致的线纹或斑点,这些东西会影响放大照片的质量,应该加以修整.

　　照片上所表现的斑痕有两种，一种是黑色的，另一种是白色的．黑色的斑痕应该用修片刀刮除，白色的斑痕应该用墨色填补上去。

第十二章　模　型　律

§12.1.　前　言

前面几章讲述了如何利用光弹性测定应力. 我们的目的是利用模型来研究实际结构或机械(一般称为原型)的应力或变形. 这里必然要遇到下列一些问题:

(1) 模型的所有尺寸是否要与原型保持几何相似?

(2) 模型是否与原型要求用同一种材料?

(3) 模型上的载荷按什么比例缩减?

(4) 从模型上测出应力(或变形)后如何寻求原型的应力(或变形),也就是模型与原型两者应力(或变形)之间的换算关系是什么?

上述问题须要通过相似理论或相似条件才能解决. 而建立相似条件一般有两个途径: (1)如果描述物理现象的基本方程未知时,可通过量纲分析来建立相似条件; (2)如果描述物理现象的基本方程已知时, 可根据基本方程建立相似条件. 本章针对固体力学依次讲述这两种方法, 由于在光弹性试验中时常不能严格遵守相似条件, 所以最后讨论不能严格遵守相似条件时所带来的误差问题.

§12.2.　量　纲

在物理或工程中所遇到的量常称为物理量, 测量各种物理量需要选用一定的单位. 例如测量一般长度时可选用米作单位, 测量小的长度时可以用厘米或毫米作单位. 测量时间可选用日、时、分或秒作单位.

在力学范围内，只要对三个基本物理量规定出单位就够了. 在工程习惯上选取力、长度和时间作为基本量（常称为工程单位制）. 给这三个基本量规定出单位后，其他物理量的单位均可通过定义或物理定律导出，这样得出的单位称为导出单位. 例如速度表示的是单位时间走过的距离，所以长度和时间单位一旦选定，速度单位就完全确定了，速度单位即是一个导出单位.

我们选取长度、时间和力作为基本量，并用 L，T 和 F 分别表示它们的测量单位. 现在我们寻找导出单位和基本单位之间的关系.

先看速度这一导出单位. 速度 V 的单位用 L/T 来表示，我们把速度、长度和时间这三个单位之间的关系写成

$$[V] = \left[\frac{L}{T}\right] = [LT^{-1}]. \tag{a}$$

同样，加速度 a 是速度的时间变化率，a 的单位是 V/T 或即 L/T^2，于是加速度、长度和时间这三个单位之间的关系可写成

$$[a] = \left[\frac{L}{T^2}\right] = [LT^{-2}]. \tag{b}$$

又如应力 σ 表示的是单位面积上的力，所以应力 σ 的单位 $[\sigma]$ 是 F/L^2，或写为

$$[\sigma] = \left[\frac{F}{L^2}\right] = [FL^{-2}]. \tag{c}$$

象表示导出单位与基本单位之间的关系的公式 (a)，(b)，(c) 常称为量纲公式.

一般说来，若某一物理量 Q 的单位（导出单位）的变化和力的单位 F 的 p 次方成正比，和长度单位 L 的 q 次方成正比，和时间单位 T 的 r 次方成正比，我们就说 Q 的单位对于力单位的量纲为 p，对于长度单位的量纲为 q，对于时间单位的量纲为 r. 物理量 Q 的单位与基本单位之间的这种关系（即量纲公式）表示为

$$[Q] = [F^p L^q T^r], \tag{d}$$

或者说物理量 Q 的量纲是 $[F^p L^q T^r]$.

我们再讲述质量 m 的量纲和 F, L, T 的关系. 由牛顿第二定律知力 F、质量 m 和加速度 a 之间的关系是 $F = ma$；这三个量纲之间的关系可写成

$$[F] = [m][a] = [m][LT^{-2}],$$

于是

$$[m] = [FL^{-1}T^2]. \qquad (e)$$

若某一导出单位和某一基本单位完全没有关系，我们就说这个导出单位对于该基本单位的量纲为零. 象速度和加速度对于力的量纲为零.

我们再举几个例子. 如功 W 是力和在力方向上的分位移的乘积，所以功的量纲是

$$[W] = [FL].$$

密度 ρ 是物体单位体积的质量，所以密度的量纲是

$$[\rho] = \left[\frac{m}{L^3} \right] = [FL^{-4} T^2]. \qquad (f)$$

我们也还会遇到一些物理量，它们的单位和力、长度及时间单位都没有关系. 例如用弧度（弧长和半径的比值）来测量角度 φ，则角度的单位对于三个基本单位 F, L, T 而言，其量纲为零，即 $[\varphi] = [F^0 L^0 T^0]$.

表 12.1 给出固体力学中常用量的量纲.

我们再讨论一下微商的量纲. 以 s, t 表示位移和时间，则速度 $V = ds/dt$，而微小位移 ds 的量纲是 $[L]$，dt 的量纲是 $[T]$，故 ds/dt 的量纲是 $[LT^{-1}]$，即速度的量纲. 又加速度 $a = d^2s/dt^2$，所以

$$\left[\frac{d^2 s}{dt^2} \right] = \left[\frac{d}{dt} \left(\frac{ds}{dt} \right) \right] = \frac{[ds/dt]}{[dt]} = \frac{[LT^{-1}]}{T} = [LT^{-2}],$$

这就是 a 的量纲. 因之如果 Q 是某一物理量，它的量纲是 $[Q]$，则微商 $d^n Q/dx^n$ 的量纲是

表 12.1　在工程单位制中力学量的量纲 $[F^pL^qT^r]$

物　理　量	符　　号	p	q	r
力	P	1	0	0
长　度	l	0	1	0
时　间	t	0	0	1
质　量	m	1	−1	2
加　速　度	a	0	1	−2
角　度	φ	0	0	0
角　速　度	ω	0	0	−1
角　加　速　度	α	0	0	−2
面　积	A	0	2	0
密　度	ρ	1	−4	2
弹　性　模　量	E	1	−2	0
频　率	f	0	0	−1
泊　松　比	μ	0	0	0
力矩或力偶	M	1	1	0
转　动　惯　量	I	1	1	2
截　面　惯　性　矩	J	0	4	0
周　期	T	0	0	1
功　率	N	1	1	−1
压　强	p	1	−2	0
剪切弹性模量	G	1	−2	0
容　重	γ	1	−3	0
阻　尼　系　数	R	1	−1	1
应　力	σ 或 τ	1	−2	0
速　度	V	0	1	−1
弹　簧　常　数	C	1	−1	0
体　积	V_t	0	3	0
功	W	1	1	0

$$\left[\frac{d^nQ}{dx^n}\right]=\left[\frac{Q}{x^n}\right]. \tag{g}$$

有了量纲的概念, 就可以说明量纲齐次原则. 一个物理方程 (无论是代数方程还是微分方程) 包括许多项, 若将每一项的量纲都用基本量纲 $[F]$, $[L]$, $[T]$ 来表达, 就可以发现所有项的量纲都相同, 物理方程中所有项的量纲都相同常称为在量纲上是齐次的. 我们看自由落体公式 $s = gt^2/2$, 式中 s 是位移, t 是时间, g 是重力加速度. 在这个公式中不管 s 是用米或英尺, t 用秒或用分来测量, 只要 g 也采用相应的 s 和 t 的单位, 该式总是成立的. 假如将 $g = 32.2$ 英尺/秒² 代入落体公式得到 $s = 16.1t$, 那么此公式只有在长度用英尺, 时间用秒来表示的情况下才成立, 因之 $s = 16.1t$ 在量纲上就是非齐次的了. 再看梁弯曲时的挠曲线方程

$$EJ\frac{d^2 w}{dx^2} = M,$$

此处 E 是弹性模量, J 是横截面对中性轴的惯性矩, M 是弯矩, w 是挠度. 利用表 12.1 和 (g) 式可找出上式左边项的量纲是

$$[FL^{-2}][L^4]\left[\frac{L}{L^2}\right] = [FL] = [M],$$

左边项的量纲就是右边项弯矩 M 的量纲. 在量纲上是齐次的物理方程常称为完全方程.

§12.3. 量纲分析与 π 定理

我们通过一个简单例题来说明量纲分析的基本方法.

图 12.1 是一个挂有质量 m 的弹簧, 弹簧本身质量可以忽略, 在振动时质量 m 受有液体阻力. 设弹簧常数为 C (C 是使弹簧沿其纵向产生单位变形所需的力), 液体的阻尼系数为 R (单位速度时的阻力). 这样, 质量 m 的振动是一个自由度的阻尼振动. 试用量纲分析研究这个阻尼振动的减缩比.

所谓减缩比是指质量 m 在阻尼振动过程中相隔一个周期时的两个对应振幅之比. 设用 x_1 表示某个时刻的振幅, 相隔一个周期之后振幅变为 x_2, 那么减缩比即是 x_2/x_1. 减缩比很明显与质量 m、弹簧常数 C 和阻尼系数 R 有关. 一般说来可把 x_2/x_1 表示为 m, C 和 R 的函数, 即

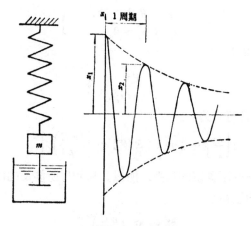

图 12.1 弹簧的振动

$$\frac{x_2}{x_1} = f(m, C, R). \tag{a}$$

我们先讨论这四个量 x_2/x_1，m，C，R 的量纲关系．假设

$$\left[\frac{x_2}{x_1}\right] = [m^p C^q R^r], \tag{b}$$

其中 p，q，r 是待定指数．选取 F，L，T 作为基本量，利用表 12.1.，

$$[m] = [FL^{-1}T^2],\quad [C] = [FL^{-1}],$$

$$[R] = [F/LT^{-1}] = [FL^{-1}T],$$

由于 x_2/x_1 是两个振幅之比，其量纲为零，或写为

$$[x_2/x_1] = [F^0 L^0 T^0].$$

把量纲关系代入 (b) 式

$$[F^0 L^0 T^0] = [F^{p+q+r} L^{-p-q-r} T^{2p+r}],$$

上式左右两边同类量的指数应该相等，故得

$$\left.\begin{array}{l} p + q + r = 0, \\ -p - q - r = 0, \\ 2p + r = 0. \end{array}\right\} \tag{c}$$

线性方程组 (c) 只有两个是独立的，即

$$p + q + r = 0, \\ 2p + r = 0. \qquad \left.\right\} \qquad \text{(d)}$$

由 (d) 式解出

$$q = p, \\ r = -2p. \qquad \left.\right\} \qquad \text{(e)}$$

于是 (b) 式可写为

$$\left[\frac{x_2}{x_1}\right] = [m^p C^p R^{-2p}] = \left[\left(\frac{mC}{R^2}\right)^p\right]. \qquad \text{(f)}$$

这里 p 是一个不确定的指数. 所以, 从问题所涉及的四个量的量纲分析中可以得出

$$\frac{x_2}{x_1} = N_p \left(\frac{mC}{R^2}\right)^p, \qquad \text{(g)}$$

其中 N_p 是一个不确定的数字因子.

在 (f) 式中 x_2/x_1 是一个无量纲的量, 容易验证 $mC/R^2 = mCR^{-2}$ 也是一个无量纲的量. 这种由有量纲的量通过它们的方幂(正的或负的)的乘积所构成的无量纲量称为无量纲乘积. 为了更一般化可以把 x_2/x_1 表示为一个级数的和:

$$\frac{x_2}{x_1} = \sum_p N_p \left(\frac{mC}{R^2}\right)^p, \qquad \text{(h)}$$

或即

$$\frac{x_2}{x_1} = \phi \left(\frac{mC}{R^2}\right). \qquad \text{(i)}$$

通过量纲分析,原来问题所涉及的四个量 x_2/x_1, m, C, R 之间的关系式 (a) 转化为两个无量纲乘积 x_2/x_1 和 mC/R^2 之间的关系式 (i).

无量纲乘积 mC/R^2 中 R^2 和 mC 的量纲必然是相同的. 当基本量的测量单位改变时, R^2 和 mC 的数值也必然发生同样比例的增大或减小. 因此无量纲乘积的数值不随所选用的测量单位而改变.

自然,一个自由度的阻尼振动的解答是已知的. 既便 (i) 式

中函数 ϕ 的具体形式未知，也可通过模型试验来寻找图 12.1 原系统的减缩比. 为了简便起见把原系统简称为原型. 另外再制作一个模型，在模型上进行测量来寻求原型的减缩比. 在模型中和原型相对应的量我们加 "$'$" 以资区别. 例如模型中的减缩比、质量、弹簧常数、阻尼系数分别用 x_2'/x_1', m', C', R' 来表示. 对于模型也可写出

$$\frac{x_2'}{x_1'} = \phi\left(\frac{m'C'}{R'^2}\right). \tag{j}$$

这一函数的具体形式必然和 (i) 式相同，因为模型和原型都是属于一个自由度的阻尼振动. 对于模型中的弹簧、质量和阻尼液体并没有任何特殊要求，只要求模型中的无量纲乘积 $m'C'/R'^2$ 与原型的相等，即

$$\frac{m'C'}{R'^2} = \frac{mC}{R^2}, \tag{k}$$

那么 (i) 和 (j) 两式右边的函数值就相等，因之两式左边也必相等，

$$\frac{x_2'}{x_1'} = \frac{x_2}{x_1}. \tag{l}$$

所以在模型上测出的减缩比即是原型上的减缩比. (k) 式即是所讨论问题的模型律或相似条件. 只要满足此条件，在模型中的物理现象（阻尼振动）即和原型中的相似. 在模型和原型中同类量的比值用 k 表示，即

$$k_R = \frac{R'}{R}, \quad k_m = \frac{m'}{m}, \quad k_C = \frac{C'}{C}, \tag{m}$$

k 所表示的是同类物理量的比尺，所以 k 称为比例尺或相似数. 利用相似数，相似条件 (k) 可改写为

$$k_R^2 = k_C \cdot k_m. \tag{n}$$

(n) 式即是通过相似数来表示的相似条件.

无量纲乘积通常用 π 表示. 在本例中所得到的两个无量纲乘积可表示为

$$\pi_1 = \frac{x_2}{x_1}, \qquad \pi_2 = \frac{mC}{R^2}. \tag{o}$$

通过本节的例子可以看出，原来问题需用包括四个物理量的关系式来描述

$$F\left(\frac{x_2}{x_1}, \ m, \ C, \ R\right) = 0, \tag{p}$$

而现在利用量纲分析把问题简化为用包括两个无量纲乘积 π_1, π_2 的关系式来描述

$$\Phi\left(\pi_1, \pi_2\right) = 0, \tag{q}$$

这样就使问题大为简化，尤其是使通过模型试验来寻找 x_2/x_1 的试验处理变得简易. 将描写某一物理现象的几个物理量之间的关系（完全方程），通过量纲分析简化为数目较少的无量纲乘积之间的关系，即是布金汉（Buckingham）π 定理的基本思想. 后面，在 §12.5 中将结合弹性结构的静力相似问题再进一步说明 π 定理. 须要指出，无量纲乘积之间的具体函数关系并不能通过量纲分析来得到. 本节所说的寻找相似条件的方法常称为指数法[39,40].

进行量纲分析之前，要弄清所处理的问题究竟包括哪些物理量. 这一点极为重要. 因为对于一个物理现象，如果在分析时没有把所涉及的全部物理量都考虑进去，那么经过量纲分析建立起来的相似关系就不能为实验所证实. 所以，进行量纲分析时，必须依靠对所处理的物理现象的理论分析或者通过初步实验，以便搞清楚这一物理现象究竟要牵扯到哪些物理量.

§12.4. 相似的基本概念

考虑两个系统，一个属于原型，一个属于模型. 分别在这两个系统中选定对应的直角坐标系 (x, y, z) 和 (x', y', z')，以便确定两个系统中点的位置. 我们假定这两个系统是匹配的，以至对应点和对应时间按下列方程定义：

$$x' = k_x \cdot x, \ y' = k_y \cdot y, \ z' = k_z \cdot z. \tag{12.1}$$

$$t' = k_t \cdot t. \tag{12.2}$$

这里常数 k_x，k_y，k_z 分别是沿 x，y，z 三个方向的长度相似数.
如果模型和原型在几何形状上是完全相似的，则上述三个方向的
长度相似数相同，即

$$k_x = k_y = k_z = k_l. \tag{a}$$

如果采用的模型有两个长度相似数，如 $k_y = k_z \neq k_x$，这种模型
称为变态模型. 在研究平板应力时常采用这种模型. 常数 k_t 称
为时间相似数. 对于循环现象（如周期运动），则时间相似数即是
两个系统的周期之比. 对于稳定流动过程（定常现象），则时间相
似数应理解为两个系统的时间间隔之比，而在各自的时间间隔里
原型和模型中对应质点将描画出对应的轨迹段.

关于两个函数 $f(x, y, z)$ 和 $f'(x', y', z')$ 的相似概念可陈
述如下： 当在对应点和对应时刻分别计算函数 f 和 f' 的值时，如
果比值 f'/f 是一个常数，则函数 f' 和函数 f 是相似的. 常数比值
$f'/f = k_f$ 称为函数 f 的相似数.

例如 f 和 f' 表示原型和模型的绝对温度，如果 f'/f 是一个常
数，则这两个系统称为"热相似". 如果温度分布还随时间变化，则
f 和 f' 表示两个系统中对应点在对应时刻下的温度值.

§12.5. 弹性结构的静力相似[41—43]

在弹性静力问题中，利用模型试验寻找原型结构中的应力或
变形是结构设计中的重要问题. 将模型上测得的应力（或变形）通
过转换关系换算出原型上对应点的应力（或变形）. 那么进行模型
试验的相似条件是什么？换算关系是什么？这些可通过量纲分析
来建立.

结构物（原型）有一定的几何尺寸. 模型的几何尺寸一般要求
与原型相似（在有些情况下这一几何相似条件可以放宽，见§12.7
和§12.8)，这样原结构的几何尺寸只要用该结构的某一特定尺寸
l 即可描述.

此外,在原结构上的不同点作用着几个载荷,在模型上的对应点也应施加相应的载荷. 模型上的诸载荷要求与原型上的相似. 这种载荷相似不仅指两个系统(原型与模型)上的载荷大小保持常数比,还要求载荷的作用方向是相似的(即两个系统上对应载荷的作用线应互相平行). 这样结构上的载荷只须用某一个特定载荷 P 即可完全描述.

再有,模型和原型在边界条件上也要求完全相同. 原型上具有什么约束,模型在对应地位也应具有相同的约束.

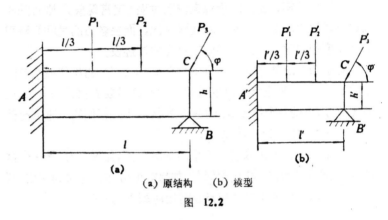

(a) 原结构　　(b) 模型

图 12.2

例如图 12.2a 是原结构, A 端固定, B 端简支,在梁长的三分点处受有竖直力 P_1 和 P_2,在点 C 上受有与水平线成 φ 角的 P_3 力,梁为矩形截面,宽度为 b(垂直图面),高度为 h. 图 12.2b 是模型,其边界约束条件和原型是相同的,即在 A' 端为固定约束,在 B' 端为简支约束. 设模型和原型几何相似,即

$$\frac{b'}{b} = \frac{h'}{h} = \frac{l'}{l} = k_l.$$

对于两者的载荷相似,除要求

$$\frac{P_1'}{P_1} = \frac{P_2'}{P_2} = \frac{P_3'}{P_3} = k_P,$$

外, P_1' 和 P_2' 也应竖直向下作用在模型的相应点上, P_3' 与水平线倾斜 φ 角加在 C' 点上. 在几何和载荷都相似的条件下,只要用

一个特定尺寸和一个特定载荷即能完全描述结构的几何尺寸和所有载荷.

所谓弹性结构是指材料服从虎克定律，应力不超出弹性极限的结构. 至于载荷与变形之间的关系可以是线性的（常称为线性结构或弹性小变形），也可以是非线性的（常称为弹性大变形）. 在本节中我们假定载荷与变形之间的关系是非线性的，例如同时承受横向力和顺轴压力的细杆，其挠度与载荷之间即是非线性关系. 我们利用量纲分析来寻找弹性结构大变形下的相似问题.

我们要求寻找结构上任一点的正应力 σ. 影响到 σ 的量有：载荷（用一个特定的载荷 P 来描述），结构的尺寸（用一个特定长度 l 来描述），结构材料的弹性常数（用弹性模量 E 和泊松比 μ 来描述）. 于是

$$\sigma = f(P, l, E, \mu). \tag{a}$$

我们仍采用前述的指数法. 把 (a) 式中所包括的五个量的量纲关系表示为

$$[\sigma] = [P^a \, l^b \, E^c \, \mu^d]. \tag{b}$$

这里 a, b, c, d 是待定指数. 写出各物理量的量纲

$$[\sigma] = [FL^{-2}], \quad [P] = [F], \quad [l] = [L],$$
$$[E] = [FL^{-2}], \quad [\mu] = [F^0 L^0 T^0].$$

代入 (b) 式得到

$$[FL^{-2}] = [F^{a+c} \, l^{b-2c}],$$

于是

$$\left. \begin{array}{l} a + c = 1, \\ b - 2c = -2. \end{array} \right\} \tag{c}$$

联立解 (c) 式得到

$$a = 1 - c, \quad b = -2 + 2c.$$

于是量纲关系是

$$[\sigma] = [P^{1-c} \, l^{-2+2c} \, E^c \, \mu^d] = \left[\left(\frac{P}{l^2} \right) \left(\frac{P}{l^2 E} \right)^{-c} \mu^d \right],$$

或写成

$$\left[\frac{\sigma l^2}{P}\right] = \left[\left(\frac{P}{l^2 E}\right)^{-c} \mu^d\right]. \tag{d}$$

容易验证 $\sigma l^2/P$, $P/l^2 E$ 和 μ 这三个量都是无量纲的. 设这三个无量纲乘积用 π_1, π_2, π_3 表示, 即

$$\pi_1 = \frac{\sigma l^2}{P}, \quad \pi_2 = \frac{P}{l^2 E}, \quad \pi_3 = \mu. \tag{e}$$

那么描述原来问题的包含五个物理量 σ, P, l, E, μ 的关系式(a), 经过量纲分析可以转化为包含三个无量纲乘积 π_1, π_2, π_3 的关系式:

$$\frac{\sigma l^2}{P} = \phi\left(\frac{P}{l^2 E}, \mu\right), \tag{f}$$

或者

$$\pi_1 = \phi(\pi_2, \pi_3) \tag{g}$$

(e) 式可以看作是一个无量纲乘积组. 组中三个无量纲乘积 π_1, π_2, π_3 是独立的, 这里所说的独立, 其含意是指该组中任何一个无量纲乘积不能通过组中其余的那些无量纲乘积表达出来. 此外, 由物理量 σ, P, l, E, μ 还可组成其他的无量纲乘积, 例如 $\pi_4 = \sigma/E$, $\pi_5 = \mu\sigma/E$. 但这些都可通过 (e) 式的无量纲乘积组表示出来, 显然 $\pi_4 = \pi_1\pi_2$, $\pi_5 = \pi_1\pi_2\pi_3$. 在弹性静力问题里, 由物理量 σ, P, l, E, μ 所组成的无量纲乘积均可通过 (e) 式的三个无量纲乘积 π_1, π_2 和 π_3 表达出来. 这样 π_1, π_2 和 π_3 可以称为所讨论问题的无量纲乘积完全组.

一个物理现象由若干个物理量来描述, 这些物理量的方幂和乘积可以组成许多无量纲乘积. 可以从这些无量纲乘积中挑选出几个构成一个无量纲乘积完全组. 首先完全组中的诸无量纲乘积是彼此独立的; 其次, 完全组以外的无量纲乘积均可通过完全组中的那几个无量纲乘积来表达. 由量纲分析可以找出这个完全组. 在一个具体问题里, 完全组中包含的无量纲乘积的个数是完全确定的, 但是究竟用哪几个无量纲乘积作为完全组则有选择的余地. 布金汉建议完全组中的每一个无量纲乘积所包含的物理量应尽可

能地少，他还建议如果有 i 个量纲的话，则每个无量纲乘积中应当最多只包含 $i+1$ 个量.

关于完全组中无量纲乘积的个数问题，比较常见的说法是：如果说明一个物理现象需要的物理量有 n 个，并且在这 n 个量中含有 i 个量纲，则完全组中的无量纲乘积有 $n-i$ 个. 本章所举的例题就证明了这种说法[1]. 例如在弹性静力学问题里，(a) 式包含有五个物理量 (σ, P, l, E, μ)，而采用的量纲有 $[F]$ 和 $[L]$ 2 个，那么完全组中无量纲乘积的个数是 3 个，如 (e) 式所示. 又如弹性动力学问题，包含的物理量为 7 个：除了 σ, P, l, E, μ 外尚含有惯性力，因而又引入质量（或密度 ρ）和时间 t 这两个物理量. 采用的量纲是 $[F], [L], [T]$ 3 个. 因之完全组中含有的无量纲乘积应是 4 个，在 §12.10 中将证实此点.

有了完全组这一概念，可把 π 定理更完善地表述如下：一个物理问题所包括的诸物理量之间的关系式（完全方程），利用量纲分析可以简化为无量纲乘积完全组之间的关系式. π 定理是模型试验的理论基础. 关于 π 定理的严格证明见文献[41].

把关系式 (a) 转化为无量纲乘积完全组之间的关系式 (f) 或 (g) 这一步骤称为使关系式 (a) 无量纲化.

为了求原型的应力，我们制做一个模型，使这个模型与原型几何相似，其上的载荷也与原型的相似，模型的边界条件也与原型的相同. 这样，对于模型也存在着和 (f) 式同形式的关系式，

$$\frac{\sigma' l'^2}{P'} = \phi\left(\frac{P'}{l'^2 E'}, \mu'\right). \tag{h}$$

这里用 "$'$" 表示模型中的物理量. 使模型中的 $P'/E'l'^2$ 和 μ' 与原型的 P/El^2 和 μ 分别相等，

$$\frac{P'}{E' l'^2} = \frac{P}{E l^2}, \tag{12.3}$$

$$\mu' = \mu, \tag{12.4}$$

---

1) 严格的说法是：在一完全组中无量纲乘积的个数等于物理问题所含有的物理量总数减去量纲矩阵的秩数. 参看文献 [41].

那么 (f) 和 (h) 两式左边也必相等,即

$$\frac{\sigma' l'^2}{P'} = \frac{\sigma l^2}{P}. \tag{12.5}$$

通过测量模型上指定点的应力 σ',利用(12.5)式即可找出原型上对应点的应力 σ. (12.3),(12.4) 两式即是模型和原型的相似条件,亦即相似律. (12.3)式称为虎克相似律,(12.4)式称为泊松相似律. P/El^2 这个无量纲数称为虎克数 H_o. 所以,弹性静力问题的相似条件要求模型和原型的虎克数和泊松比分别相等.

观查(12.3)到(12.5)诸式,可得出下列重要结论:在相似现象中,模型和原型中对应的无量纲乘积具有相同的数值.

引入相似数

$$k_P = \frac{P'}{P}, \quad k_E = \frac{E'}{E}, \quad k_l = \frac{l'}{l}, \quad k_\mu = \frac{\mu'}{\mu}, \quad k_\sigma = \frac{\sigma'}{\sigma}, \tag{12.6}$$

则(12.3)—(12.5)式所表示的相似关系可写为

$$k_P = k_E k_l^2, \tag{12.7}$$

$$k_\mu = 1, \tag{12.8}$$

$$k_\sigma = \frac{k_P}{k_l^2}.$$

利用(12.7)式上式可改写为

$$k_\sigma = \frac{k_P}{k_l^2} = k_E. \tag{12.9}$$

(12.7),(12.8) 两式即是通过相似数表示的相似条件. 我们先看条件(12.8),该式要求制造模型所用材料的泊松比必须和原型的相同. 例如,原型是钢,它的 $\mu = 0.3$,如采用有机玻璃制作模型,它的 $\mu' = 0.36$. 模型与原型的 μ 值不相等将会给试验带来误差,这一问题的讨论见 §12.11. 再看条件(12.7),该式表示长度相似数 k_l 和载荷相似数 k_P 这两个比例尺不能任意选择. 当模型的材料选定后,k_E 即已定,因之 k_l 和 k_P 这两个比例尺只能任选其中的一个. 自然 k_l 或 k_P 的选择要考虑到在模型上的应力或变形能否准确测出(当然这也和所使用的仪表的精确度有关).

我们再看 (f) 式，当 $\mu' = \mu$ 这一条件满足时，(f) 式变为描述 $\sigma l^2/P$ 和 P/El^2 这两个无量纲量之间的关系. 在模型上测出实验数据后，我们就以 $\sigma' l'^2/P' (= \sigma l^2/P)$ 为纵坐标，以 $P'/E'l'^2$ $(=P/El^2)$ 为横坐标，把这两个无量纲量之间的关系用实验曲线画出. 我们知道这一曲线对于原型也同样适用. 这样由模型实验所得的数据画出的无量纲量之间的关系曲线，比建立原来所涉及的几个物理量之间的关系曲线要简便得多. 这一点由 (a) 式可看出，通过实验直接建立 σ 与 P, l, E, μ 四个量的关系曲线是非常繁难的.

我们现在讨论弹性结构的变形问题. 设要求结构上某一指定点沿某一方向的弹性位移，例如沿 x 坐标轴的位移 u，这时可写出下列关系式

$$u = f_1 (P, l, E, \mu). \tag{i}$$

通过量纲分析可以找到下列的无量纲乘积完全组：

$$\pi_1 = \frac{uEl}{P}, \quad \pi_2 = \frac{P}{El^2}, \quad \pi_3 = \mu. \tag{j}$$

首先这三个无量纲乘积是独立的；由 u, P, l, E, μ 组成的其他无量纲量均可通过完全组(j)来表达，例如无量纲量 $\pi_4 = u/l = \pi_1\pi_2$. 这样 (i) 式通过量纲分析可转化为无量纲乘积完全组之间的关系式：

$$\frac{uEl}{P} = \phi_1 \left(\frac{P}{El^2}, \mu \right). \tag{k}$$

这情形下的相似条件仍然是虎克相似律和泊松相似律，即(12.3)和(12.4)式 (或 (12.7) 和 (12.8)式). 当相似条件满足时，由 (k)式知

$$\frac{u'E'l'}{P'} = \frac{uEl}{P},$$

或即

$$k_u = \frac{u'}{u} = \frac{k_P}{k_E k_l}.$$

利用(12.7)式上式可写成

$$k_u = \frac{k_P}{k_E k_l} = k_l. \qquad (12.10)$$

(12.10)式告诉我们弹性位移的相似数等于长度相似数. 所以,当虎克相似律和泊松相似律满足时,模型和原型的几何形状在变形后仍保持几何相似.

利用弹性位移的相似数,不难找出应变相似数. 从(1.25a)式知

$$\varepsilon_x = \frac{\partial u}{\partial x}, \quad \varepsilon_x' = \frac{\partial u'}{\partial x'},$$

所以

$$\frac{\varepsilon_x'}{\varepsilon_x} = \frac{\partial u'}{\partial x'} \cdot \frac{\partial x}{\partial u}.$$

利用 $u' = k_u \cdot u$, $x' = k_l \cdot x$, 则上式变为

$$k_\varepsilon = \frac{\varepsilon_x'}{\varepsilon_x} = \frac{k_u}{k_l}. \qquad (12.11)$$

再利用(12.10)式可知在 $k_u = k_l$ 的情况下

$$k_\varepsilon = 1. \qquad (12.12)$$

凡相似现象中,对应的无量纲量具有相同的数值,因为应变 ε 是无量纲的,所以 $\varepsilon' = \varepsilon$, 这和上面得出的 $k_\varepsilon = 1$ 是相合的. 同理,可推断切应变 γ 的相似数为1,即 $k_\gamma = 1$ 或 $\gamma' = \gamma$.

由于切应力 τ 与切应变 γ 存在正比关系,从(1.4),(1.38)式知

$$\tau = G\gamma, \quad G = \frac{E}{2(1+\mu)}. \qquad (1)$$

由 (1) 式知当满足泊松相似律 $\mu' = \mu$ 时有

$$k_G = \frac{G'}{G} = \frac{E'}{E} = k_E. \qquad (m)$$

所以切应力相似数是

$$k_\tau = \frac{\tau'}{\tau} = \frac{G'\gamma'}{G\gamma} = k_G k_\gamma = k_G = k_E.$$

由(12.9)式知

$$k_\tau = k_\sigma,\tag{n}$$

即切应力相似数与正应力相似数是相同的.

总之,在弹性静力问题里,除了几何相似、载荷相似和边界条件相同外,还要求虎克相似律 [(12.3) 或 (12.7) 式]和泊松相似律 [(12.4)或(12.8)式]. 凡能满足这两个条件时,则称模型和原型为严格相似. 在严格相似时有 $k_\sigma = k_\tau = k_E$, $k_u = k_l$ 和 $k_\varepsilon = 1$.

§12.6. 力偶、重力载荷与分布载荷

如果在一个结构上除了有集中载荷 P 作用外,还受有力偶 M 作用. 这时利用量纲分析除了得到上节 (c) 式的三个无量纲乘积外,还将得到新的无量纲乘积 $\pi_4 = M/Pl$. 因为对应的无量纲量在相似现象中应相等,于是有

$$\frac{M'}{P'l'} = \frac{M}{Pl}.$$

因之

$$k_M = \frac{M'}{M} = \frac{P'}{P} \cdot \frac{l'}{l} = k_P \cdot k_l.\tag{12.13}$$

由上式可看出当载荷相似数 k_P 和长度相似数 k_l 选定后,力偶相似数 k_M 不能随意选取,必须按照(12.13)式选取.

如果载荷包括结构本身的自重,如水坝和桥梁,自重可以通过单位体积的重量(即容重)γ 来表达,那么,在此情况下利用量纲分析除了得到上节 (c) 式的三个无量纲乘积外,还得到新的无量纲乘积 $\gamma l/E$. 利用

$$\frac{\gamma'l'}{E'} = \frac{\gamma l}{E},$$

得出

$$k_\gamma = \frac{\gamma'}{\gamma} = \frac{k_E}{k_l}.\tag{12.14}$$

由上式可知,在考虑自重的结构物中,当选好模型材料后,则根据

模型和原型的材料 k_γ 和 k_E 都被确定,此时长度相似数 k_l 的选取必须符合 (12.14) 式. 有时先选择长度相似数 k_l,再根据模型材料的弹性模量 E' 计算 $k_E = E'/E$,代入 (12.14) 式求出所要求的 k_γ. 如果模型材料的容重 γ' 与原型的 γ 之比不等于所求出的 k_γ,这时可通过离心装置使模型绕定轴转动,调整转速或模型到转轴的距离使达到 k_γ 的满足.

如果载荷包括单位面积上的分布载荷 p,这时在量纲分析中将出现新的无量纲乘积 p/E. 因此要求

$$\frac{p'}{E'} = \frac{p}{E},$$

即

$$k_p = \frac{p'}{p} = k_E. \tag{12.15}$$

如果遇到沿单位长度上的分布载荷 q,此情况下要求

$$\frac{q' l'}{P'} = \frac{ql}{P},$$

即

$$k_q = \frac{k_p}{k_l}. \tag{12.16}$$

本节所讨论的结果列在表 12.2 以便查找.

表 12.2　各种载荷下的相似数 (用于弹性结构的普通情况)

集中载荷 P	力偶 M	单位体积上的分布力 γ	单位面积上的分布力 p	单位长度上的分布力 q
$k_P = \dfrac{P'}{P}$	$k_M = k_P \cdot k_l$	$k_\gamma = \dfrac{k_E}{k_l}$	$k_p = k_E$	$k_q = \dfrac{k_P}{k_l}$

§12.7.　线性结构的静力相似

在工程结构中大量遇到的是线性结构,即载荷与变形之间是线性关系,这一情形也常称为弹性小变形. 因此应力 σ、弹性位移

u 均与载荷 P 成正比:

$$\sigma/P = \text{常数}, \qquad (a)$$

$$u/P = \text{常数}. \qquad (b)$$

在满足 (a) 式的条件下, §12.5 的 (f) 式的左边 $\sigma l^2/P$ 将与 P 无关(因为 σ 与 P 成正比), 因之在该式的右边 P/El^2 项也不应出现. 故在线性结构的条件下

$$\frac{\sigma l^2}{P} = \phi(\mu). \qquad (c)$$

同理在满足 (b) 式的条件下, §12.5 的 (k) 式变为

$$\frac{uEl}{P} = \phi_1(\mu). \qquad (d)$$

故在线性结构的相似条件中除了几何相似、载荷相似及边界条件相同外, 不要求满足虎克相似律[即(12.7)式], 而只要求满足泊松相似律

$$k_\mu = 1. \qquad (12.8)$$

此情况下的相似关系是

$$k_u = \frac{k_P}{k_E k_l}, \qquad (12.17)$$

$$k_\sigma = \frac{k_P}{k_l^2} = \frac{k_u}{k_l} k_E. \qquad (12.18)$$

上式的最后一步是引入 (12.17) 式的结果. 此情况下的应变相似数可利用(12.11)式求,

$$k_\varepsilon = \frac{k_u}{k_l} = \frac{k_P}{k_E k_l^2}. \qquad (12.19)$$

由于不要求满足(12.7)式, 即不要求 $k_P = k_E k_l^2$, 由(12.19)式可看出此时 $k_\varepsilon \neq 1$, 即 $k_u \neq k_l$. 故在线性结构下, 在变形后模型与原型不再维持几何相似. 在弹性结构中凡不要求满足虎克相似律的均称为广义相似. 由以上讨论可知, 凡 $k_\varepsilon \neq 1$ 的情况均属于广义相似, 或即在广义相似的情况下弹性位移的相似数 k_u 与长度相似数 k_l 不同. (12.19)式常称为关于变形的广义虎克相似律.

此外，由于不要求 $k_P = k_E \cdot k_l^2$，故在线性结构下几何相似和载荷相似这两个相似数都可以任意选取．再者，由 (c) 式可看出在弹性小变形下，结构的应力与弹性模量无关，这是我们熟知的结论．

对于线性结构，如果承受的不是集中载荷，同样可以找出其相似关系．对于不同载荷下的相似关系列在表 12.3[44]．

表 12.3　线性结构的相似关系

加载方式	应力换算	应变换算	位移换算
集中载荷 P	$k_\sigma = \dfrac{k_P}{k_l^2}$	$k_\varepsilon = \dfrac{k_P}{k_E k_l^2}$	$k_u = \dfrac{k_P}{k_E k_l}$
力偶 M	$k_\sigma = \dfrac{k_M}{k_l^3}$	$k_\varepsilon = \dfrac{k_M}{k_E k_l^3}$	$k_u = \dfrac{k_M}{k_E k_l^2}$
单位面积上的分布力 p	$k_\sigma = k_p$	$k_\varepsilon = \dfrac{k_p}{k_E}$	$k_u = \dfrac{k_p k_l}{k_E}$
单位体积上的分布力 γ	$k_\sigma = k_\gamma \cdot k_l$	$k_\varepsilon = \dfrac{k_\gamma k_l}{k_E}$	$k_u = \dfrac{k_\gamma k_l^2}{k_E}$
单位长度上的分布力 q	$k_\sigma = \dfrac{k_q}{k_l}$	$k_\varepsilon = \dfrac{k_q}{k_E k_l}$	$k_u = \dfrac{k_q}{k_E}$

这里须要指出，对于同一结构同时承受两种类型或更多类型的载荷时，不同类型载荷的相似数不能随意选取．例如同时受有内压力和集中力的容器，利用上表第一行和第三行有

$$k_\sigma = \frac{k_P}{k_l^2}, \quad k_\sigma = k_p.$$

对于同一模型同时施加这两种载荷 (P 和 p)，这时 $k_\sigma = \sigma'/\sigma$ 应具有同一值，故有

$$\frac{k_P}{k_l^2} = k_p. \tag{c}$$

故长度相似数选定后，集中力和分布力的相似数 k_P 和 k_p 的选取应满足 (c) 式．

线性结构中各种载荷的相似数列在表 12.4 中．

一般说来研究弹性结构的应力或位移时，采用的模型都要求

表 12.4　线性结构中各种载荷的相似数

集中载荷 P	力　偶　M	单位体积上的分布力 r	单位面积上的分布力 p	单位长度上的分布力 q
$k_P = \dfrac{P'}{P}$	$k_M = k_P k_l$	$k_r = \dfrac{k_P}{k_l^3}$	$k_p = \dfrac{k_P}{k_l^2}$	$k_q = \dfrac{k_P}{k_l}$

与原型几何相似.-但是工程实际上有许多情况并不要求完全的几何相似. 例如用模型试验研究铰接桁架中各杆件的应力时, 由于各杆件都承受着简单拉伸或压缩, 故不要求模型上每根杆件的横截面形状与原型的保持几何相似, 而只要求两者的横截面面积维持相似(即两者横截面面积之比维持同一相似数). 又如原型是由抗弯构件组成的刚架, 这时对于模型各杆件的横截面,只要求其抗弯刚度与原型的相似, 而不要求横截面形状相似.

§12.8.　广义相似举例[45]

在上节我们讨论了应力、位移都和载荷成正比时的情况, 这时,不要求满足虎克相似律, 相似条件减少, 因而引出广义相似的概念. 本节再讨论工程中比较重要的一些常见情况, 在这些情况中都不要求严格相似.

例 12.1.　平面应力状态

设有一处于平面应力状态的板形物体 (图 12.3), 所有外力均与板面平行. 在应力所在的平面内假设力相似和几何相似. 并且认为板形物体的厚度 d 处处相同. 一般来讲, 厚度 d 比板面尺寸 l 小得多. 这时物理量之间的关系式是

$$f(\sigma, P, l, d, E, \mu) = 0. \tag{a}$$

在平面应力状态, 应力沿厚度 d 的方向是不变化的. 当板厚改变时, 只要维持 P/d 不变,则应力与位移并不发生变化. 应力、位移与比值 P/d 维持正比关系, 可写出

$$\frac{\sigma}{P/d} = 常数, \quad \frac{u}{P/d} = 常数,$$

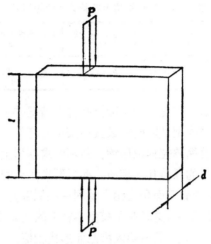

图 12.3　板形物体

或即

$$\frac{\sigma d}{P} = 常数,\qquad(b)$$

$$\frac{ud}{P} = 常数.\qquad(c)$$

　　这样一来在弹性力学的平面问题里,不再须要分别考虑 σ, P 和 d,而只须考虑它们的综合量 $\sigma d/P$,于是 (a) 式可简化为

$$f\left(\frac{\sigma d}{P}, l, E, \mu\right) = 0.\qquad(d)$$

用量纲分析使上式无量纲化,可得出

$$\Phi\left(\frac{\sigma dl}{P}, \mu\right) = 0.\qquad(e)$$

除了要求 $\mu' = \mu$ 外,得到平面应力状态下的相似关系

$$\frac{\sigma'd'l'}{P'} = \frac{\sigma dl}{P},$$

或即

$$k_\sigma = \frac{k_P}{k_d k_l}.\qquad(12.20)$$

这样除了相似数 k_l, k_P, k_σ 外,又出现厚度方向的相似数 k_d.

（12.20）式将这四个相似数联系在一起，在模型试验时可以任选其中的三个． 这种模型在板面内的长度相似数 k_l 与板厚方向的长度相似数 k_d 不同． 这种模型即是变态模型．

如果平面弹性体是单连区，或者是双连区，而在其每一封闭边界上的外力的合力是零（这些力的主矩并不须等于零），在这样的条件下[这些条件常称为米歇尔（Michell）条件]，应力状态不仅与 E 无关而且与泊松比 μ 无关[1]． 故在（c）式中不包括 μ，因之也就无须考虑泊松相似律了．

在平面应力问题中寻找变形时，考虑到（c）式可写出关系式

$$f_1\left(\frac{ud}{P}, \ l, \ E, \ \mu\right) = 0,$$

使之无量纲化得到

$$\Phi_1\left(\frac{u\,E\,d}{P}, \ \mu\right) = 0.$$

除了要求 $\mu' = \mu$ 外，得到变形相似关系

$$\frac{u'E'd'}{P'} = \frac{u\,E\,d}{P},$$

或即

$$k_u = \frac{k_P}{k_E\,k_d}. \tag{12.21}$$

如果满足米歇尔条件，则不要求泊松比相同．

例 12.2． 平板小挠度弯曲

平板小挠度理论是建立在克希霍夫（Kirchhoff）假定上的． 该假定认为平板厚度 h 与板中面尺寸 l 相比为一个小量，垂直于板中面方向的挠度 w 和板厚相比也是一个小量． 此外还采取和直梁弯曲相类似的假设：和板中面垂直的法线，在薄板弯曲后仍和弯曲后的挠曲面垂直． 这些假设相当于只考虑弯曲应力而忽略板中面内的应变（这也就相当于忽略薄膜应力）． 这时弯曲应力 σ 与板上的横向分布力 p 成正比，而与板厚度 h 的平方成反比，

$$\sigma \propto \frac{p}{h^2},$$

即

$$\frac{\sigma h^2}{p} = 常数. \tag{f}$$

此情况下无量纲量之间的关系式是

$$\Phi\left(\frac{\sigma h^2}{pl^2}, \mu\right) = 0.$$

这时除了泊松相似律 $\mu' = \mu$ 外,相似关系是

$$\frac{\sigma' h'^2}{p' l'^2} = \frac{\sigma h^2}{pl^2},$$

或即

$$k_\sigma = \frac{k_p k_l^2}{k_h^2}. \tag{12.22}$$

在克希霍夫假定下,在平板小挠度问题中可以选择厚度相似数 k_h 而与板面内的长度相似数 k_l 无关. 这时板的模型不是与原型完全几何相似,因而也是变态模型.

在克希霍夫假定下,挠度 w 与分布载荷 p 成正比,与厚度 h 的三次方成反比,即

$$\frac{w h^3}{p} = 常数. \tag{g}$$

所以有

$$\Phi\left(\frac{w h^3 E}{p l^4}, \mu\right) = 0.$$

故在 $\mu' = \mu$ 的条件下将得到相似关系

$$k_w = \frac{k_p k_l^4}{k_E k_h^3}. \tag{12.23}$$

例 12.3. 薄壳

薄壳的一般应力状态是由薄膜应力与弯曲应力组成. 如果只考虑薄壳的厚度 h 有变化,而其他条件不变,那么薄膜应力和弯曲应力分别与 $1/h$ 和 $1/h^2$ 成比例. 所以一般说来,对于壳体厚度而言采取广义相似是不可能的. 所以壳体必须按照严格的几何相似来制造模型(进一步的说明可参看下节例 12.7). 如果确知壳体只

有薄膜应力,其厚度相似数与长度相似数不同是允许的.

例 12.4. 平面弯曲问题

对于平面刚架,承受的外力如果也位于刚架平面之内,这时即为平面弯曲问题.

通过模型试验,需要寻找刚架各节点处的弯矩 M 与载荷 P、刚架几何尺寸 l 和抗弯刚度 EJ 的关系;或者寻找刚架挠度 w 与 P,l,EJ 的关系. 一般来讲,节点弯矩 M、挠度 w 都和载荷 P 成正比:

$$M/P = 常数, \qquad (h)$$

$$w/P = 常数. \qquad (i)$$

对于这种线性问题,不要求虎克相似律 (12.7) 式. 节点弯矩 M 和 E 值也无关,故有关系式

$$f\left(\frac{M}{P}, \ l, \ J\right) = 0,$$

使之无量纲化得到

$$\Phi\left(\frac{M}{Pl}, \ \frac{J}{l^4}\right) = 0.$$

故相似关系是

$$\frac{J'}{l'^4} = \frac{J}{l^4}, \ \frac{M'}{P'l'} = \frac{M}{Pl},$$

或即

$$k_J = k_l^4, \ k_M = k_P k_l. \qquad (12.24)$$

至于挠度关系可写出

$$f_1\left(\frac{w}{P}, \ l, \ EJ\right) = 0,$$

使之无量纲化得到

$$\Phi_1\left(\frac{wEJ}{Pl^3}\right) = 0.$$

因之

$$\frac{w'E'J'}{P'l'^3} = \frac{wEJ}{Pl^3},$$

即

$$k_w = \frac{k_P k_l^3}{k_E k_J}.$$ (12.25)

§12.9. 根据基本方程建立相似条件

在工程中有大量问题描写其物理现象的基本方程是已知的，根据这些基本方程很容易找出相似条件。尤其是在模型实验中，对于不易保持几何相似而必须采取变态模型的问题，如能根据基本方程寻找相似条件更为恰当。

例 12.5. 建立梁弯曲的相似条件

梁的挠曲线微分方程为

$$EJ \frac{d^2 w}{dx^2} = M,$$ (a)

这里 w 为垂直杆轴方向的挠度，x 是沿杆轴方向度量的距离，M 是弯矩，EJ 是梁的抗弯刚度。设模型和原型中对应物理量之间存在着比例关系，即

$$\frac{w'}{w} = k_w, \quad \frac{E'}{E} = k_E, \quad \frac{J'}{J} = k_J, \quad \frac{M'}{M} = k_M, \quad \frac{x'}{x} = k_l.$$ (b)

这里 k_w，k_E 等是挠度、弹性模量等的相似数。把 (b) 代入 (a)，注意到

$$\frac{dw}{dx} = \frac{dw'}{k_w} \cdot \frac{k_l}{dx'} = \frac{k_l}{k_w} \cdot \frac{dw'}{dx'},$$ (c)

$$\frac{d^2 w}{dx^2} = \frac{1}{dx} d\left(\frac{dw}{dx}\right) = \frac{k_l}{dx'} d\left(\frac{k_l}{k_w} \frac{dw'}{dx'}\right)$$

$$= \frac{k_l^2}{k_w} \cdot \frac{1}{dx'} d\left(\frac{dw'}{dx'}\right) = \frac{k_l^2}{k_w} \cdot \frac{d^2 w'}{dx'^2},$$ (d)

最后得到

$$\frac{E'}{k_E} \cdot \frac{J'}{k_J} \cdot \frac{k_l^2}{k_w} \cdot \frac{d^2 w'}{dx'^2} = \frac{M'}{k_M},$$

或即

$$\frac{k_I^2 k_M}{k_E k_J k_w} \cdot E'J' \frac{d^2 w'}{dx'^2} = M'. \tag{e}$$

如果

$$\frac{k_I^2 k_M}{k_E k_J k_w} = 1, \tag{12.26}$$

则描写模型与原型的挠曲线方程完全相同。 (12.26)式即是梁弯曲的相似条件。如果梁上承受集中力,设集中力的相似数是 $k_P = P'/P$,则 $k_M = k_P \cdot k_I$,将其代入(12.26)式有

$$\frac{k_P k_I^3}{k_E k_J k_w} = 1.$$

此即上节例 12.4 得出的(12.25)式。如果模型和原型维持几何相似,则 $k_J = k_I^4$,上式变为

$$\frac{k_P}{k_E k_I k_w} = 1. \tag{f}$$

如果希望 $k_w = k_I$,即挠度和长度尺寸采用相同的相似数,则(f)式变为

$$k_P = k_E k_I^2.$$

上式即虎克相似律(12.7)式。从这个简例中再一次看到满足虎克相似律,则变形后的模型和原型仍保持几何相似,这就是 §12.5 讨论的严格相似问题。

例 12.6. 讨论平板小挠度的相似问题

平板小挠度时的基本方程是[46]

$$\frac{\partial^4 w}{\partial x^4} + 2 \frac{\partial^4 w}{\partial x^2 \partial y^2} + \frac{\partial^4 w}{\partial y^4} = \frac{p}{D} = \frac{p \cdot 12 (1 - \mu^2)}{E h^3}. \tag{g}$$

这里 x, y 是位于薄板中面的坐标, w 是垂直板面的挠度, h 是板厚, D 是板的柱形刚度,即

$$D = \frac{E h^3}{12 (1 - \mu)}. \tag{h}$$

引入相似数

$$\frac{w'}{w} = k_w, \frac{x'}{x} = \frac{y'}{y} = k_I, \frac{p'}{p} = k_P, \frac{\mu'}{\mu} = k_\mu,$$

$$\frac{E'}{E} = k_E, \quad \frac{h'}{h} = k_h. \tag{i}$$

把 (i) 式代入 (g) 式,注意到上例中的 (c),(d) 诸式,最后得到

$$\frac{k_l^4}{k_w}\left(\frac{\partial^4 w'}{\partial x'^4} + 2\frac{\partial^4 w'}{\partial x'^2 \partial y'^2} + \frac{\partial^4 w'}{\partial y'^4}\right)$$

$$= \frac{p'}{k_p} \cdot \frac{k_E}{E'} \cdot \frac{k_h^3}{h'^3} \cdot 12\left(1 - \frac{\mu'^2}{k_\mu^2}\right),$$

我们先要求 $k_\mu = 1$,上式变为

$$\frac{k_p}{k_E \cdot k_h^3} \cdot \frac{k_l^4}{k_w}\left(\frac{\partial^4 w'}{\partial x'^4} + 2\frac{\partial^4 w'}{\partial x'^2 \partial y'^2} + \frac{\partial^4 w'}{\partial y'^4}\right) = \frac{p' \cdot 12(1-\mu'^2)}{E'h'^3}.$$

如果

$$\frac{k_p k_l^4}{k_E k_h^3 k_w} = 1, \tag{12.23}$$

则描写模型挠曲面的方程与原型的完全相同. 上式即例 12.2 中导出的 (12.23) 式.

在平板中,垂直于 x 轴的横截面上作用着弯曲应力 σ_x,其最大值为

$$\sigma_x = \frac{6D}{h^2}\left(\frac{\partial^2 w}{\partial x^2} + \mu \cdot \frac{\partial^2 w}{\partial y^2}\right).$$

利用和上面找变形相似的相同处理方法,在 $k_\mu = 1$ 的条件下可得到下列相似关系

$$\frac{k_\sigma k_l^2}{k_E k_h k_w} = 1. \tag{j}$$

由 (12.23) 式解出 k_w,代入 (j) 式得到

$$k_\sigma = \frac{k_p k_l^2}{k_h^2}. \tag{12.22}$$

此即例 12.2 中的 (12.22) 式. 如果模型和原型不仅几何相似,而且要求变形后仍保持几何相似,则有 $k_l = k_h$,$k_l = k_w$. 这时 (12.23) 式变为 $k_p = k_E$,此即 (12.15) 式;而 (12.22) 式变为 $k_\sigma = k_p = k_E$,此即 §12.5 中的 (12.9) 式. 这些就是满足泊松相似律和虎克相似律(严格相似)时的必然结果.

例 12.7. 试讨论柱形壳的相似问题

等厚度柱形壳在轴对称载荷下的基本方程是[47]

$$D \frac{d^4 w}{dx^4} + \frac{Eh}{r^2} w = p, \qquad (k)$$

其中 x 轴沿着柱形壳的轴线，h 是壳的厚度，r 是柱形壳中面的半径，p 是柱形壳单位面积上的径向载荷（p 的矢向指向柱形壳轴线），w 是沿半径方向的位移，D 仍是 (h) 式表示的柱形刚度。把 (h) 式代入上式，得

$$\frac{Eh^3}{12(1-\mu^2)} \cdot \frac{d^4 w}{dx^4} + \frac{Eh}{r} w = p. \qquad (1)$$

引入符号

$$\frac{E'}{E} = k_E, \quad \frac{\mu'}{\mu} = k_\mu, \quad \frac{h'}{h} = k_h, \quad \frac{r'}{r} = \frac{x'}{x} = k_l,$$

$$\frac{w'}{w} = k_w, \quad \frac{p'}{p} = k_p,$$

代入 (1) 式，我们仍先要求 $\mu' = \mu$，最后得到

$$\frac{E'h'^3}{12(1-\mu'^2)} \cdot \frac{d^4 w'}{dx'^4} + \frac{k_h^2}{k_l^2} \cdot \frac{E'h'}{r'^2} w' = p' \cdot \frac{k_E k_h^3 k_w}{k_p k_l^4}.$$

为了使描述模型的基本方程和原型的相同，要求相似关系

$$\frac{k_h^2}{k_l^2} = 1, \quad \frac{k_E k_h^3 k_w}{k_p k_l^4} = 1. \qquad (m)$$

上述第一个条件即是

$$k_h = k_l. \qquad (12.27)$$

把 $k_h = k_l$ 代入第二个条件即变为

$$k_w = \frac{k_p k_l}{k_E}. \qquad (12.28)$$

条件(12.27)要求壳体模型必须和原型完全几何相似，厚度和长度采用不同的比例尺是不允许的。如果要求变形后模型仍和原型维持几何相似，$k_w = k_l$，则由(12.28)式知必须遵守 $k_p = k_E$。

例 12.8. 试讨论装配厚壁筒的相似问题

图12.4 表示一装配好的厚壁筒，在装配前内筒外半径较外筒

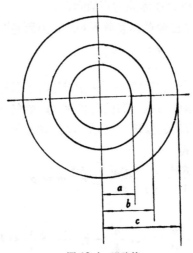

图 12.4 厚壁筒

内半径大 δ（此 δ 习惯上称为过盈量）．装配好后两筒之间产生压强 p，其大小为

$$p = \frac{E\delta}{b} \cdot \frac{(b^2 - a^2)(c^2 - b^2)}{2b^2(c^2 - a^2)}. \tag{n}$$

对于装配厚壁筒的模型可写出类似的式子．利用比值

$$\frac{\delta'}{\delta} = k_\delta, \; \frac{a'}{a} = \frac{b'}{b} = \frac{c'}{c} = k_l, \; \frac{p'}{p} = k_p, \frac{E'}{E} = k_E, \tag{o}$$

不难导出

$$k_p = k_E k_\delta \frac{1}{k_l}. \tag{12.29}$$

考查厚壁筒受内压力后应力的表达式，例如内、外半径为 a，b 的厚壁筒受内压力 p_i 后，在半径 r 处的径向应力为

$$\sigma_r = \frac{a^2 p_i}{b^2 - a^2}\left(1 - \frac{b^2}{r^2}\right) = p_i \frac{1 - (b/r)^2}{(b/a)^2 - 1}.$$

因为 b/r 和 b/a 是长度比值，所以无论径向应力 σ_r 还是环向应力 σ_t，其换算关系是

$$k_\sigma = \frac{\sigma'_r}{\sigma_r} = \frac{\sigma'_t}{\sigma_t} = k_p. \tag{12.30}$$

例如装配厚壁筒的 $a = 10$ 厘米，$b = 20$ 厘米，$c = 30$ 厘米，$E = 2 \times 10^6$ 公斤/厘米²(钢)，半径过盈量 $\delta = 0.018$ 厘米，我们用光弹性试验，设模型的尺寸是原型的 1/5，即 $k_l = 1/5$。光弹性材料的 $E' \approx 4 \times 10^4$ 公斤/厘米²，所以 $k_E = E'/E = 1/50$。光弹性材料的比例极限 $\sigma'_p \approx 400$ 公斤/厘米²。估计原型（钢）中的应力最大不超过 2000 公斤/厘米²，这样应力的比例尺 k_σ 不应超过 $400/2000 = 1/5$，设选取 $k_\sigma = 1/6$，由(12.30)式知 $k_p = 1/6$，代入(12.29)式，得

$$\frac{1}{6} = \frac{1}{50} \cdot \frac{k_\delta}{1/5}, \quad k_\delta = \frac{\delta'}{\delta} = \frac{5}{3},$$

所以

$$\delta' = \frac{5}{3} \times 0.018 = 0.03 \text{ 厘米}.$$

这样，在光弹性模型上制造出 0.03 厘米的过盈量是不困难的。

上面通过四个例题说明了由基本方程（代数方程或微分方程）推导相似条件的方法，这种方法常能给出正确的结果。如果基本方程是微分方程，根据基本方程建立相似条件时，模型与原型在边界条件上必须相同。须要指出，自然界中有不少问题其基本方程尚未知，这时如利用模型试验进行研究，只有依靠量纲分析来建立相似条件。

§12.10. 弹性结构的动力相似[43]

弹性结构的动力学的基本方程是

$$\left.\begin{array}{l} (\lambda + G) \dfrac{\partial e}{\partial x} + G \nabla^2 u + \left(X - \rho \dfrac{\partial^2 u}{\partial t^2}\right) = 0, \\[2mm] (\lambda + G) \dfrac{\partial e}{\partial y} + G \nabla^2 v + \left(Y - \rho \dfrac{\partial^2 v}{\partial t^2}\right) = 0, \\[2mm] (\lambda + G) \dfrac{\partial e}{\partial z} + G \nabla^2 w + \left(Z - \rho \dfrac{\partial^2 w}{\partial t^2}\right) = 0. \end{array}\right\} \quad \text{(a)}$$

其中 u，v，w 是弹性体内任一点沿坐标轴 x，y，z 的分位移；

ρ 是弹性体的密度（单位体积的质量）；X，Y，Z 是体积力沿坐标轴方向的分量（以单位体积的力来表示）；λ 和 G 是拉麦常数（G 即是剪切弹性模量），

$$\lambda = \frac{\mu E}{(1 + \mu)(1 - 2\mu)} ; \qquad (b)$$

t 是时间，而 e 是体积改变率

$$e = \varepsilon_x + \varepsilon_y + \varepsilon_z. \qquad (c)$$

首先要求泊松比相同，即

$$\mu' = \mu$$

或即

$$k_\mu = 1. \qquad (12.8)$$

在此条件下容易证实

$$k_\lambda = k_G = k_E. \qquad (d)$$

由 (a) 式出发，仿照 §12.9 的方法可得出弹性动力的相似条件，除(12.8)式外尚要求

$$\frac{k_\rho k_l^2}{k_t^2 k_E} = 1, \quad \frac{k_\rho k_u}{k_t^2 k_X} = 1. \qquad (12.31)$$

这里 $x'/x = y'/y = z'/z = k_l$，$X'/X = Y'/Y = Z'/Z = k_X$，$u'/u = v'/v = w'/w = k_u$.

当严格相似时，可以证实 (12.31) 的第二式即是虎克相似律 (12.7)式. 利用 $k_u = k_l$ 第二式变为

$$1 = \frac{k_\rho}{k_t^2} \frac{k_l}{k_x}.$$

把(12.31)的第一式代入，得

$$1 = \frac{k_E}{k_l^2} \frac{k_l}{k_x} = \frac{k_E}{k_l k_x}, \quad k_x = \frac{k_E}{k_l}.$$

设力的相似数是 k_P，则

$$k_P = k_x k_l^3 = \frac{k_E}{k_l} k_l^3 = k_E k_l^2, \qquad (12.7)$$

上式即(12.7)式. 如果我们用 V 表示速度，则显然有

$$k_V = \frac{k_l}{k_t}. \tag{c}$$

利用 (c) 式, (12.31)的第一式可表示为

$$\frac{k_\rho}{k_E} k_V^2 = 1. \tag{12.32}$$

于是弹性结构的动力相似条件是(12.7),(12.8)和(12.32)三式. 由 (12.32)式利用 $k_V = V'/V$, $k_E = E'/E$, $k_\rho = \rho'/\rho$ 得出

$$\frac{\rho' V'^2}{E'} = \frac{\rho V^2}{E}.$$

容易看出 $\rho V^2/E$ 是一个无量纲数, 常称为柯西数 C_a. 这样,弹性结构的动力相似条件归结为模型和原型的泊松比、虎克数和柯西数应分别相等,即 $\mu' = \mu$, $H_o' = H_o$, $C_a' = C_a$. 由于讨论的是动力相似问题,这里除几何相似、载荷相似和边界条件相同外,还要求初始条件 ($t = 0$ 时的位移条件或速度条件)的相似.

下面举一简例说明动力相似条件的应用. 设研究一简支梁在其中点承受重物(重量为 P)的冲击问题,冲击重物冲到梁上的初速度为 V_0,我们假设梁本身重量不能忽略. 要用模型试验来研究,首先须选定模型材料,这样 k_E 和 k_ρ 均已确定. 根据(12.32)式可定出速度比尺 k_V

$$k_V = \frac{k_l}{k_t} = \sqrt{\frac{k_E}{k_\rho}}.$$

根据 k_V 就可找出在模型上冲击重物的初速度 $V_0' = k_V V_0$. 然后选择好模型的几何尺寸 (k_l 即定出),由上式即可将时间比尺 k_t 找出. 由(12.7)式 $k_P = k_E k_l^2$ 将力比尺找出. 这样就可将模型试验中冲击重物的重量 $P' = k_P P$ 定出. 在试验时应让重物 P' 以初速度 V_0' 冲击到两端简支的模型梁的中点. 测量指定点在时刻 t' 的应力 σ' 和位移 u',利用换算公式 $k_\sigma = \sigma'/\sigma = k_E$, $k_u = u'/u = k_l$ 将原型中对应点在时刻 t ($= t'/k_t$)的应力 σ 和位移 u 找出.

如希望利用模型试验来研究弹性结构的周期振动问题,由

（12.31）的第一式知

$$k_t = k_l \sqrt{\frac{k_\rho}{k_E}},$$

上式的 k_t 即是模型和原型的周期比 T'/T. 因为频率 f 是周期 T 的倒数，所以模型和原型的频率比是

$$k_f = \frac{f'}{f} = \frac{1}{k_l} \sqrt{\frac{k_E}{k_\rho}}. \tag{12.33}$$

§12.11. 相似数误差[45]

对于弹性静力相似问题，除要求几何相似、载荷相似和边界条件相同以外，还要求虎克数和泊松比分别相同，或即要求满足（12.7）和（12.8）式，这种情况就是 §12.5 所说的严格相似. 这时 $k_\sigma = k_E$，$k_u = k_l$，$k_e = 1$. 这里，几何相似、载荷相似和边界条件相同在一般情况下是不难做到的. 但（12.7）和（12.8）两式并不能都得到满足. 一般来说，不满足这两式要带来误差. 这种误差不是指的在模型上测量应力或变形这些量时带来的误差，而是指的由模型试验数据换算到原型上时引起的误差. 这种由于相似条件不能完全满足时所造成的误差称为相似数误差.

在某些特定情况下，不满足（12.7）和（12.8）式并不带来误差. 当平面应力问题满足米歇尔条件时，应力分布与材料的弹性常数无关. 因此这种相似问题并不要求满足（12.8）式. 另外在弹性力学的线性问题也不要求满足（12.7）式. 在这些情况下不满足（12.7）和（12.8）式并不会引起相似数误差.

在弹性力学的空间问题里，应力分布一般都和 μ 值有关. 考查一下用应力表达的相容方程即可看出此点，因为既便在体积力为常数的情况下该相容方程也包含有泊松比. 因之在空间问题里（12.8）式的不满足就要引起相似数误差. 我们以承受均匀分布力 p 而周边固定的圆平板为例，估算 μ 值不同带来的误差. 此时圆平板中心处的最大弯曲应力是

$$\sigma = \frac{3pR^2(1+\mu)}{8h^2}. \tag{a}$$

此处 R 是圆平板半径. 如果原型是钢, $\mu = 0.28$. 模型采用有机玻璃, $\mu' = 0.35$. 这时由于 μ 值不同带来的误差是

$$\frac{(1+0.35)-(1+0.28)}{1+0.28} = \frac{0.07}{1.28} = 5.5\%.$$

如采用光弹性试验测定应力,模型用环氧树脂,采用冻结法. 冻结时环氧树脂的 $\mu' \approx 0.48$,这时由于 μ 值不同带来的误差是

$$\frac{(1+0.48)-(1+0.28)}{1+0.28} = \frac{0.20}{1.28} = 15.6\%.$$

所以在三向光弹性试验采用冻结法时,泊松相似律(12.8)式的不满足对应力的测定常能带来较大的误差.

在表12.5里给出泊松相似律不满足时对于主应力和最大位移的影响,该表是在 $\mu = 0.28$(钢),$\mu' = 0.35$(室温下的环氧树脂)的条件下算出的[48].

表 12.5　当泊松比由 0.28 到 0.35 时主应力和最大位移改变的百分数

	梁、薄板、薄壳	带孔板条在孔处受力	带有切槽的轴	半无限平面体受有集中力	半无限空间体受有集中力
最大主应力	0—5	2	0—10	2	5—15
第二主应力	0—-10	7	0—20	10	10—40
最大位移	0—10	—	—	—	—

我们再看虎克相似律(12.7)式. 假设原型是钢,$E = 2.1 \times 10^6$ 公斤/厘米². 在三向光弹性试验中,模型材料用环氧树脂,冻结温度下它的 $E' = 2.1 \times 10^2$ 公斤/厘米². 我们假定模型和原型几何尺寸相同,即取 $k_l = 1$. 这里由(12.7)式得

$$k_P = \frac{P'}{P} = k_E \cdot k_l^2 = \frac{E'}{E} \times 1^2 = \frac{210}{2.1 \times 10^6} = \frac{1}{10^4}. \tag{b}$$

这说明了为了满足虎克相似律(12.7)式,要求模型上的载荷 P' 只是原型上的万分之一. 如果原型中的应力 $\sigma = 2000$ 公斤/厘米²,那

么根据(12.9)式

$$k_\sigma = \frac{\sigma'}{\sigma} = k_E = \frac{1}{10^4},$$

即模型中的应力 $\sigma' = 2000/10^4 = 0.2$ 公斤/厘米². 如果冻结模型切片的厚度 $d = 0.3$ 厘米，环氧树脂在冻结温度下的条纹值 $f \approx 0.3$ 公斤/厘米·级，那么切片中的条纹级数 n 是

$$n = \frac{\sigma' d}{f} = \frac{0.2 \times 0.3}{0.3} = 0.2.$$

模型切片中这样小的条纹级数较难测准. 为了提高测量精度，在冻结法中必须施加比 (12.7) 式要求大得多的载荷，以使条纹级数增多. 这样必然会导致模型冻结过程中的大变形. 普通工程结构中的最大应变约为 1/1000，在平面光弹性中最大应变至少是 1/250，在三向光弹性中最大应变至少是 1/50. 所以在光弹性模型试验中，尤其是在三向光弹性中我们不得不采取广义相似，即 (12.19) 式，其应变相似数 k_ε 远大于 1. 按(12.19)式

$$k_P = k_\varepsilon k_E k_l^2 = \frac{1/50}{1/1000} \times \frac{210}{2.1 \times 10^6} \times 1^2 = 20 \times \frac{1}{10^4}.$$

这时施加的载荷是 (b) 式所要求的 20 倍，冻结切片中条纹数也比原来的增加 20 倍，例如上面 $d = 0.3$ 厘米的切片中将出现 4 级条纹.

我们再看一下平面光弹性，模型仍采用环氧树脂，室温下 $E' = 33600$ 公斤/厘米²，我们仍取 $k_l = 1$，这时由(12.7)式

$$k_P = \frac{P'}{P} = k_E k_l^2 = \frac{E'}{E} = \frac{33600}{2.1 \times 10^6} = \frac{1}{62.5}.$$

如果 $\sigma = 2000$ 公斤/厘米²，则模型的应力 $\sigma' = k_\sigma \sigma = k_E \sigma = 2000/62.5 = 32$ 公斤/厘米²，如平面模型的厚度为 $d = 0.6$ 厘米，室温下 $f = 12$ 公斤/厘米·级，那么观测到的条纹级数是

$$n = \frac{\sigma' d}{f} = \frac{32 \times 0.6}{12} = 1.6.$$

如果取变形的广义相似式(12.19)，并取 $\varepsilon' = 1/250$，$\varepsilon = 1/1000$，则

$$k_P = k_\varepsilon k_E k_l^2 = \frac{1/250}{1/1000} \times \frac{33600}{2.1 \times 10^6} \times 1^2 = 4 \times \frac{1}{62.5}.$$

即此情况下的条纹级数是按严格相似时的 4 倍. 看来在平面光弹性中如测量条纹级数的仪器的灵敏度较高时,可以采取严格相似,否则不得不采取变形的广义相似.

在光弹性试验中出现相似数误差主要有两个原因,一个原因是不能遵守泊松相似律;另一个原因是对于变形我们常采用广义相似,而这种相似在某些情况下是近似的. 这两个原因都是由于模型材料本身带来的,因而也是不能排除的. 模型材料的泊松比是不能改变的,此外为了获得足够大的光学效应以便提高试验数据的精度,必须采取关于变形的广义相似.

上述两种误差对于平面光弹性的影响比对三向光弹性的影响要小. 对于多数平面问题这种影响是不大的. 在三向光弹性中预料有较大的相似数误差. 为了估计相似数误差,最好是考虑一个和所研究的问题相接近的问题(这一问题可称为比照问题),比照问题最好能有理论解答或近似解答. 在比照问题上,根据理论解或近似解来估计误差值,把此误差值引渡到所研究的问题上去进行修正.

作为简例,试估计用冻结法研究平板问题的相似数误差. 作为比照问题我们计算一承受均匀压力 p 的方板的最大应力. 板的尺寸取为 $2a = 30$ 厘米见方,厚度 $h = 2$ 厘米. 近似相似引起的误差主要是由于: (1)泊松比不同;(2)板的大挠度,这样在弯曲应力上将重叠一薄膜应力,而在小挠度下平板中并不出现薄膜应力. 按照浮普(Föppl)的近似方法(能量方法)先计算当 $\mu' = 0.5$ 时带有薄膜应力的平板,然后再用这近似方法计算当 $\mu = 0.3$ 时不带薄膜应力的平板. 所得结果相差的百分数就是相似数误差. 在前一情况,当 $\mu' = 0.5$,$p = 0.244$ 公斤/厘米^2,板中央的最大弯曲应力是 ± 16.65 公斤/厘米^2,薄膜应力是 $+1.75$ 公斤/厘米^2. 在后一情况,当 $\mu = 0.3$,$p = 0.244$ 公斤/厘米^2,板中央的最大弯曲应力是 ± 17.6 公斤/厘米^2. 于是拉应力误差是

$$\frac{(16.65 + 1.75) - 17.6}{17.6} = +4.5\%,$$

压应力误差是

$$\frac{(16.65 - 1.75) - 17.6}{17.6} = -15.3\%,$$

由此简例可以看出,在三向光弹性中采用冻结法,有些情况相似数误差是颇为可观的,再加上其他试验误差,冻结法的总的误差上限在最不利的情况下有可能达百分之二十.

§12.12. 组合结构和热应力相似

在结束本章之前再简略介绍一下组合结构和热应力相似问题.

如果结构物是由两种材料组成,设两种材料的泊松比和弹性模量分别是 μ_1,μ_2 和 E_1,E_2,那么对应的模型也采用两种材料,它们的材料常数分别是 μ_1',μ_2' 和 E_1',E_2'. 根据相似现象中对应的无量纲量必须相等,可知必有

$$\frac{\mu_1'}{\mu_2'} = \frac{\mu_1}{\mu_2}, \quad \frac{E_1'}{E_2'} = \frac{E_1}{E_2},$$

或即

$$k_\mu = \frac{\mu_1'}{\mu_1} = \frac{\mu_2'}{\mu_2}, \quad k_E = \frac{E_1'}{E_1} = \frac{E_2'}{E_2}. \tag{12.34}$$

如果要求遵守泊松相似律,则由 $k_\mu = 1$ 可知要求 $\mu_1' = \mu_1$,$\mu_2' = \mu_2$. 此外,组成模型的两种材料的弹性模量应满足 (12.34) 的第二式. 如果问题还涉及材料的密度 ρ(例如考虑自重或弹性动力问题),则还应满足下式

$$k_\rho = \frac{\rho_1'}{\rho_1} = \frac{\rho_2'}{\rho_2}. \tag{12.35}$$

至于热应力的相似问题,可以从热应力的基本方程[1]

$$(\lambda + G)\frac{\partial e}{\partial x} + G\nabla^2 u - \frac{\alpha E}{1 - 2\mu}\frac{\partial T}{\partial x} = 0 \tag{a}$$

出发来寻找相似条件(对于分位移 v 和 w 可写出类似的方程, 上方程中 α 是材料的热膨胀系数, T 是温度改变, λ 和 G 仍是拉麦常数, e 仍是体积改变率). 也可从关系方程

$$\sigma = f(P, l, E, \mu, T, \alpha) \qquad (b)$$

出发, 利用量纲分析找出热应力下的无量纲乘积完全组

$$\pi_1 = \frac{\sigma}{E}, \quad \pi_2 = \frac{P}{l^2 E}, \quad \pi_3 = \mu, \quad \pi_4 = T\alpha.$$

这时使 (b) 式无量纲化将得到

$$\frac{\sigma}{E} = \phi\left(\frac{P}{l^2 E}, \ \mu, \ T\alpha\right). \qquad (c)$$

因此热应力下的相似条件是

$$k_P = k_E k_l^2, \qquad (12.7)$$

$$k_\mu = 1, \qquad (12.8)$$

$$k_\alpha k_T = 1. \qquad (12.36)$$

当满足以上三个相似条件时就有热应力下的换算关系

$$k_\sigma = k_E,$$

$$k_u = k_l.$$

参 考 文 献

[1] S. Timoshenko, J. N. Goodier, Theory of Elasticity, 1951.

[2] 天津大学力学教研室, 电阻丝式侧向应变仪在平面光测弹性力学中的应用, 力学学报, **8**, 3, 1965.

[3] 田志伟, 偏振光及其应用, 上海科学技术出版社, 1965.

[4] 季寿元、王德滋编, 晶体光学, 人民教育出版社, 1961.

[5] H. T. Jessop, On the Tardy and Senarmont methods of Measuring Fractional Relative Retardations, *Brit. J. Appl. Phy.*, **4**, 5, 1953.

[6] Brown, A. F. C. & Hickson, V. M., Improvements in Photoelastic Technique Obtained by the Use of a Photometric Method, *Brit. J. Appl. Phy.*, **1**, 2, 1950.

[7] A. Kuske, Photoelastic Stress Analysis, 1974.

[8] H. Fessler, M. Perla, Precision Casting of Epoxy-Resin Photoelastic Model, *J. Str. Anal.*, **8**, 1, 1973.

[9] B. Sugarman, G. O. Moxley, I. A. Marshall, A Castable Polyester Resin for Photoelastic Work **3**, 7, 1952.

[10] 水电部水利水电科学研究院, 环氧型光弹性塑料性能的研究, 1964.

[11] 第一机械工业部机械科学研究院，环氧型光弹性塑料时间边缘效应的研究，1964.

[12] 北京科学仪器厂，409-2型光测弹性仪.

[13] 北京西城区光学仪器厂，光学技术，第五期.

[14] M. M. Frocht, A Photoelastic Examination of Notched Tension Bars, *J. App. Mech.*, p.124, 1952.

[15] M. M. Frocht, Photoelasticity, Vol. II, 1948.

[16] 重庆大学光弹性科研组，轧机机架光弹应力分析，1976.

[17] 浙江大学固体力学教研组，光弹性原理和方法，1976.

[18] 天津大学材料力学教研室编译，光测弹性力学译文集，科学出版社，1964.

[19] 辻二郎，西田正孝，河田幸三，光弹性实验法，日刊工业新闻社，1965.

[20] M. M. Frocht, Photoelasticity, Proceedings of the international symposium held at Illinois Institute of Technology, Chicago, Illinois, Oct. 1967.

[21] 清华大学力学教研室光弹性组，用激光散光法测定高压缸体的应力，清华、北大理工学报，**1**, 1, 1974.

[22] 机械科学研究院，实验应力分析论文选，1963.

[23] R. O'Regan, New Method for Determining Strain on the Surface of a Body with Photoelastic Coatings, Exp. *Mech.*, **5**, 8, 1965.

[24] F. Zandman, S. S. Redner and E. I. Riegner, Reinforcing Effect of Birefringent Coatings, *Exp. Mech.*, **2**, 2, 1962.

[25] 郑州机械研究所，光弹性贴片法的应用，1975.

[26] M. Nisida, and H. Saito, A New Intermetric Method of Two-dimensional Stress Analysis, *Exp. Mech.*, **4**, 12, 1964.

[27] D. W. Goodwin, Advances in Quantum-Eiectronics, Vol. 1, New York, Academic Pr., 1970.

[28] 苏艺林，光弹性全息干涉的基本原理，1973，8.

[29] M. Born, and E. Woef, Principles of Optics, London, Pergamon, 1964.

[30] C. A. Sciammarella, and G. Quintanilla, Techniques for The Determination of Absolute Retardation in Photoelasticity, *Exp. Mech.*, **12**, 2, 1972.

[31] D. Post, The Generic Nature of the Absolute-Retardation Method of Photoelasticity, *Exp. Mech.*, **7**, 6, 1967.

[32] R. J. Sanford, and A. J. Durelli, Interpretation of Fringes in Stress-Holo-Interferometry, *Exp. Mech.*, **11**, 4, 1971.

[33] 苏艺林，光弹性中全息干涉的实时法，1973，7.

[34] M. E. Fourney, Application of Holography to Photoelasticity, *Exp. Mech.*, **8**, 1, 1968.

[35] R. O'Regan, and T. D. Dudderar, A New Holography Interferometer for Stress Analysis, *Exp. Mech.*, **11**, 6, 1971.

[36] H. H. M. Chau, Holographic Interferometer for Isopachic Stress Analysis, *Rev. Sci. Inst.*, **39**, 12, 1968.

[37] 泉谷徹朗，最近の特殊ガラズ，窯業データブック，1971.

[38] 清华大学基础课部力学实验室，图象全息光弹性方法在平面应力分析中的应用，清华大学学报，**1**，1977.

[39] R. C. Pankhurst, Dimensional Analysis and Scale Factors, 1964.

[40] Л. М. 诺吉德，相似理论及因次理论，国防工业出版社，1964.

[41] H. L. Langhaar, Dimensional Analysis and Theory of Models, 1951.

[42] M. Hetényi, Handbook of Experimental Stress Analysis, Appendix II, 1958.

[43] К. Финк и Х. Рорбах, Измерение Напряжений и Деформаций, 1961.

[44] A. J. Durélli and W. F. Riley, Introduction to Photomechanics, 1965.

[45] E. Mönch, Similarity and Model Laws in Photoelastic Experiments, *Exp. Mech.*, **5**, 4, 1964.

[46] 徐芝纶，弹性理论，人民教育出版社，1964.

[47] S. Timoshenko and S. Woinowsky-Krieger, Theory of Plates and Shells, 1959.

[48] Н. И. Пригоровский и А. К. Прейсс, Исследование Напряжений и жесткости Деталей Машин на Тензометрических Моделях, 1958.